大文字	小文字	読みかた	大文字	小文字	読みかた
Ρ	ρ ϱ	ロー Rho	Φ	φ φ	ファイ, フィー Phi
Σ	σ	シグマ Sigma	Χ	χ	カイ Chi
Τ	τ		Ψ	ψ	プサイ, プシー Psi
Υ	υ	ウプシロン Upsilon	Ω	ω	オメガ Omega

ギリシャ文字については,

● 岩崎　務 著,『ギリシアの文字と言葉』, 小峰書店 (2004 年)
● 谷川 政美 著,『ギリシア文字の第一歩』, 国際語学社 (2001 年)
● 山中　元 著,『ギリシャ文字の第一歩』(新版), 国際語学社 (2004 年)
● 稲葉 茂勝 著, こどもくらぶ 編『世界のアルファベットとカリグラフィー』,
　　彩流社 (2015 年)

を参考にさせていただいた. 興味のある読者は参照されたい.

なお, ギリシャ文字はひとつに定まった正しい書き順があるわけではない.
ここでは書きやすいと思われる筆順を一例として掲載した.
綺麗で読みやすいギリシャ文字が書けるよう意識してみよう.

Advanced Linear Algebra

手を動かしてまなぶ

続・線形代数

藤岡 敦 著

裳華房

Advanced Linear Algebra through Writing

by

Atsushi FUJIOKA

SHOKABO

TOKYO

序 文

　線形代数は微分積分と並び，現代数学を理解し，活用していく上での土台となるものである．そのため，理工系の大学では大抵の場合，1年次において線形代数に関する授業科目が開かれ，連立1次方程式や行列式といった行列に関する理論，また，ベクトル空間や線形写像，さらに，行列の対角化といった内容が扱われている．拙著『手を動かしてまなぶ　線形代数』はこれらの内容に関する線形代数の入門書である．本書はその続編として，線形代数のやや発展的な内容をまなぶ理学部数学科の2年生以上を主な対象とした教科書あるいは独習書として書かれている．

　有限次元のベクトル空間の線形変換を理解する1つの方法は，基底をうまく選び，対角行列のような表現行列を求めることである．しかし，正方行列はいつでも対角化可能であるとは限らない．対角行列はあくまでも正方行列に対する標準形の特別な例に過ぎず，一般には例えば，ジョルダン標準形とよばれるような行列を考える必要がある．ジョルダン標準形は任意の正方行列に対して存在するものであり，その応用範囲はとても広い．19世紀のフランスの数学者ジョルダン（Camille Jordan, 1838–1922）は素数次数の代数方程式の解法を研究する中で，ジョルダン標準形と今日よばれるものの原型を発見したのであるが，その直後に自身の方法が微分方程式の解法に適用できることに気付き，いわゆるジョルダン標準形を得ている．

　本書の大きな目的の1つは**ジョルダン標準形の存在を示すこと**である．第1章で基本的事項として対角化や上三角化について述べた後，第2章でジョルダン標準形を扱う．ジョルダン標準形の求め方としては，

(1) 広義固有空間への分解による方法

(2) 単因子論による方法

(3) 有理標準形による方法

の 3 つが知られているが，本書では多くの成書でも扱われている (1) の方法を採用した．(2) については参考文献の [韓伊]，[齋藤]，(3) については [韓伊] を参照してほしい．第 3 章では，ジョルダン標準形を用いて，正方行列に対するジョルダン分解や一般スペクトル分解の存在を示す．さらに，第 4 章では，差分方程式や微分方程式への応用について述べる．第 5 章では，内積あるいは複素内積といった構造をベクトル空間に付け加え，正規行列の対角化について述べる．例えば，対称行列が直交行列を用いて対角化されることは，拙著『手を動かしてまなぶ 線形代数』でも扱われているが，この事実は第 5 章で現れる定理の 1 つとなる．第 6 章では，第 5 章の応用として，2 次形式や 2 次超曲面を扱う．最後に，第 7 章では，双対空間，商空間，テンソル空間とよばれるベクトル空間を扱う．なお，目次の後に載せた**全体の地図**も参考にされたい．また，重要な定理には **(重要)** のしるしをつけておいた．

　数学をまなぶ際には「行間を埋める」ことが大切である．数学の教科書では，推論の過程の一部は省略されていることが多い．それは，省略を自分で埋められる読者を想定していることもあるし，紙面の都合などの事情もある．したがって，正しい理解のためには，読者は省略された「行間」にある推論の過程を補い「埋める」必要がある．本書ではそうした「行間を埋める」ことを助けるために，次の工夫を行った．

- 読者自身で手を動かして解いてほしい例題や，読者が見落としそうな証明や計算が省略されているところに「✍」の記号を設けた．
- とくに本文に設けられた「✍」の記号について，その「行間埋め」の具体的なやり方を裳華房のウェブサイト

  https://www.shokabo.co.jp/author/1591/1591support.pdf

  に別冊で公開した．

- ふり返りの記号として「⇨」を使い，すでに定義された概念などを復習できるようにしたり，証明を省略した定理などについて参考文献にあたれるようにした．例えば，［⇨［藤岡 1］定理 21.3］は「参考文献（本書 296 ページ）［藤岡 1］の定理 21.3 を見よ」という意味である．また，各節末に用意した問題が本文のどこの内容と対応しているかを示した．

- 例題や節末問題について，くり返し解いて確認するためのチェックボックスを設けた．

- 省略されがちな式変形の理由づけを記号「☺」で示した．

- 各節のはじめに「ポイント」を，各章の終わりに「まとめ」を設けた．抽象的な概念の理解を助けるための図も多数用意した．

- 節末問題を「確認問題」「基本問題」「チャレンジ問題」の 3 段階に分けた．穴埋め問題も取り入れ，読者が手を動かしやすくなるようにした．

- 巻末には節末問題の略解やヒントがあるが，丁寧で詳細な解答を裳華房のウェブサイト

  https://www.shokabo.co.jp/author/1591/1591answer.pdf

  から無料でダウンロードできるようにした．自習学習に役立ててほしい．

　執筆に当たり，関西大学数学教室の同僚諸氏や同大学で非常勤講師として数学教育に携わる諸先生から有益な助言や示唆をいただいた．前著に続いて，（株）裳華房編集部の久米大郎氏には終始大変お世話になり，真志田桐子氏は本書にふさわしい素敵な装いをあたえてくれた．この場を借りて心より御礼申し上げたい．

2021 年 11 月

藤岡　　敦

目 次

全体の地図

対角化 ①

- $A \in M_n(\mathbf{C})$ (n次複素正方行列全体)

  A：対角化可能

    ($P^{-1}AP$が対角行列となる正則行列 $P \in M_n(\mathbf{C})$が存在)

    $\Updownarrow$

    Aの各固有空間の次元の和 $= n$

- $A, B \in M_n(\mathbf{C})$：対角化可能

    A, B：**同時対角化可能** $\iff AB = BA$

対角化を一般化する.

エルミート内積を考える.

ジョルダン標準形 ② ④

- **ジョルダン標準形**：ジョルダン細胞を対角線上に並べたもの.
- 任意の複素正方行列はジョルダン標準形と相似.
- **べき零行列**のジョルダン標準形を求めることが基本となる.
- 3次までの正方行列のジョルダン標準形は**最小多項式**または**固有空間の次元**から決定することができる.
- **差分方程式**や**微分方程式**へ応用することができる.

正方行列を分解する.

ジョルダン分解 ③

- 任意の $A \in M_n(\mathbf{C})$は可換な対角化可能な行列 Sおよびべき零行列 Nを用いて，$A = S + N$と表すことができる（**ジョルダン分解**）.
- Sを**半単純部分**，Nを**べき零部分**という.
- さらに Aの固有値 $\lambda_1, \lambda_2, \cdots, \lambda_r \in \mathbf{C}$および射影 $P_1, P_2, \cdots, P_r \in M_n(\mathbf{C})$を用いて，

    $$A = \lambda_1 P_1 + \lambda_2 P_2 + \cdots + \lambda_r P_r + N$$

    と表すことができる（**一般スペクトル分解**）.

複素内積空間 ⑤

- 複素内積空間：エルミート内積をもつ **C** 上のベクトル空間.
  （実内積空間の「複素数版」）
- **ユニタリ変換**：エルミート内積を保つ線形変換.
  標準エルミート内積をもつ $\mathbf{C}^n$ の場合は
  ユニタリ行列で表すことができる.
- $A \in M_n(\mathbf{C})$

  A : ユニタリ行列によって対角化可能

  $\Updownarrow$

  A : **正規行列** $(AA^* = A^*A)$
- ユニタリ行列，エルミート行列，歪エルミート行列は正規行列.
- さらに実正規行列の標準形を考えることができる.
- 直交行列，対称行列，交代行列は実正規行列.

$\mathbf{R}$ 上のベクトル空間の
内積の一般化を考える.

2 次形式 ⑥

- **双1次形式**：2つのベクトル空間の直積で定義され，各成分に関して
  線形となる実数値関数.
- **対称形式**，**交代形式**を考えることができる.
- 対称形式から **2次形式**を定めることができる.
- 対称行列の標準形を用いて，**2次形式の標準形**を考えることができる.
- さらに，**2次超曲面**を分類することができる.

いろいろなベクトル空間 ⑦

- あたえられたベクトル空間から新たなベクトル空間を構成することが
  できる.
- **双対空間**，**商空間**，**テンソル積**を考えることができる.

対角化と上三角化

§1
対角化

---

§1のポイント

- n 次の正方行列に対して，対角化可能であることと n 個の 1 次独立な固有ベクトルが存在することは同値である．
- n 個の異なる固有値をもつ n 次の正方行列は対角化可能である．
- 正方行列が対角化可能となる条件は，固有空間の次元によって決まる．

1・1 対角化可能性

有限次元のベクトル空間の線形変換に対しては，基底を選んでおくことにより，表現行列という正方行列が対応するのであった（**図 1.1**）．そして，基底を取り替えると，表現行列は異なるものとなる．始めに選んだ基底に対する表現行列を A，基底の取り替えを表す基底変換行列を P とすると，P は正則であり，表現行列は A と**相似**な $P^{-1}AP$ へと変わる．さらに，P をうまく選び，$P^{-1}AP$ が対角行列となるとき，A は**対角化可能**であるというのであった．

- V：有限次元ベクトル空間
- $f : V \to V$：線形変換
- $\{a_1, a_2, \cdots, a_n\}$：$V$ の基底
  $\Longrightarrow \begin{pmatrix} f(a_1) & f(a_2) & \cdots & f(a_n) \end{pmatrix}$
  $= \begin{pmatrix} a_1 & a_2 & \cdots & a_n \end{pmatrix} A \leftarrow$ 表現行列

図 1.1　線形変換の表現行列

　上で述べたことを，$\mathbf{R}$ 上の有限次元ベクトル空間の線形変換の場合に落とし込んで述べておこう．ただし，$\mathbf{R}$ は実数全体の集合である．このとき，現れる行列は実行列，すなわち，実数を成分とする行列となる．以下では，自然数 n に対して，n 次の実正方行列全体の集合を $M_n(\mathbf{R})$ と表す．実正方行列の対角化可能性について，次の定理 1.1 がなりたつ．

定理 1.1（重要）

$A \in M_n(\mathbf{R})$ とすると，

　　A が対角化可能 $\iff$ n 個の 1 次独立な A の固有ベクトルが存在

証明　まず，$A \in M_n(\mathbf{R})$ が対角化可能であるとする．このとき，ある正則な $P \in M_n(\mathbf{R})$ および $\lambda_1, \lambda_2, \cdots, \lambda_n \in \mathbf{R}$ が存在し，

$$P^{-1}AP = \begin{pmatrix} \lambda_1 & & & \text{\Large 0} \\ & \lambda_2 & & \\ & & \ddots & \\ \text{\Large 0} & & & \lambda_n \end{pmatrix} \tag{1.1}$$

となる．すなわち，両辺に左から P をかけて

$$AP = P \begin{pmatrix} \lambda_1 & & & 0 \\ & \lambda_2 & & \\ & & \ddots & \\ 0 & & & \lambda_n \end{pmatrix} \qquad (1.2)$$

となる. さらに, P を

$$P = \begin{pmatrix} \boldsymbol{p}_1 & \boldsymbol{p}_2 & \cdots & \boldsymbol{p}_n \end{pmatrix} \qquad (1.3)$$

と列ベクトルに分割しておくと,

$$A\boldsymbol{p}_i = \lambda_i \boldsymbol{p}_i \qquad (i = 1, 2, \cdots, n) \qquad (1.4)$$

となる. ここで, P は正則なので, $\boldsymbol{p}_1, \boldsymbol{p}_2, \cdots, \boldsymbol{p}_n$ は1次独立であり [⇨ [藤岡1] **定理 9.3, 定理 14.3**], とくに, 各 $\boldsymbol{p}_i$ は零ベクトル **0** ではない. よって, λ_i は A の固有値であり, $\boldsymbol{p}_i$ は固有値 λ_i に対する A の固有ベクトルである.

　上の計算は逆にたどることもできる (✍). 　　　　　　　　　◇

　定理 1.1 の証明からわかるように, 正方行列を対角化する際には, その行列の固有値や固有ベクトルを計算する必要がある. 次は, 実正方行列の固有値, 固有ベクトルについて述べておこう.

定理 1.2（重要）

$A \in M_n(\mathbf{R})$ とし, $\lambda \in \mathbf{R}$ を A の固有値とすると,

$$|\lambda E - A| = 0, \qquad (1.5)$$

すなわち, $\lambda E - A$ の行列式は 0 である. ただし, $E \in M_n(\mathbf{R})$ は単位行列である.

証明 $\boldsymbol{x}$ を固有値 λ に対する A の固有ベクトルとすると, 固有値および固有ベクトルの定義より, 等式

$$A\boldsymbol{x} = \lambda\boldsymbol{x} \qquad (1.6)$$

がなりたつ. すなわち, $\boldsymbol{x}$ は同次連立1次方程式

$$(\lambda E - A)\boldsymbol{x} = \boldsymbol{0} \qquad (1.7)$$

をみたす．さらに，固有ベクトルの定義より，$\boldsymbol{x} \neq \boldsymbol{0}$，すなわち，$\boldsymbol{x}$ は (1.7) の
自明でない解である．よって，(1.5) がなりたつ．　　　　　　　　　　$\diamondsuit$

(1.5) において，λ を変数とみなそう．このとき，行列式 $|\lambda E - A|$ は λ の n
次多項式，(1.5) は λ の n 次方程式となり，これらをそれぞれ A の**固有多項式**，
固有方程式というのであった．$A \in M_n(\mathbf{R})$ より，固有方程式 (1.5) は実数係数
の n 次方程式である．しかし，その解は実数の範囲で存在するとは限らない．
一方，複素数係数の n 次方程式に対しては，次の定理 1.3 がなりたつ［$\Rightarrow$ ［杉
浦］p. 188　定理 3.4，定理 3.4 系］．

─ **定理 1.3（代数学の基本定理）（重要）** ─────────────

複素数係数の n 次方程式は重複度を込めて n 個の複素数の解をもつ．

そこで，以下では主に複素行列，すなわち，複素数を成分とする行列を考え
ることにしよう．

1・2　複素正方行列の対角化

$\mathbf{C}$ を複素数全体の集合とする．また，自然数 n に対して，n 次の複素正方行
列全体の集合を $M_n(\mathbf{C})$ と表す．定理 1.1 と同様に，複素正方行列の対角化可
能性について，次の定理 1.4 がなりたつ．ただし，固有値や固有ベクトルの成
分は複素数の範囲で考えることになる．

─ **定理 1.4（重要）** ─────────────────────

$A \in M_n(\mathbf{C})$ とすると，

　　A が対角化可能 $\iff$ n 個の 1 次独立な A の固有ベクトルが存在

対角化可能であることが判定できる特別な場合として，次の定理 1.5 を挙げ
ておこう［$\Rightarrow$ ［藤岡 1］**定理 21.3**］．

定理 1.5（重要）

$A \in M_n(\mathbf{C})$ が n 個の異なる固有値をもつならば，A は対角化可能である.

それでは，次の例題 1.1 を解いてみよう.

例題 1.1 2 次の正方行列 $A = \begin{pmatrix} 1 & 1 \\ -4 & 1 \end{pmatrix}$ を考える.

(1) 定理 1.5 を用いることにより，A は対角化可能であることを示せ.

(2) $P^{-1}AP$ が対角行列となるような正則行列 P を 1 つ求めよ.

解 (1) A の固有多項式を $\phi_A(\lambda)$ と表すと[1]，

$$\phi_A(\lambda) = |\lambda E - A| = \begin{vmatrix} \lambda - 1 & -1 \\ 4 & \lambda - 1 \end{vmatrix} = (\lambda - 1)^2 - (-1) \cdot 4 \tag{1.8}$$
$$= (\lambda - 1)^2 + 4$$

である[2]. よって，固有方程式 $\phi_A(\lambda) = 0$ を解くと，A の固有値 λ は $\lambda = 1 \pm 2i$ である. ただし，i は虚数単位である. したがって，A は 2 個の異なる固有値 $\lambda = 1 \pm 2i$ をもつので，定理 1.5 より，A は対角化可能である.

(2) まず，固有値 $\lambda = 1 + 2i$ に対する A の固有ベクトルを求める. 同次連立 1 次方程式

$$(\lambda E - A)\boldsymbol{x} = \boldsymbol{0} \tag{1.9}$$

において $\lambda = 1 + 2i$ を代入し，$\boldsymbol{x} = \begin{pmatrix} x_1 \\ x_2 \end{pmatrix}$ とすると，

---

[1] 固有多項式は例題 1.1 以降もこの記号を用いる.

[2] 一般に，2 次の正方行列 $\begin{pmatrix} a & b \\ c & d \end{pmatrix}$ の行列式は $ad - bc$ である.

$$\left\{(1+2i)E - A\right\}\begin{pmatrix} x_1 \\ x_2 \end{pmatrix} = \mathbf{0} \tag{1.10}$$

である．すなわち，

$$\begin{pmatrix} 2i & -1 \\ 4 & 2i \end{pmatrix}\begin{pmatrix} x_1 \\ x_2 \end{pmatrix} = \begin{pmatrix} 0 \\ 0 \end{pmatrix} \tag{1.11}$$

である．よって，

$$2ix_1 - x_2 = 0, \qquad 4x_1 + 2ix_2 = 0 \tag{1.12}$$

となり，$c \in \mathbf{C}$ を任意の定数として，$x_1 = c$ とおくと，解は

$$x_1 = c, \qquad x_2 = 2ci \tag{1.13}$$

である．したがって，

$$\boldsymbol{x} = \begin{pmatrix} x_1 \\ x_2 \end{pmatrix} = \begin{pmatrix} c \\ 2ci \end{pmatrix} = c\begin{pmatrix} 1 \\ 2i \end{pmatrix} \tag{1.14}$$

と表されるので，$c = 1$ としたベクトル $\boldsymbol{p}_1 = \begin{pmatrix} 1 \\ 2i \end{pmatrix}$ は固有値 $\lambda = 1 + 2i$ に対する A の固有ベクトルである．

次に，固有値 $\lambda = 1 - 2i$ に対する A の固有ベクトルを求める[3]．上の計算より，

$$A\boldsymbol{p}_1 = (1+2i)\boldsymbol{p}_1 \tag{1.15}$$

である．すべての成分の共役をとることによって得られる行列やベクトルを「——」（バー）を付けて表し，A の成分がすべて実数であることに注意すると，(1.15) より，

$$A\overline{\boldsymbol{p}_1} = (1-2i)\overline{\boldsymbol{p}_1} \tag{1.16}$$

となる[4]．$\boldsymbol{p}_1$ はすでに求めているので，すなわち，

---

[3]　以下では，複素数の性質を用いて固有ベクトルを求めているが，上と同様の計算により求めることもできる（✍）．

[4]　一般に，積 AB が定義される複素行列 A, B に対して，$\overline{AB} = \overline{A}\,\overline{B}$ である．また，$c \in \mathbf{C}$ および複素行列 A に対して，$\overline{cA} = \overline{c}\overline{A}$ である．

$$A \begin{pmatrix} 1 \\ -2i \end{pmatrix} = (1 - 2i) \begin{pmatrix} 1 \\ -2i \end{pmatrix} \tag{1.17}$$

である．よって，ベクトル $\boldsymbol{p}_2 = \begin{pmatrix} 1 \\ -2i \end{pmatrix}$ は固有値 $\lambda = 1 - 2i$ に対する A の固有ベクトルである．

以上より，

$$P = (\ \boldsymbol{p}_1 \ \ \boldsymbol{p}_2 \ ) = \begin{pmatrix} 1 & 1 \\ 2i & -2i \end{pmatrix} \tag{1.18}$$

とおくと，P は正則となるので，逆行列 P^{-1} が存在する．さらに，

$$P^{-1}AP = \begin{pmatrix} 1 + 2i & 0 \\ 0 & 1 - 2i \end{pmatrix} \tag{1.19}$$

となり，A は P によって対角化される． $\diamondsuit$

1・3 固有空間

正方行列が対角化可能となる条件は，固有空間の次元によって決まる．

まず，固有空間について簡単に述べておこう．$A \in M_n(\mathbf{C})$ とし，$\lambda \in \mathbf{C}$ を A の固有値とする．固有値 λ に対する A の**固有空間**とは，固有値 λ に対する固有ベクトル全体の集合に $\mathbf{0}$ を加えたものであった（**図 1.2**）．ここで，複素数を成分とする n 次の列ベクトル全体の集合を $\mathbf{C}^n$ と表す．すなわち，

$$\mathbf{C}^n = \left\{ \begin{pmatrix} x_1 \\ x_2 \\ \vdots \\ x_n \end{pmatrix} \middle| \ x_1, x_2, \cdots, x_n \in \mathbf{C} \right\} \tag{1.20}$$

である．また，固有値 λ に対する A の固有空間を $W(\lambda)$ と表す．このとき，$W(\lambda)$ は

$$W(\lambda) = \left\{ \boldsymbol{x} \in \mathbf{C}^n \,\middle|\, A\boldsymbol{x} = \lambda\boldsymbol{x} \right\} \tag{1.21}$$

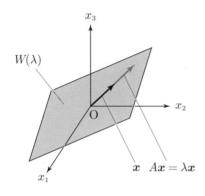

図 1.2　3 次の正方行列に対する
固有値 λ，固有ベクトル $\boldsymbol{x}$，固有
空間 $W(\lambda)$ のイメージ

と表すことができる．

　$\mathbf{C}^n$ は列ベクトルに対する和およびスカラー倍によってベクトル空間となる．
ただし，ここではスカラー倍は複素数倍のことなので，$\mathbf{C}^n$ は $\mathbf{C}$ 上のベクトル
空間である [5]．このとき，$W(\lambda)$ もベクトル空間となる．すなわち，$W(\lambda)$ は
$\mathbf{C}^n$ の部分空間である．よって，$W(\lambda)$ の次元 $\dim(W(\lambda))$ を考えることができ
る．ただし，$W(\lambda) \neq \{\mathbf{0}\}$ であり，$\dim \mathbf{C}^n = n$ となることより，

$$\dim(W(\lambda)) = 1, 2, \cdots, n \tag{1.22}$$

である．さらに，始めに述べたことは次の定理 1.6 の通りとなる $\big[\Rightarrow$ ［藤岡 1］
定理 21.4$\big]$．

定理 1.6（重要）

$A \in M_n(\mathbf{C})$ とし，$\lambda_1, \lambda_2, \cdots, \lambda_r \in \mathbf{C}$ を A のすべての互いに異なる固有
値とする [6]．このとき，A が対角化可能であるための必要十分条件は

$$\sum_{j=1}^{r} \dim(W(\lambda_j)) = \dim(W(\lambda_1)) + \cdots + \dim(W(\lambda_r)) = n \tag{1.23}$$

---

[5]　$\mathbf{C}^n$ を（**複素**）**数ベクトル空間**という．これに対して，(1.20) の $\mathbf{C}$ を $\mathbf{R}$ に置き換え
て得られる $\mathbf{R}$ 上のベクトル空間 $\mathbf{R}^n$ を（**実**）**数ベクトル空間**という．

[6]　A の固有方程式は n 次方程式なので，$r = 1, 2, \cdots, n$ である．

である[7].

注意 1.1 定理 1.6 において，A が n 個の異なる固有値をもつときは，

$$r = n, \quad \dim\big(W(\lambda_j)\big) = 1 \quad (j = 1, 2, \cdots, n) \tag{1.24}$$

となり，(1.23) がなりたつ．すなわち，A は対角化可能となり，定理 1.5 が得られる．

例 1.1 2 次の正方行列 $A = \begin{pmatrix} 1 & 1 \\ 0 & 1 \end{pmatrix}$ は**対角化可能ではない**ことを 2 通りの方法で示そう．

まず，背理法により示す．A が対角化可能であると仮定する．A が上三角行列であることに注意すると[8]，A の固有値 λ は対角成分の $\lambda = 1$ のみとなる．よって，仮定より，ある正則な $P \in M_2(\mathbf{C})$ が存在し，

$$P^{-1}AP = E \tag{1.25}$$

となる．すなわち，$A = E$ となり，これは矛盾である．よって，A は対角化可能ではない．

次に，定理 1.6 を用いて示す．A の固有値 λ は $\lambda = 1$ のみであり，固有値 $\lambda = 1$ に対する固有空間 $W(1)$ は

$$W(1) = \left\{ c \begin{pmatrix} 1 \\ 0 \end{pmatrix} \,\middle|\, c \in \mathbf{C} \right\} \tag{1.26}$$

である（✍）．よって，$\dim\big(W(1)\big) = 1 \neq 2 = n$ となり，(1.23) はなりたたない．したがって，定理 1.6 より，A は対角化可能ではない． ◆

---

[7] 第 5 章までは複素数がよく現れるので，混乱や計算間違いを避けるため，i は虚数単位として用いて，添字としては用いないことにする．

[8] (i, j) 成分が a_{ij} の正方行列 $A = (a_{ij})$ が**上三角行列**であるとは，$i > j$ ならば $a_{ij} = 0$ となることをいう．

§1 の問題

確認問題

問 1.1 $A \in M_n(\mathbf{C})$, $\lambda \in \mathbf{C}$ とし，$\boldsymbol{x}$ を複素数を成分とする n 次の列ベクトルとする．$\boldsymbol{x}$ が A の固有値 λ に対する固有ベクトルであるときになりたつ式を書け． □□□ [⇨ **1・2**]

問 1.2 2 次の正方行列 $A = \begin{pmatrix} 2 & 2 \\ -1 & 0 \end{pmatrix}$ を考える．

(1) 定理 1.5 を用いることにより，A は対角化可能であることを示せ．

(2) $P^{-1}AP$ が対角行列となるような正則行列 P を 1 つ求めよ． □□□ [⇨ **1・2**]

問 1.3 $A \in M_n(\mathbf{C})$ とし，$\lambda \in \mathbf{C}$ を A の固有値とする．固有値 λ に対する A の固有空間 $W(\lambda)$ の定義を集合の記号を用いて書け． □□□ [⇨ **1・3**]

基本問題

問 1.4 3 次の正方行列 $A = \begin{pmatrix} 1 & 1 & 0 \\ 0 & i & 0 \\ 0 & 0 & 1 \end{pmatrix}$ を考える．

(1) 定理 1.6 を用いることにより，A は対角化可能であることを示せ．

(2) $P^{-1}AP$ が対角行列となるような正則行列 P を 1 つ求めよ． □□□ [⇨ **1・3**]

チャレンジ問題

問 1.5 n を 2 以上の自然数とし，$a_1, a_2, \cdots, a_n \in \mathbf{C}$ とする．このとき，

$$A = \begin{pmatrix} 0 & 1 & 0 & \cdots & 0 & 0 \\ 0 & 0 & 1 & \cdots & 0 & 0 \\ \vdots & \vdots & \vdots & \ddots & \vdots & \vdots \\ 0 & 0 & 0 & \cdots & 1 & 0 \\ 0 & 0 & 0 & \cdots & 0 & 1 \\ -a_n & -a_{n-1} & -a_{n-2} & \cdots & -a_2 & -a_1 \end{pmatrix}$$

とおく[9].

(1) A の固有多項式 $\phi_A(\lambda)$ は

$$\phi_A(\lambda) = \lambda^n + a_1 \lambda^{n-1} + a_2 \lambda^{n-2} + \cdots + a_{n-1} \lambda + a_n$$

であることを示せ.

(2) A の固有方程式が 2 重解をもつならば，A は対角化可能ではないことを示せ.

 [⇨ **1・3**]

---

9) このような形をした行列 A を **有理標準形** という [⇨ [韓伊] §3.2].

§2 上三角化

───────── §2のポイント ─────

- 任意の複素正方行列は上<ruby>三<rt>うえ</rt></ruby>角行列と相似である.
- ベクトル空間の部分空間は，線形変換の像が部分空間に含まれるとき，その線形変換によって**不変**であるという.
- 正方行列の固有多項式に対して，**ケーリー‐ハミルトンの定理**がなりたつ.

2·1 上三角化可能性

複素正方行列は対角化可能であるとは限らないが，上三角化は可能である．すなわち，次の定理 2.1 がなりたつ.

───── **定理 2.1（重要）** ─────

任意の複素正方行列は上三角行列と相似 $[\Rightarrow$ **1·1** $]$ である.

[証明] 命題

$$\text{「任意の } n \text{ 次の複素正方行列は上三角化可能である」} \tag{2.1}$$

がなりたつことを，n に関する数学的帰納法により示せばよい.

$n = 1$ のとき，1次の複素正方行列は上三角行列なので，(2.1) がなりたつ.

$n = k \ (k = 1, 2, \cdots)$ のとき，(2.1) がなりたつと仮定する．このとき，$A \in M_{k+1}(\mathbf{C})$ とする．A の固有値 $\lambda_1 \in \mathbf{C}$ を1つ選んでおき，固有値 λ_1 に対する固有ベクトル $\boldsymbol{p}_1$ を1つ選んでおく．さらに，$\boldsymbol{p}_2, \boldsymbol{p}_3, \cdots, \boldsymbol{p}_{k+1} \in \mathbf{C}^{k+1}$ を $\boldsymbol{p}_1, \boldsymbol{p}_2, \cdots, \boldsymbol{p}_{k+1}$ が $\mathbf{C}^{k+1}$ の基底となるように選んでおく．$P \in M_{k+1}(\mathbf{C})$ を

$$P = \begin{pmatrix} \boldsymbol{p}_1 & \boldsymbol{p}_2 & \cdots & \boldsymbol{p}_{k+1} \end{pmatrix} \tag{2.2}$$

により定めると，

$$AP = \begin{pmatrix} A\boldsymbol{p}_1 & A\boldsymbol{p}_2 & \cdots & A\boldsymbol{p}_{k+1} \end{pmatrix} = \begin{pmatrix} \lambda_1\boldsymbol{p}_1 & A\boldsymbol{p}_2 & \cdots & A\boldsymbol{p}_{k+1} \end{pmatrix}$$

$$= \begin{pmatrix} \boldsymbol{p}_1 & \boldsymbol{p}_2 & \cdots & \boldsymbol{p}_{k+1} \end{pmatrix} \begin{pmatrix} \lambda_1 & * \\ \boldsymbol{0} & B \end{pmatrix} = P \begin{pmatrix} \lambda_1 & * \\ \boldsymbol{0} & B \end{pmatrix} \tag{2.3}$$

と表すことができる. ただし, $B \in M_k(\mathbf{C})$ であり, 記号 $*$ は複素数を成分とする行列を簡単にまとめて表した書き方である. P の列ベクトル $\boldsymbol{p}_1, \boldsymbol{p}_2, \cdots,$ $\boldsymbol{p}_{k+1}$ は $\mathbf{C}^{k+1}$ の基底なので, P は正則であり, (2.3) より,

$$P^{-1}AP = \begin{pmatrix} \lambda_1 & * \\ \boldsymbol{0} & B \end{pmatrix} \tag{2.4}$$

となる. ここで, 帰納法の仮定より, B は上三角化可能である. すなわち, ある正則な $Q \in M_k(\mathbf{C})$ および $\lambda_2, \lambda_3, \cdots, \lambda_{k+1} \in \mathbf{C}$ が存在し,

$$Q^{-1}BQ = \begin{pmatrix} \lambda_2 & & & * \\ & \lambda_3 & & \\ & & \ddots & \\ \boldsymbol{0} & & & \lambda_{k+1} \end{pmatrix} \tag{2.5}$$

となる[1]. よって,

$$R = P \begin{pmatrix} 1 & \boldsymbol{0} \\ \boldsymbol{0} & Q \end{pmatrix} \tag{2.6}$$

とおくと,

$$R^{-1}AR = \left(P \begin{pmatrix} 1 & \boldsymbol{0} \\ \boldsymbol{0} & Q \end{pmatrix} \right)^{-1} AP \begin{pmatrix} 1 & \boldsymbol{0} \\ \boldsymbol{0} & Q \end{pmatrix}$$

$$= \begin{pmatrix} 1 & \boldsymbol{0} \\ \boldsymbol{0} & Q \end{pmatrix}^{-1} P^{-1}AP \begin{pmatrix} 1 & \boldsymbol{0} \\ \boldsymbol{0} & Q \end{pmatrix} \overset{(2.4)}{=} \begin{pmatrix} 1 & \boldsymbol{0} \\ \boldsymbol{0} & Q^{-1} \end{pmatrix} \begin{pmatrix} \lambda_1 & * \\ \boldsymbol{0} & B \end{pmatrix} \begin{pmatrix} 1 & \boldsymbol{0} \\ \boldsymbol{0} & Q \end{pmatrix}$$

$$= \begin{pmatrix} \lambda_1 & * \\ \boldsymbol{0} & Q^{-1}B \end{pmatrix} \begin{pmatrix} 1 & \boldsymbol{0} \\ \boldsymbol{0} & Q \end{pmatrix} = \begin{pmatrix} \lambda_1 & * \\ \boldsymbol{0} & Q^{-1}BQ \end{pmatrix} \tag{2.7}$$

である. すなわち,

---

[1] $\lambda_2, \lambda_3, \cdots, \lambda_{k+1}$ は B の固有値である.

$$R^{-1}AR \overset{\odot\,(2.5)}{=} \begin{pmatrix} \lambda_1 & & & * \\ & \lambda_2 & & \\ & & \ddots & \\ 0 & & & \lambda_{k+1} \end{pmatrix} \tag{2.8}$$

と表され，A は R によって上三角化される．したがって，$n = k+1$ のとき，(2.1) がなりたつ．

以上より，任意の $n = 1, 2, \cdots$ に対して，(2.1) がなりたつ． ◇

2・2 不変部分空間

$A \in M_n(\mathbf{C})$ が正則な $P \in M_n(\mathbf{C})$ によって

$$P^{-1}AP = \begin{pmatrix} \lambda_1 & & & * \\ & \lambda_2 & & \\ & & \ddots & \\ 0 & & & \lambda_n \end{pmatrix} \quad (\lambda_1, \lambda_2, \cdots, \lambda_n \in \mathbf{C}) \tag{2.9}$$

と上三角化されるとしよう．このとき，P を

$$P = \begin{pmatrix} \boldsymbol{p}_1 & \boldsymbol{p}_2 & \cdots & \boldsymbol{p}_n \end{pmatrix} \tag{2.10}$$

と列ベクトルに分割しておくと，

$$\begin{pmatrix} A\boldsymbol{p}_1 & A\boldsymbol{p}_2 & \cdots & A\boldsymbol{p}_n \end{pmatrix} \overset{\odot\,(2.10)}{=} AP \overset{\odot\,(2.9)}{=} P \begin{pmatrix} \lambda_1 & & & * \\ & \lambda_2 & & \\ & & \ddots & \\ 0 & & & \lambda_n \end{pmatrix}$$

$$\overset{\odot\,(2.10)}{=} \begin{pmatrix} \boldsymbol{p}_1 & \boldsymbol{p}_2 & \cdots & \boldsymbol{p}_n \end{pmatrix} \begin{pmatrix} \lambda_1 & & & * \\ & \lambda_2 & & \\ & & \ddots & \\ 0 & & & \lambda_n \end{pmatrix} \tag{2.11}$$

となる．すなわち，

$$\begin{pmatrix} A\boldsymbol{p}_1 & A\boldsymbol{p}_2 & \cdots & A\boldsymbol{p}_n \end{pmatrix}$$

$$= \begin{pmatrix} \boldsymbol{p}_1 & \boldsymbol{p}_2 & \cdots & \boldsymbol{p}_n \end{pmatrix} \begin{pmatrix} \lambda_1 & & & * \\ & \lambda_2 & & \\ & & \ddots & \\ 0 & & & \lambda_n \end{pmatrix} \tag{2.12}$$

である.

ここで, $\boldsymbol{x}_1, \boldsymbol{x}_2, \cdots, \boldsymbol{x}_k \in \mathbf{C}^n$ で生成される $\mathbf{C}^n$ の部分空間を

$$\langle \boldsymbol{x}_1, \boldsymbol{x}_2, \cdots, \boldsymbol{x}_k \rangle_{\mathbf{C}} \tag{2.13}$$

と表す. すなわち,

$$\langle \boldsymbol{x}_1, \boldsymbol{x}_2, \cdots, \boldsymbol{x}_k \rangle_{\mathbf{C}} = \left\{ c_1 \boldsymbol{x}_1 + c_2 \boldsymbol{x}_2 + \cdots + c_k \boldsymbol{x}_k \,\middle|\, c_1, c_2, \cdots, c_k \in \mathbf{C} \right\} \tag{2.14}$$

である. このとき, $k = 1, 2, \cdots, n$ とすると, (2.12) より,

$$\langle A\boldsymbol{p}_1, A\boldsymbol{p}_2, \cdots, A\boldsymbol{p}_k \rangle_{\mathbf{C}} \subset \langle \boldsymbol{p}_1, \boldsymbol{p}_2, \cdots, \boldsymbol{p}_k \rangle_{\mathbf{C}} \tag{2.15}$$

となる[2]. また, P は正則なので, $\boldsymbol{p}_1, \boldsymbol{p}_2, \cdots, \boldsymbol{p}_k$ は1次独立であることに注意すると,

$$\dim \langle \boldsymbol{p}_1, \boldsymbol{p}_2, \cdots, \boldsymbol{p}_k \rangle_{\mathbf{C}} = k \tag{2.16}$$

である.

逆に, $k = 1, 2, \cdots, n$ に対して, (2.15), (2.16) をみたす $\boldsymbol{p}_1, \boldsymbol{p}_2, \cdots, \boldsymbol{p}_n$ を用いて, $P \in M_n(\mathbf{C})$ を (2.10) により定めると, P は正則であり, A は P によって上三角化される.

条件 (2.15) は次の定義 2.1 のように一般化することができる.

定義 2.1

V を $\mathbf{C}$ 上のベクトル空間, W を V の部分空間, $f : V \to V$ を線形変換とする. f による任意の $\boldsymbol{x} \in W$ の像 $f(\boldsymbol{x}) \in V$ が再び W の元となるとき, すなわち, $f(W) \subset W$, あるいは,

---

[2] (2.12) の上三角行列の $*$ で表された (i, j) 成分 $(1 \le i < j \le n)$ を c_{ij} と表して, 計算してみるとよい (✍).

$$\{f(\boldsymbol{x}) \mid \boldsymbol{x} \in W\} \subset W \tag{2.17}$$

となるとき，W を f の**不変部分空間**という．また，W は f によって**不変**であるという．

まず，線形変換には2種類の自明な不変部分空間が存在する．

例 2.1 V を **C** 上のベクトル空間，$f : V \to V$ を線形変換とする．このとき，V および零空間 $\{\boldsymbol{0}\}$ は f の不変部分空間である（✍）．◆

また，条件 (2.15) については，次の例 2.2 のように述べることができる．

例 2.2 1次の正方行列は上三角行列なので，$n = 2, 3, \cdots$ としよう．$A \in M_n(\mathbf{C})$ とすると，線形変換 $f_A : \mathbf{C}^n \to \mathbf{C}^n$ を

$$f_A(\boldsymbol{x}) = A\boldsymbol{x} \qquad (\boldsymbol{x} \in \mathbf{C}^n) \tag{2.18}$$

により定めることができる．ここで，$\boldsymbol{p}_1, \boldsymbol{p}_2, \cdots, \boldsymbol{p}_k \in \mathbf{C}^n$ $(k = 1, 2, \cdots, n)$ とする．このとき，条件 (2.15) は $\mathbf{C}^n$ の部分空間 $\langle \boldsymbol{p}_1, \boldsymbol{p}_2, \cdots, \boldsymbol{p}_k \rangle_{\mathbf{C}}$ が f_A の不変部分空間であることを意味する（✍）．よって，A を上三角化するには，

$$W_1 \subset W_2 \subset \cdots \subset W_{n-1} \subset \mathbf{C}^n \tag{2.19}$$

および

$$\dim W_k = k \qquad (k = 1, 2, \cdots, n-1) \tag{2.20}$$

をみたす f_A の不変部分空間 $W_1, W_2, \cdots, W_{n-1}$ を求め，$\mathbf{C}^n$ の基底 $\boldsymbol{p}_1, \boldsymbol{p}_2, \cdots, \boldsymbol{p}_n$ を

$$W_k = \langle \boldsymbol{p}_1, \boldsymbol{p}_2, \cdots, \boldsymbol{p}_k \rangle_{\mathbf{C}} \qquad (k = 1, 2, \cdots, n-1) \tag{2.21}$$

となるように選べばよいことになる．なお，f_A の不変部分空間を A の**不変部分空間**という．また，f_A によって不変なことを A によって**不変**であるという．◆

注意 2.1 1つの複素正方行列と相似な上三角行列にはさまざまなものがあるが，第2章では，任意の複素正方行列がジョルダン標準形（**図 2.1**）という特

$$\begin{pmatrix} \lambda & 0 \\ 0 & \mu \end{pmatrix}, \quad \begin{pmatrix} \lambda & 1 \\ 0 & \lambda \end{pmatrix}$$

$$\begin{pmatrix} \lambda & 0 & 0 \\ 0 & \mu & 0 \\ 0 & 0 & \nu \end{pmatrix}, \quad \begin{pmatrix} \lambda & 1 & 0 \\ 0 & \lambda & 0 \\ 0 & 0 & \mu \end{pmatrix}, \quad \begin{pmatrix} \lambda & 1 & 0 \\ 0 & \lambda & 1 \\ 0 & 0 & \lambda \end{pmatrix}$$

図 2.1 ジョルダン標準形の例（$\lambda,\ \mu,\ \nu$ はそれぞれの行列の固有値）

別な上三角行列と相似になることについて述べる.

例題 2.1 V を $\mathbf{C}$ 上のベクトル空間，$f : V \to V$ を線形変換，$W(\lambda)$ を f の固有値 $\lambda \in \mathbf{C}$ に対する固有空間とする．U を $U \subset W(\lambda)$ となる V の部分空間とすると，U は f の不変部分空間であることを示せ.

解 $\boldsymbol{x} \in U$ とすると，$U \subset W(\lambda)$ より，$\boldsymbol{x} \in W(\lambda)$ である．よって，

$$f(\boldsymbol{x}) = \lambda \boldsymbol{x} \tag{2.22}$$

である．さらに，U は V の部分空間なので，$\lambda \boldsymbol{x} \in U$ である．したがって，

$$\{ f(\boldsymbol{x}) \mid \boldsymbol{x} \in U \} \subset U \tag{2.23}$$

となるので，U は f の不変部分空間である． $\diamondsuit$

注意 2.2 例題 2.1 において，$W(\lambda)$ を f の核 $\mathrm{Ker}\, f$ とする．すなわち，$\lambda = 0$ であり，

$$W(\lambda) = W(0) = \mathrm{Ker}\, f = \{ \boldsymbol{x} \in V \mid f(\boldsymbol{x}) = \boldsymbol{0} \} \tag{2.24}$$

である[3]．U を $U \subset \operatorname{Ker} f$ となる V の部分空間とすると，U は f の不変部分空間であることを示そう．

　まず，$\operatorname{Ker} f = \{\mathbf{0}\}$ のとき，$U = \{\mathbf{0}\}$ であり，例 2.1 より，$\{\mathbf{0}\}$ は f の不変部分空間である．次に，$\operatorname{Ker} f \neq \{\mathbf{0}\}$ のとき，0 は f の固有値であり，固有値 0 に対する f の固有空間は (2.24) の $\operatorname{Ker} f$ である．よって，例題 2.1 より，U は f の不変部分空間である．

　とくに，$U = \operatorname{Ker} f$ とすると，f の核 **$\operatorname{Ker} f$ は f の不変部分空間**である．また，f の像 **$\operatorname{Im} f$ も f の不変部分空間**である ［⇨ 問 2.2 (3)］．

2・3　ケーリー–ハミルトンの定理

$f(\lambda)$ を複素数を係数とする λ に関する多項式とし，

$$f(\lambda) = a_0 \lambda^m + a_1 \lambda^{m-1} + \cdots + a_{m-1} \lambda + a_m \tag{2.25}$$

と表しておく[4]．ただし，$a_0, a_1, a_2 \cdots, a_m \in \mathbf{C}$ である．このとき，$A \in M_n(\mathbf{C})$ に対して，$f(\lambda)$ に対する A の行列多項式 $f(A)$ が定められるのであった．すなわち，(2.25) の λ に行列 A を代入し，定数項 a_m を n 次の単位行列 E を用いて $a_m E$ とした

$$f(A) = a_0 A^m + a_1 A^{m-1} + \cdots + a_{m-1} A + a_m E \tag{2.26}$$

である．さらに，A の固有多項式 $\phi_A(\lambda)$ に対しては，ケーリー–ハミルトンの定理 ［⇨ ［藤岡 1］ **定理 19.3**］ がなりたつ．定理 2.1 を用いて，ケーリー–ハミルトンの定理を示そう．

┌─ **定理 2.2（ケーリー–ハミルトンの定理）（重要）** ─────────

　$A \in M_n(\mathbf{C})$ の固有多項式 $\phi_A(\lambda)$ に対して，

---

[3]　$\operatorname{Ker} f = \{\mathbf{0}\}$ のとき，$W(0)$ は固有空間ではないが，煩雑さを避けるため，このように表すことにする．

[4]　本書では，n は正方行列の型（サイズ）として主に用いるので，一般の多項式の次数は m を用いることにする．ただし，固有多項式については $m = n$ となる．

$$\phi_A(A) = O \tag{2.27}$$

である.

証明　A を正則な $P \in M_n(\mathbf{C})$ を用いて，(2.9) のように上三角化しておく. また，$f_A : \mathbf{C}^n \to \mathbf{C}^n$ を (2.18) により定められる $\mathbf{C}^n$ の線形変換とする.

まず，$k = 2, 3, \cdots, n$ とすると，f_A の定義 (2.18) および (2.12) または (2.15) より，

$$f_A(\langle \boldsymbol{p}_1, \boldsymbol{p}_2, \cdots, \boldsymbol{p}_{k-1} \rangle_{\mathbf{C}}) \subset \langle \boldsymbol{p}_1, \boldsymbol{p}_2, \cdots, \boldsymbol{p}_{k-1} \rangle_{\mathbf{C}} \tag{2.28}$$

である. また，再び (2.12) より，

$$(A - \lambda_k E)\boldsymbol{p}_k \in \langle \boldsymbol{p}_1, \boldsymbol{p}_2, \cdots, \boldsymbol{p}_{k-1} \rangle_{\mathbf{C}} \tag{2.29}$$

である (✍).

次に，$k = 1, 2, \cdots, n$ に対して，線形変換 $f_{A - \lambda_k E} : \mathbf{C}^n \to \mathbf{C}^n$ を

$$f_{A - \lambda_k E}(\boldsymbol{x}) = (A - \lambda_k E)\boldsymbol{x} \qquad (\boldsymbol{x} \in \mathbf{C}^n) \tag{2.30}$$

により定める. このとき，(2.28), (2.29) より，$k = 2, 3, \cdots, n$ に対して，

$$f_{A - \lambda_k E}(\langle \boldsymbol{p}_1, \boldsymbol{p}_2, \cdots, \boldsymbol{p}_k \rangle_{\mathbf{C}}) \subset \langle \boldsymbol{p}_1, \boldsymbol{p}_2, \cdots, \boldsymbol{p}_{k-1} \rangle_{\mathbf{C}} \tag{2.31}$$

となる. また，(2.12) より，

$$f_{A - \lambda_1 E}(\boldsymbol{p}_1) = \boldsymbol{0} \tag{2.32}$$

である. さらに，P は正則なので，$\boldsymbol{p}_1, \boldsymbol{p}_2, \cdots, \boldsymbol{p}_n$ は $\mathbf{C}^n$ の n 個の 1 次独立なベクトルであることに注意すると，

$$\mathbf{C}^n = \langle \boldsymbol{p}_1, \boldsymbol{p}_2, \cdots, \boldsymbol{p}_n \rangle_{\mathbf{C}} \tag{2.33}$$

である.

(2.31)〜(2.33) より，任意の $\boldsymbol{x} \in \mathbf{C}^n$ に対して，

$$(f_{A - \lambda_1 E} \circ f_{A - \lambda_2 E} \circ \cdots \circ f_{A - \lambda_n E})(\boldsymbol{x}) = \boldsymbol{0}, \tag{2.34}$$

すなわち，

$$(A - \lambda_1 E)(A - \lambda_2 E) \cdots (A - \lambda_n E)\boldsymbol{x} = \boldsymbol{0} \tag{2.35}$$

である. さらに，$\boldsymbol{x} \in \mathbf{C}^n$ は任意なので，

$$(A - \lambda_1 E)(A - \lambda_2 E) \cdots (A - \lambda_n E) = O \tag{2.36}$$

である.

ここで, A の固有多項式は

$$\phi_A(\lambda) = |\lambda E - A| \overset{\odot\,[藤岡1]\,問8.4\,(2)}{=} |P^{-1}(\lambda E - A)P| = |\lambda E - P^{-1}AP|$$

$$\overset{\odot\,(2.9)}{=} \begin{vmatrix} \lambda - \lambda_1 & & & \text{\Large *} \\ & \lambda - \lambda_2 & & \\ & & \ddots & \\ \text{\Large 0} & & & \lambda - \lambda_n \end{vmatrix} \tag{2.37}$$

$$= (\lambda - \lambda_1)(\lambda - \lambda_2) \cdots (\lambda - \lambda_n)$$

となる. (2.36), (2.37) および行列多項式の定義 (2.26) より, (2.27) がなりたつ.

◇

注意 2.3　$A \in M_n(\mathbf{R})$ のときも $\phi_A(A) = O$ がなりたつ. 実際, 数の範囲をいったんは複素数にまで拡張し, 定理 2.2 と同様に証明すればよいからである.

例 2.3　2 次の正方行列に対するケーリー–ハミルトンの定理を考えてみよう. $n = 2$ のとき, (2.27), (2.37) より,

$$(A - \lambda_1 E)(A - \lambda_2 E) = O \tag{2.38}$$

である. A のトレースおよび行列式はそれぞれ

$$\mathrm{tr}\, A = \lambda_1 + \lambda_2, \qquad |A| = \lambda_1 \lambda_2 \tag{2.39}$$

と表される. よって, (2.38) は

$$A^2 - (\mathrm{tr}\, A)A + |A|E = O \tag{2.40}$$

となる.　◆

§2 の問題

確認問題

問 2.1　2 次および 3 次の上三角行列, 下三角行列を具体的に書け.

□□□ [⇨ **2 · 1**]

問 2.2　V を **C** 上のベクトル空間，W を V の部分空間，$f:V \to V$ を線形変換とする.

(1)　f の像 $\mathrm{Im}\, f$ の定義を集合の記号を用いて書け.

(2)　W が f の不変部分空間であることの定義を書け.

(3)　W を $\mathrm{Im}\, f \subset W$ となる V の部分空間とする. W は f の不変部分空間であることを示せ.　□□□ [⇨ **2·2**]

基本問題

問 2.3　V を **C** 上のベクトル空間，$f, g:V \to V$ を $f \circ g = g \circ f$ となる線形変換とする.

(1)　$W(\lambda)$ を固有値 $\lambda \in \mathbf{C}$ に対する f の固有空間とすると，$W(\lambda)$ は g の不変部分空間であることを示せ. さらに，注意 2.2 と同様に考えると，$\mathrm{Ker}\, f$ は g の不変部分空間となる.

(2)　$\mathrm{Im}\, f$ は g の不変部分空間であることを示せ.　□□□ [⇨ **2·2**]

問 2.4　3 次の正方行列 $A = \begin{pmatrix} 1 & 0 & 0 \\ -1 & 2 & 4 \\ 0 & 0 & 2 \end{pmatrix}$ を考える[5].

(1)　A^2 を計算せよ.

(2)　A の固有多項式を求めよ.

(3)　$A^5 - 5A^4 + 8A^3 - 5A^2 + A$ を計算せよ.　□□□ [⇨ **2·3**]

チャレンジ問題

問 2.5　$A \in M_n(\mathbf{C})$ の固有値を $\lambda_1, \lambda_2, \cdots, \lambda_n$ とし，$f(\lambda)$ を λ に関する多項式とする. このとき，$f(\lambda)$ に対する A の行列多項式 $f(A)$ の固有値は

---

5)　A は対角化可能ではない [⇨ **問 4.2** (1)].

$f(\lambda_1), f(\lambda_2), \cdots, f(\lambda_n)$ であることを示せ．この事実を**フロベニウスの定理**という． ☐☐☐ [⇨ 2・1]

問 2.6　$A \in M_n(\mathbf{C})$, $\boldsymbol{x}_0 \in \mathbf{C}^n$ とし，$W \subset \mathbf{C}^n$ を

$$W = \{ f(A)\boldsymbol{x}_0 \,|\, f(\lambda) \text{ は複素数を係数とする } \lambda \text{ に関する多項式} \}$$

により定める．

(1)　W は A の不変部分空間であることを示せ．

(2)　$\boldsymbol{x}_0, A\boldsymbol{x}_0, \cdots, A^{l-1}\boldsymbol{x}_0$ が 1 次独立となる自然数 l のうち，最も大きいものを l_0 とする．このとき，ある $c_1, c_2, \cdots, c_{l_0} \in \mathbf{C}$ が存在し，

$$A^{l_0}\boldsymbol{x}_0 = c_1\boldsymbol{x}_0 + c_2 A\boldsymbol{x}_0 + \cdots + c_{l_0} A^{l_0-1}\boldsymbol{x}_0$$

となることを示せ．

(3)　$\{ \boldsymbol{x}_0, A\boldsymbol{x}_0, \cdots, A^{l_0-1}\boldsymbol{x}_0 \}$ は W の基底であることを示せ． ☐☐☐ [⇨ 2・2]

§3 　同時対角化

─────────────────── §3のポイント ───

- 対角化可能な 2 つの正方行列が**同時対角化可能**であるための必要十分条件はそれらが可換なことである.

3・1　同時対角化のための準備

2 つの対角化可能な正方行列が同じ正則行列によって対角化されるとき, これら 2 つは**同時対角化可能**であるという. §3 では, 同時対角化可能となるための条件について考えよう. まず, いくつか準備をしておく.

例 2.2 でも述べたように, n 次の複素正方行列は $\mathbf{C}^n$ の線形変換を定める. よって, 問 2.3 (1) より, 次の定理 3.1 がなりたつ [1].

─── **定理 3.1** ───

$A, B \in M_n(\mathbf{C})$ が可換である, すなわち, $AB = BA$ をみたすとする. また, $\lambda \in \mathbf{C}$ を A の固有値, $W(\lambda)$ を固有値 λ に対する A の固有空間とする. このとき, $\boldsymbol{x} \in W(\lambda)$ ならば, $B\boldsymbol{x} \in W(\lambda)$ である.

また, 次の定理 3.2 がなりたつ.

─── **定理 3.2** ───

$B_1, B_2, \cdots, B_r$ を複素正方行列とし [2],

$$
B = \begin{pmatrix} B_1 & & & \text{\Large 0} \\ & B_2 & & \\ & & \ddots & \\ \text{\Large 0} & & & B_r \end{pmatrix} \tag{3.1}
$$

───────────────────

[1]　改めて直接示すのもよいであろう (✎).

[2]　$B_1, B_2, \cdots, B_r$ は同じ型 (サイズ) の正方行列であるとは限らない.

とおく[3]. このとき,

$$B \text{ が対角化可能} \iff B_1, B_2, \cdots, B_r \text{ が対角化可能}$$

証明 **Step 1** $j = 1, 2, \cdots, r$ に対して,B_j は n_j 次の正方行列であるとする.また,$\mu_1, \mu_2, \cdots, \mu_s \in \mathbf{C}$ を B のすべての互いに異なる固有値とする.さらに,$k = 1, 2, \cdots, s$ に対して,$\boldsymbol{x}_k$ を固有値 μ_k に対する B の固有ベクトルとし,$\boldsymbol{x}_k$ を

$$\boldsymbol{x}_k = \begin{pmatrix} \boldsymbol{x}_k^{(1)} \\ \boldsymbol{x}_k^{(2)} \\ \vdots \\ \boldsymbol{x}_k^{(r)} \end{pmatrix} \tag{3.2}$$

と分割しておく.ただし,$\boldsymbol{x}_k^{(j)}$ は n_j 次の列ベクトルである.

Step 2 (3.1), (3.2) および

$$B\boldsymbol{x}_k = \mu_k \boldsymbol{x}_k \tag{3.3}$$

より,

$$B_j \boldsymbol{x}_k^{(j)} = \mu_k \boldsymbol{x}_k^{(j)} \tag{3.4}$$

である.すなわち,$\boldsymbol{x}_k^{(j)}$ は零ベクトル $\mathbf{0} \in \mathbf{C}^{n_j}$ であるか,または,固有値 μ_k に対する B_j の固有ベクトルである.

Step 3 $W(\mu_k)$ を固有値 μ_k に対する B の固有空間とする.一方,

$$W^{(j)}(\mu_k) = \left\{ \boldsymbol{x}_k^{(j)} \in \mathbf{C}^{n_j} \mid B_j \boldsymbol{x}_k^{(j)} = \mu_k \boldsymbol{x}_k^{(j)} \right\} \tag{3.5}$$

とおくと,$W^{(j)}(\mu_k)$ は零空間 $\{\mathbf{0}\} \subset \mathbf{C}^{n_j}$ であるか,または,固有値 μ_k に対する B_j の固有空間である.さらに,上で述べたことより,

---

[3] 各 $j = 1, 2, \cdots, r$ に対して,B_j は n_j 次の正方行列であるとすると,B は $(n_1 + n_2 + \cdots + n_r)$ 次の正方行列である.

$$\dim(W(\mu_k)) = \sum_{j=1}^{r} \dim\left(W^{(j)}(\mu_k)\right) \tag{3.6}$$

となる．よって，

$$\sum_{k=1}^{s} \dim(W(\mu_k)) = \sum_{k=1}^{s} \sum_{j=1}^{r} \dim\left(W^{(j)}(\mu_k)\right)$$
$$= \sum_{j=1}^{r} \sum_{k=1}^{s} \dim\left(W^{(j)}(\mu_k)\right) \tag{3.7}$$

となる．さらに，

$$0 \le \sum_{k=1}^{s} \dim\left(W^{(j)}(\mu_k)\right) \le n_j \tag{3.8}$$

である．

$\boxed{\text{Step 4}}$ (3.7), (3.8) および定理 1.6 より，B が対角化可能となるのは，任意の $j = 1, 2, \cdots, r$ に対して，

$$\sum_{k=1}^{s} \dim\left(W^{(j)}(\mu_k)\right) = n_j \tag{3.9}$$

となるとき，すなわち，$B_1, B_2, \cdots, B_r$ が対角化可能となるときである． ◇

3・2 同時対角化可能性

それでは，次の定理 3.3 を示そう[4]．

定理 3.3（重要）

$A, B \in M_n(\mathbf{C})$ が対角化可能であるとする．ある正則な $P \in M_n(\mathbf{C})$ が存在し，$P^{-1}AP, P^{-1}BP$ が対角行列となるための必要十分条件は $AB = BA$ である．

---

[4] 定理 3.3 はリー環またはリー代数とよばれる代数的対象のルート分解を求める際に用いられる [⇒ [小大] 第 9 章]．また，量子力学においては，定理 3.3 の A, B は観測可能量に対応し，これらが同時観測可能量であることと可換であることが同値となる．

証明 必要性 $(\Rightarrow)$ ある正則な $P \in M_n(\mathbf{C})$ が存在し，$P^{-1}AP,\ P^{-1}BP$ が

$$P^{-1}AP = \begin{pmatrix} \lambda_1 & & \mathbf{0} \\ & \ddots & \\ \mathbf{0} & & \lambda_n \end{pmatrix}, \qquad P^{-1}BP = \begin{pmatrix} \mu_1 & & \mathbf{0} \\ & \ddots & \\ \mathbf{0} & & \mu_n \end{pmatrix} \tag{3.10}$$

と対角化されると仮定する．このとき，

$$P^{-1}(AB)P = (P^{-1}AP)(P^{-1}BP) = \begin{pmatrix} \lambda_1 & & \mathbf{0} \\ & \ddots & \\ \mathbf{0} & & \lambda_n \end{pmatrix} \begin{pmatrix} \mu_1 & & \mathbf{0} \\ & \ddots & \\ \mathbf{0} & & \mu_n \end{pmatrix}$$

$$= \begin{pmatrix} \lambda_1\mu_1 & & \mathbf{0} \\ & \ddots & \\ \mathbf{0} & & \lambda_n\mu_n \end{pmatrix} = \begin{pmatrix} \mu_1 & & \mathbf{0} \\ & \ddots & \\ \mathbf{0} & & \mu_n \end{pmatrix} \begin{pmatrix} \lambda_1 & & \mathbf{0} \\ & \ddots & \\ \mathbf{0} & & \lambda_n \end{pmatrix}$$

$$= (P^{-1}BP)(P^{-1}AP) = P^{-1}(BA)P \tag{3.11}$$

である．よって，$AB = BA$ である．

十分性 $(\Leftarrow)$ 定理 3.1，定理 3.2 を用いる．以下で 4 段階に分けて述べる．

Step 1 $AB = BA$ であると仮定する．$\lambda_1, \cdots, \lambda_r \in \mathbf{C}$ を A のすべての互いに異なる固有値とする．また，$j = 1, \cdots, r$ に対して，$W(\lambda_j)$ を固有値 λ_j に対する A の固有空間とし，

$$n_j = \dim\big(W(\lambda_j)\big) \tag{3.12}$$

とおく．A は対角化可能なので，$W(\lambda_1), \cdots, W(\lambda_r)$ の 1 次独立なベクトルをそれぞれ $n_1, \cdots, n_r$ 個選び，これらを順に並べたものを Q とおくと，Q は正則であり，A は Q によって

$$Q^{-1}AQ = \begin{pmatrix} \lambda_1 E_{n_1} & & \mathbf{0} \\ & \ddots & \\ \mathbf{0} & & \lambda_r E_{n_r} \end{pmatrix} \tag{3.13}$$

と対角化される．ただし，E_{n_j} は n_j 次の単位行列である．

Step 2 $AB = BA$ なので，定理 3.1 より，$\boldsymbol{x} \in W(\lambda_j)$ ならば，$B\boldsymbol{x} \in W(\lambda_j)$

である．よって，$j = 1, \cdots, r$ に対して，ある $B_j \in M_{n_j}(\mathbf{C})$ が存在し，

$$BQ = Q \begin{pmatrix} B_1 & & 0 \\ & \ddots & \\ 0 & & B_r \end{pmatrix}, \tag{3.14}$$

すなわち，

$$Q^{-1}BQ = \begin{pmatrix} B_1 & & 0 \\ & \ddots & \\ 0 & & B_r \end{pmatrix} \tag{3.15}$$

と表される．

$\boxed{\text{Step 3}}$ B は対角化可能なので，$Q^{-1}BQ$ は対角化可能である．よって，(3.15) および定理 3.2 より，$j = 1, \cdots, r$ に対して，ある正則な $R_j \in M_{n_j}(\mathbf{C})$ および $\mu_j^{(1)}, \cdots, \mu_j^{(n_j)} \in \mathbf{C}$ が存在し，

$$R_j^{-1}B_jR_j = \begin{pmatrix} \mu_j^{(1)} & & 0 \\ & \ddots & \\ 0 & & \mu_j^{(n_j)} \end{pmatrix} \tag{3.16}$$

と表される[5]．

$\boxed{\text{Step 4}}$ ここで，

$$R = \begin{pmatrix} R_1 & & 0 \\ & \ddots & \\ 0 & & R_r \end{pmatrix} \tag{3.17}$$

とおくと，R は正則であり，

$$(QR)^{-1}A(QR) = R^{-1}(Q^{-1}AQ)R$$

$$\overset{\smiley{} \text{(3.13),(3.17)}}{=} \begin{pmatrix} R_1^{-1} & & 0 \\ & \ddots & \\ 0 & & R_r^{-1} \end{pmatrix} \begin{pmatrix} \lambda_1 E_{n_1} & & 0 \\ & \ddots & \\ 0 & & \lambda_r E_{n_r} \end{pmatrix} \begin{pmatrix} R_1 & & 0 \\ & \ddots & \\ 0 & & R_r \end{pmatrix}$$

[5] $\mu_j^{(1)}, \cdots, \mu_j^{(n_j)}$ は n_j 次の正方行列 B_j の固有値である．

$$= \begin{pmatrix} \lambda_1 E_{n_1} & & \mathbf{0} \\ & \ddots & \\ \mathbf{0} & & \lambda_r E_{n_r} \end{pmatrix} \tag{3.18}$$

となる．また，

$$(QR)^{-1}B(QR) = R^{-1}(Q^{-1}BQ)R$$

$$\overset{\odot\,(3.15),(3.17)}{=} \begin{pmatrix} R_1^{-1} & & \mathbf{0} \\ & \ddots & \\ \mathbf{0} & & R_r^{-1} \end{pmatrix} \begin{pmatrix} B_1 & & \mathbf{0} \\ & \ddots & \\ \mathbf{0} & & B_r \end{pmatrix} \begin{pmatrix} R_1 & & \mathbf{0} \\ & \ddots & \\ \mathbf{0} & & R_r \end{pmatrix}$$

$$\overset{\odot\,(3.16)}{=} \begin{pmatrix} \mu_1^{(1)} & & \mathbf{0} & & & \\ & \ddots & & & \mathbf{0} & \\ \mathbf{0} & & \mu_1^{(n_1)} & & & \\ & & & \ddots & & \\ & \mathbf{0} & & & \mu_r^{(1)} & & \mathbf{0} \\ & & & & & \ddots & \\ & & & & \mathbf{0} & & \mu_r^{(n_r)} \end{pmatrix} \tag{3.19}$$

となる．(3.18), (3.19) より，$P = QR$ とおくと，$P^{-1}AP$, $P^{-1}BP$ は対角行列となる． ◇

　正方行列 A, B が正則行列 P によって同時対角化されるとき，P の列ベクトルは A, B 両方の固有ベクトルである．これを**同時固有ベクトル**という．すなわち，同時対角化可能な2つの正方行列を同時対角化する正則行列は，1次独立な同時固有ベクトルを並べることによって得られる．ここまでに述べてきた同時対角化の方法は，次のようにまとめることができる．

(1) A, B：対角化可能 かつ $AB = BA$

(2) A を対角化：$Q^{-1}AQ = \begin{pmatrix} \lambda_1 E_{n_1} & & \mathbf{0} \\ & \ddots & \\ \mathbf{0} & & \lambda_r E_{n_r} \end{pmatrix}$　$(\lambda_1, \cdots, \lambda_r$：$A$ の互いに異なる固有値$)$

(3) $\quad Q^{-1}BQ = \begin{pmatrix} B_1 & & \mathbf{0} \\ & \ddots & \\ \mathbf{0} & & B_r \end{pmatrix}$ と表される.

(4) $\quad B_1, \cdots, B_r$ を対角化：$R_j^{-1} B_j R_j = \begin{pmatrix} \mu_j^{(1)} & & \mathbf{0} \\ & \ddots & \\ \mathbf{0} & & \mu_j^{(n_j)} \end{pmatrix}$ $(j=1, \cdots, r)$

(5) $\quad P = Q \begin{pmatrix} R_1 & & \mathbf{0} \\ & \ddots & \\ \mathbf{0} & & R_r \end{pmatrix}$ とおくと，$P^{-1}AP, P^{-1}BP$ は対角行列に

なる.

3・3 同時対角化の例

定理 3.3 の証明を少し振り返ってみよう．$A, B \in M_n(\mathbf{C})$ が対角化可能かつ可換であるとする．このとき，(3.13), (3.15) からわかるように，A の固有ベクトルを単純に並べた Q を用いただけでは，A は対角化されても，B は対角化されるとは限らない．しかし，A が n 個の異なる固有値をもつときは，

$$r = n, \quad n_j = \dim\big(W(\lambda_j)\big) = 1 \quad (j = 1, 2, \cdots, n) \tag{3.20}$$

となるので，(3.15) も対角行列となる．このことを次の例題 3.1 で見てみよう．

例題 3.1 2 次の正方行列 $A = \begin{pmatrix} 2 & 2 \\ -6 & -5 \end{pmatrix}$, $B = \begin{pmatrix} 13 & 8 \\ -24 & -15 \end{pmatrix}$ を考える.

(1) 定理 1.5 を用いることにより，A, B は対角化可能であることを示せ.

(2) 定理 3.3 を用いることにより，A, B は同時対角化可能であることを示せ.

(3) $\boldsymbol{p}_1 = \begin{pmatrix} 2 \\ -3 \end{pmatrix}$ は A, B の同時固有ベクトルであることを示せ.

(4) $P^{-1}AP$, $P^{-1}BP$ が対角行列となるような正則行列 P を1つ求めよ.

解 (1) まず, A の固有多項式は

$$\phi_A(\lambda) = |\lambda E - A| = \begin{vmatrix} \lambda - 2 & -2 \\ 6 & \lambda + 5 \end{vmatrix} = (\lambda - 2)(\lambda + 5) - (-2) \cdot 6$$

$$= \lambda^2 + 3\lambda + 2 = (\lambda + 1)(\lambda + 2) \tag{3.21}$$

である. よって, 固有方程式 $\phi_A(\lambda) = 0$ を解くと, A の固有値 λ は $\lambda = -1$, -2 である. したがって, A は2個の異なる固有値 $\lambda = -1$, -2 をもつので, 定理 1.5 より, A は対角化可能である.

また, B の固有多項式は

$$\phi_B(\mu) = |\mu E - B| = \begin{vmatrix} \mu - 13 & -8 \\ 24 & \mu + 15 \end{vmatrix} = (\mu - 13)(\mu + 15) - (-8) \cdot 24$$

$$= \mu^2 + 2\mu - 3 = (\mu - 1)(\mu + 3) \tag{3.22}$$

である. よって, 固有方程式 $\phi_B(\mu) = 0$ を解くと, B の固有値 μ は $\mu = 1$, -3 である. したがって, B は2個の異なる固有値 $\mu = 1$, -3 をもつので, 定理 1.5 より, B は対角化可能である.

(2) まず,

$$AB = \begin{pmatrix} 2 & 2 \\ -6 & -5 \end{pmatrix} \begin{pmatrix} 13 & 8 \\ -24 & -15 \end{pmatrix} = \begin{pmatrix} -22 & -14 \\ 42 & 27 \end{pmatrix} \tag{3.23}$$

である. また,

$$BA = \begin{pmatrix} 13 & 8 \\ -24 & -15 \end{pmatrix} \begin{pmatrix} 2 & 2 \\ -6 & -5 \end{pmatrix} = \begin{pmatrix} -22 & -14 \\ 42 & 27 \end{pmatrix} \tag{3.24}$$

である. よって, $AB = BA$ となり, (1) および定理 3.3 より, A, B は同時対

角化可能である.

(3) まず,

$$A\boldsymbol{p}_1 = \begin{pmatrix} 2 & 2 \\ -6 & -5 \end{pmatrix} \begin{pmatrix} 2 \\ -3 \end{pmatrix} = \begin{pmatrix} -2 \\ 3 \end{pmatrix} = -\boldsymbol{p}_1 \tag{3.25}$$

である. また,

$$B\boldsymbol{p}_1 = \begin{pmatrix} 13 & 8 \\ -24 & -15 \end{pmatrix} \begin{pmatrix} 2 \\ -3 \end{pmatrix} = \begin{pmatrix} 2 \\ -3 \end{pmatrix} = \boldsymbol{p}_1 \tag{3.26}$$

である. よって, $\boldsymbol{p}_1$ は固有値 $\lambda = -1$ に対する A の固有ベクトルであり, かつ, 固有値 $\mu = 1$ に対する B の固有ベクトルである. したがって, $\boldsymbol{p}_1$ は A, B の同時固有ベクトルである.

(4) まず, 固有値 $\lambda = -2$ に対する A の固有ベクトルを求める. 同次連立1次方程式

$$(\lambda E - A)\boldsymbol{x} = \boldsymbol{0} \tag{3.27}$$

において $\lambda = -2$ を代入し, $\boldsymbol{x} = \begin{pmatrix} x_1 \\ x_2 \end{pmatrix}$ とすると,

$$(-2E - A) \begin{pmatrix} x_1 \\ x_2 \end{pmatrix} = \boldsymbol{0} \tag{3.28}$$

である. すなわち,

$$\begin{pmatrix} -4 & -2 \\ 6 & 3 \end{pmatrix} \begin{pmatrix} x_1 \\ x_2 \end{pmatrix} = \begin{pmatrix} 0 \\ 0 \end{pmatrix} \tag{3.29}$$

である. よって,

$$-4x_1 - 2x_2 = 0, \qquad 6x_1 + 3x_2 = 0 \tag{3.30}$$

となり, $c \in \mathbf{C}$ を任意の定数として, $x_1 = c$ とおくと, 解は

$$x_1 = c, \qquad x_2 = -2c \tag{3.31}$$

である. したがって,

$$\boldsymbol{x} = \begin{pmatrix} x_1 \\ x_2 \end{pmatrix} = \begin{pmatrix} c \\ -2c \end{pmatrix} = c \begin{pmatrix} 1 \\ -2 \end{pmatrix} \tag{3.32}$$

と表されるので, $c = 1$ としたベクトル $\boldsymbol{p}_2 = \begin{pmatrix} 1 \\ -2 \end{pmatrix}$ は固有値 $\lambda = -2$ に対する A の固有ベクトルである. ここで,

$$B\boldsymbol{p}_2 = \begin{pmatrix} 13 & 8 \\ -24 & -15 \end{pmatrix} \begin{pmatrix} 1 \\ -2 \end{pmatrix} = \begin{pmatrix} -3 \\ 6 \end{pmatrix} = -3\boldsymbol{p}_2 \tag{3.33}$$

である. すなわち, $\boldsymbol{p}_2$ は固有値 $\mu = -3$ に対する B の固有ベクトルである. 以上と (3) より,

$$P = (\ \boldsymbol{p}_1 \quad \boldsymbol{p}_2\ ) = \begin{pmatrix} 2 & 1 \\ -3 & -2 \end{pmatrix} \tag{3.34}$$

とおくと, P は正則となるので, 逆行列 P^{-1} が存在する. さらに,

$$P^{-1}AP = \begin{pmatrix} -1 & 0 \\ 0 & -2 \end{pmatrix}, \qquad P^{-1}BP = \begin{pmatrix} 1 & 0 \\ 0 & -3 \end{pmatrix} \tag{3.35}$$

となり, A, B は P によって同時対角化される. ◇

§3 の問題

確認問題

問 3.1 2つの正方行列が同時対角化可能であることの定義を書け.

□□□ [⇨ **3·1**]

問 3.2 2次の正方行列 $A = \begin{pmatrix} 7 & -3 \\ 18 & -8 \end{pmatrix}$, $B = \begin{pmatrix} 7 & -2 \\ 12 & -3 \end{pmatrix}$ を考える.

(1) 定理 1.5 を用いることにより, A, B は対角化可能であることを示せ.

(2) 定理 3.3 を用いることにより, A, B は同時対角化可能であることを示せ.

(3)　$\boldsymbol{p}_1 = \begin{pmatrix} 1 \\ 3 \end{pmatrix}$ は A, B の同時固有ベクトルであることを示せ.

(4)　$P^{-1}AP, P^{-1}BP$ が対角行列となるような正則行列 P を 1 つ求めよ.

基本問題

問 3.3　3 次の正方行列 $A = \begin{pmatrix} 1 & -1 & -1 \\ 0 & 2 & 1 \\ 0 & 0 & 1 \end{pmatrix}, B = \begin{pmatrix} 2 & 0 & 0 \\ -1 & 1 & 0 \\ 1 & 1 & 2 \end{pmatrix}$ を考える.

(1)　定理 1.6 を用いることにより, A, B は対角化可能であることを示せ.

(2)　定理 3.3 を用いることにより, A, B は同時対角化可能であることを示せ.

(3)　$Q = \begin{pmatrix} 0 & 1 & -1 \\ -1 & 0 & 1 \\ 1 & 0 & 0 \end{pmatrix}$ とおく. Q は正則であることを示し, $Q^{-1}AQ$,

　　$Q^{-1}BQ$ を計算せよ $[\Rrightarrow (3.13) \sim (3.15)]$.

(4)　$R = \begin{pmatrix} 1 & 1 & 0 \\ 0 & 1 & 0 \\ 0 & 0 & 1 \end{pmatrix}$ とおく. $R^{-1}(Q^{-1}BQ)R$ を計算せよ $[\Rrightarrow (3.19)]$.

(5)　$P^{-1}AP, P^{-1}BP$ が対角行列となるような正則行列 P を 1 つ求めよ.

第1章のまとめ

対角化

- $A \in M_n(\mathbf{C})$ （n 次の複素正方行列全体）
- $\lambda_1, \lambda_2, \cdots, \lambda_r \in \mathbf{C}$：$A$ のすべての互いに異なる r 個の固有値
- $W(\lambda_j)$ $(j = 1, 2, \cdots, r)$：固有値 λ_j に対する A の固有空間

$$A：\textbf{対角化可能} \iff \sum_{j=1}^{r} \dim\bigl(W(\lambda_j)\bigr) = n$$

上三角化

- 任意の複素正方行列は上三角化可能.

不変部分空間

- V：$\mathbf{C}$ 上のベクトル空間
- $W \subset V$：部分空間
- $f : V \to V$：線形変換

$$W：f \text{ の} \textbf{不変部分空間} \underset{\text{def.（定義する）}}{\iff} f(W) \subset W$$

ケーリー–ハミルトンの定理

- $A \in M_n(\mathbf{C})$
- $\phi_A(\lambda)$：A の固有多項式

$$\implies \phi_A(A) = O$$

同時対角化

- $A, B \in M_n(\mathbf{C})$：対角化可能

$$A, B：\textbf{同時対角化可能} \iff AB = BA$$

ジョルダン標準形

§4　ジョルダン標準形（2次と3次の場合）

─────────── §4のポイント ───────────

- 2次や3次の正方行列に対して，**ジョルダン標準形**を求めることができる.

4・1　2次の正方行列の場合

はじめに，任意の2次の複素正方行列がジョルダン標準形という特別な上三角行列と相似になることを示そう．まず，$A \in M_2(\mathbf{C})$ とすると，次の (1), (2) のいずれかがなりたつ.

(1)　A は異なる固有値 $\lambda, \mu \in \mathbf{C}$ をもつ.

(2)　A は1個の固有値 $\lambda \in \mathbf{C}$ のみをもつ.

(1) の場合　定理 1.5 より，A は対角化可能である．すなわち，ある正則な $P \in M_2(\mathbf{C})$ が存在し，

$$P^{-1}AP = \begin{pmatrix} \lambda & 0 \\ 0 & \mu \end{pmatrix} \tag{4.1}$$

となる.

(2) の場合　　固有値 λ に対する A の固有空間 $W(\lambda)$ の次元 $\dim\bigl(W(\lambda)\bigr)$ は 1 または 2 である.

$\underline{\dim\bigl(W(\lambda)\bigr)=2\,\text{のとき}}$　　定理 1.6 より，A は対角化可能である．すなわち，ある正則な $P \in M_2(\mathbf{C})$ が存在し，

$$P^{-1}AP = \begin{pmatrix} \lambda & 0 \\ 0 & \lambda \end{pmatrix} = \lambda E \tag{4.2}$$

となる．これは A がスカラー行列 λE であることに他ならない.

$\underline{\dim\bigl(W(\lambda)\bigr)=1\,\text{のとき}}$　　以下で 3 段階に分けて述べる.

$\boxed{\text{Step 1}}$　$\dim\bigl(W(\lambda)\bigr)=1$ より，ある $\boldsymbol{x}_1 \in \mathbf{C}^2 \setminus \{\boldsymbol{0}\}$ が存在し[1]，

$$(A - \lambda E)\boldsymbol{x}_1 \neq \boldsymbol{0} \tag{4.3}$$

となる．また，ケーリー–ハミルトンの定理（定理 2.2）より，

$$(A - \lambda E)^2 = O \tag{4.4}$$

である．よって，

$$(A - \lambda E)(A - \lambda E)\boldsymbol{x}_1 = (A - \lambda E)^2\boldsymbol{x}_1 = O\boldsymbol{x}_1 = \boldsymbol{0} \tag{4.5}$$

となり，

$$(A - \lambda E)\boldsymbol{x}_1 \in W(\lambda) \tag{4.6}$$

である.

$\boxed{\text{Step 2}}$　$(A - \lambda E)\boldsymbol{x}_1,\ \boldsymbol{x}_1$ の 1 次関係

$$c_1(A - \lambda E)\boldsymbol{x}_1 + c_2\boldsymbol{x}_1 = \boldsymbol{0} \qquad (c_1,\, c_2 \in \mathbf{C}) \tag{4.7}$$

を考える．(4.7) の両辺に左から $A - \lambda E$ をかけると，(4.4) より，

$$c_2(A - \lambda E)\boldsymbol{x}_1 = \boldsymbol{0} \tag{4.8}$$

---

[1]　集合 A, B に対して，A の元であるが，B の元ではないもの全体の集合を $A \setminus B$ と表し，A と B の差という．つまり，$\mathbf{C}^2 \setminus \{\boldsymbol{0}\}$ は $\boldsymbol{0}$ を除いた $\mathbf{C}^2$ の元全体の集合である.

である．さらに，(4.3) より，$c_2 = 0$ である．これを (4.7) に代入すると，

$$c_1(A - \lambda E)\boldsymbol{x}_1 = \boldsymbol{0} \tag{4.9}$$

となり，再び (4.3) より，$c_1 = 0$ である．したがって，$(A - \lambda E)\boldsymbol{x}_1$, $\boldsymbol{x}_1$ は1次独立である．

$\boxed{\text{Step 3}}$ $(A - \lambda E)\boldsymbol{x}_1$, $\boldsymbol{x}_1$ は1次独立なので，正則な $P \in M_2(\mathbf{C})$ を

$$P = \left(\ (A - \lambda E)\boldsymbol{x}_1 \quad \boldsymbol{x}_1 \ \right) \tag{4.10}$$

により定めることができる．このとき，

$$(A - \lambda E)P = \left(\ (A - \lambda E)^2\boldsymbol{x}_1 \quad (A - \lambda E)\boldsymbol{x}_1 \ \right) \overset{\odot (4.4)}{=} \left(\ \boldsymbol{0} \quad (A - \lambda E)\boldsymbol{x}_1 \ \right)$$

$$= \left(\ (A - \lambda E)\boldsymbol{x}_1 \quad \boldsymbol{x}_1 \ \right) \begin{pmatrix} 0 & 1 \\ 0 & 0 \end{pmatrix} = P \begin{pmatrix} 0 & 1 \\ 0 & 0 \end{pmatrix}, \tag{4.11}$$

すなわち，

$$P^{-1}(A - \lambda E)P = \begin{pmatrix} 0 & 1 \\ 0 & 0 \end{pmatrix} \tag{4.12}$$

である．さらに，(4.12) は

$$P^{-1}AP = \begin{pmatrix} \lambda & 1 \\ 0 & \lambda \end{pmatrix} \tag{4.13}$$

と同値である．

　ここまでをまとめると，2次の複素正方行列は対角行列または (4.13) の右辺の行列と相似であることがわかった [⇨**第2章のまとめ**]．対角行列または (4.13) の右辺の行列を2次の正方行列の**ジョルダン標準形**という．

4・2　2次のジョルダン標準形の計算例

　(4.13) の右辺のジョルダン標準形を求める具体的な例について考えてみよう．

例題 4.1 2次の正方行列 $A = \begin{pmatrix} 8 & 9 \\ -4 & -4 \end{pmatrix}$ を考える.

(1) A は**対角化可能ではない**ことを示せ.

(2) $P^{-1}AP$ がジョルダン標準形となるような正則行列 P を1つ求めよ.

解 (1) 固有値が1個のみの対角化可能な正方行列ははじめからスカラー行列であることに注意する（✍）．A はスカラー行列ではないので，A の固有値が1個のみであることを示せばよい[2]．

まず，A の固有多項式は

$$\phi_A(\lambda) = |\lambda E - A| = \begin{vmatrix} \lambda - 8 & -9 \\ 4 & \lambda + 4 \end{vmatrix} = (\lambda - 8)(\lambda + 4) - (-9) \cdot 4$$

$$= \lambda^2 - 4\lambda + 4 = (\lambda - 2)^2 \tag{4.14}$$

である．よって，固有方程式 $\phi_A(\lambda) = 0$ を解くと，A の固有値 λ は $\lambda = 2$ である．したがって，A は1個の固有値 $\lambda = 2$ のみをもち，対角化可能ではない.

(2) まず，固有値 $\lambda = 2$ に対する A の固有ベクトルを求める．同次連立1次方程式

$$(\lambda E - A)\boldsymbol{x} = \boldsymbol{0} \tag{4.15}$$

において $\lambda = 2$ を代入し，$\boldsymbol{x} = \begin{pmatrix} x_1 \\ x_2 \end{pmatrix}$ とすると，

$$(2E - A)\begin{pmatrix} x_1 \\ x_2 \end{pmatrix} = \boldsymbol{0} \tag{4.16}$$

である．すなわち，

---

[2] 大げさではあるが，定理1.6を用いることもできる ［⇨(4.20)］.

$$\begin{pmatrix} -6 & -9 \\ 4 & 6 \end{pmatrix} \begin{pmatrix} x_1 \\ x_2 \end{pmatrix} = \begin{pmatrix} 0 \\ 0 \end{pmatrix} \tag{4.17}$$

である．よって，

$$-6x_1 - 9x_2 = 0, \qquad 4x_1 + 6x_2 = 0 \tag{4.18}$$

となり，$c \in \mathbf{C}$ を任意の定数として，$x_1 = 3c$ とおくと，解は

$$x_1 = 3c, \qquad x_2 = -2c \tag{4.19}$$

である．したがって，

$$\boldsymbol{x} = \begin{pmatrix} x_1 \\ x_2 \end{pmatrix} = \begin{pmatrix} 3c \\ -2c \end{pmatrix} = c \begin{pmatrix} 3 \\ -2 \end{pmatrix} \tag{4.20}$$

と表されるので，$c = 1$ としたベクトル $\boldsymbol{b} = \begin{pmatrix} 3 \\ -2 \end{pmatrix}$ は固有値 $\lambda = 2$ に対する A の固有ベクトルである．

次に，連立1次方程式

$$(A - 2E)\boldsymbol{x} = \boldsymbol{b} \tag{4.21}$$

において $\boldsymbol{b} = \begin{pmatrix} 3 \\ -2 \end{pmatrix}$ を代入し $[\Rightarrow(4.6)]$，$\boldsymbol{x} = \begin{pmatrix} x_1 \\ x_2 \end{pmatrix}$ とすると，

$$\begin{pmatrix} 6 & 9 \\ -4 & -6 \end{pmatrix} \begin{pmatrix} x_1 \\ x_2 \end{pmatrix} = \begin{pmatrix} 3 \\ -2 \end{pmatrix} \tag{4.22}$$

である．(4.21) の拡大係数行列 $\left(A - 2E \,\middle|\, \boldsymbol{b} \right)$ の行に関する基本変形を行うと，

$$\left(A - 2E \,\middle|\, \boldsymbol{b} \right) = \begin{pmatrix} 6 & 9 & \middle| & 3 \\ -4 & -6 & \middle| & -2 \end{pmatrix} \xrightarrow{\text{第2行}\times(-\frac{1}{2})} \begin{pmatrix} 6 & 9 & \middle| & 3 \\ 2 & 3 & \middle| & 1 \end{pmatrix}$$
$$\xrightarrow{\text{第1行}-\text{第2行}\times3} \begin{pmatrix} 0 & 0 & \middle| & 0 \\ 2 & 3 & \middle| & 1 \end{pmatrix} \tag{4.23}$$

となる．よって，方程式に戻すと，

$$2x_1 + 3x_2 = 1 \tag{4.24}$$

である．したがって，$c \in \mathbf{C}$ を任意の定数として，$x_1 = c$ とおくと，解は

$$x_1 = c, \qquad x_2 = -\frac{2}{3}c + \frac{1}{3} \tag{4.25}$$

である. すなわち,

$$\boldsymbol{x} = \begin{pmatrix} x_1 \\ x_2 \end{pmatrix} = \begin{pmatrix} c \\ -\frac{2}{3}c + \frac{1}{3} \end{pmatrix} \tag{4.26}$$

と表されるので, $c = -1$ としたベクトル $\boldsymbol{x}_1 = \begin{pmatrix} -1 \\ 1 \end{pmatrix}$ は解である.

以上より,

$$P = \big(\, (A - 2E)\boldsymbol{x}_1 \quad \boldsymbol{x}_1 \,\big) = \big(\, \boldsymbol{b} \quad \boldsymbol{x}_1 \,\big) = \begin{pmatrix} 3 & -1 \\ -2 & 1 \end{pmatrix} \tag{4.27}$$

とおくと, P は正則となるので, 逆行列 P^{-1} が存在する. さらに,

$$P^{-1}AP = \begin{pmatrix} 2 & 1 \\ 0 & 2 \end{pmatrix} \tag{4.28}$$

となり, A のジョルダン標準形が得られる. ◇

4・3 3 次の正方行列の場合（その1）

4・3 ～ 4・5 では, 3 次の正方行列のジョルダン標準形について考えよう. まず, $A \in M_3(\mathbf{C})$ とすると, 次の (1)～(3) のいずれかがなりたつ.

(1) A は互いに異なる固有値 $\lambda,\,\mu,\,\nu \in \mathbf{C}$ をもつ.

(2) A は 2 個の異なる固有値 $\lambda,\,\mu \in \mathbf{C}$ をもつ.

(3) A は 1 個の固有値 $\lambda \in \mathbf{C}$ のみをもつ.

(1) の場合, 定理 1.5 より, A は対角化可能である. すなわち, ある正則な $P \in M_3(\mathbf{C})$ が存在し,

$$P^{-1}AP = \begin{pmatrix} \lambda & 0 & 0 \\ 0 & \mu & 0 \\ 0 & 0 & \nu \end{pmatrix} \tag{4.29}$$

となる.

4・4 　3次の正方行列の場合（その2）

次に，4・3 の (2) の場合を考えよう．まず，固有値 λ, μ に対する A の固有空間をそれぞれ $W(\lambda)$, $W(\mu)$ とすると，$\dim\bigl(W(\lambda)\bigr) \geq \dim\bigl(W(\mu)\bigr)$ としてよい[3]．このとき，「$\dim\bigl(W(\lambda)\bigr) = 2$, $\dim\bigl(W(\mu)\bigr) = 1$」または「$\dim\bigl(W(\lambda)\bigr) = 1$, $\dim\bigl(W(\mu)\bigr) = 1$」となる．

$\underline{\dim\bigl(W(\lambda)\bigr) = 2, \dim\bigl(W(\mu)\bigr) = 1 \text{ のとき}}$　定理 1.6 より，A は対角化可能である．よって，ある正則な $P \in M_3(\mathbf{C})$ が存在し，

$$P^{-1}AP = \begin{pmatrix} \lambda & 0 & 0 \\ 0 & \lambda & 0 \\ 0 & 0 & \mu \end{pmatrix} \tag{4.30}$$

となる．

$\underline{\dim\bigl(W(\lambda)\bigr) = 1, \dim\bigl(W(\mu)\bigr) = 1 \text{ のとき}}$　以下で 4 段階に分けて述べる．

$\boxed{\text{Step 1}}$　$\dim\bigl(W(\mu)\bigr) = 1$ より，$W(\mu)$ の基底 $\{\boldsymbol{x}_2\}$ を 1 つ選んでおく．また，λ は A の固有方程式の 2 重解であるとしてよい．このとき，ケーリー–ハミルトンの定理（定理 2.2）より，

$$(A - \lambda E)^2(A - \mu E) = O \tag{4.31}$$

である．さらに，$\boldsymbol{y}_1, \boldsymbol{y}_2 \in \mathbf{C}^3 \setminus W(\mu)$ を $\{\boldsymbol{y}_1, \boldsymbol{y}_2, \boldsymbol{x}_2\}$ が $\mathbf{C}^3$ の基底となるように選んでおくと，

$$(A - \mu E)\boldsymbol{y}_1, \; (A - \mu E)\boldsymbol{y}_2 \neq \boldsymbol{0} \tag{4.32}$$

である．

$\boxed{\text{Step 2}}$　ここで，

$$(A - \lambda E)(A - \mu E)\boldsymbol{y}_1 = (A - \lambda E)(A - \mu E)\boldsymbol{y}_2 = \boldsymbol{0} \tag{4.33}$$

であると仮定する．このとき，

$$(A - \mu E)\boldsymbol{y}_1, \; (A - \mu E)\boldsymbol{y}_2 \in W(\lambda) \tag{4.34}$$

---

[3]　必要ならば，λ と μ を入れ替えればよいからである．

である．$\dim(W(\lambda)) = 1$ より，$(A - \mu E)\boldsymbol{y}_1$，$(A - \mu E)\boldsymbol{y}_2$ は1次従属である．
すなわち，$(c_1, c_2) \neq (0, 0)$ となる $c_1, c_2 \in \mathbf{C}$ が存在し，

$$c_1(A - \mu E)\boldsymbol{y}_1 + c_2(A - \mu E)\boldsymbol{y}_2 = \boldsymbol{0} \tag{4.35}$$

となる．(4.35) は

$$(A - \mu E)(c_1\boldsymbol{y}_1 + c_2\boldsymbol{y}_2) = \boldsymbol{0} \tag{4.36}$$

と同値なので，$c_1\boldsymbol{y}_1 + c_2\boldsymbol{y}_2 \in W(\mu)$ である．よって，$\{\boldsymbol{x}_2\}$ が $W(\mu)$ の基底で
あることより，ある $c \in \mathbf{C}$ が存在し，

$$c_1\boldsymbol{y}_1 + c_2\boldsymbol{y}_2 = c\boldsymbol{x}_2 \tag{4.37}$$

となる．さらに，$\{\boldsymbol{y}_1, \boldsymbol{y}_2, \boldsymbol{x}_2\}$ は $\mathbf{C}^3$ の基底なので，$c_1 = c_2 = c = 0$ となる．
これは $(c_1, c_2) \neq (0, 0)$ であることに矛盾する．したがって，$j = 1$ または $j = 2$
のいずれかに対して，

$$(A - \lambda E)(A - \mu E)\boldsymbol{y}_j \neq \boldsymbol{0} \tag{4.38}$$

である．すなわち，(4.38) がなりたつような $j = 1$ または $j = 2$ に対して，$\boldsymbol{x}_1$
$= (A - \mu E)\boldsymbol{y}_j$ とおくと，

$$\boldsymbol{x}_1 \neq \boldsymbol{0}, \qquad (A - \lambda E)\boldsymbol{x}_1 \neq \boldsymbol{0} \tag{4.39}$$

である．さらに，(4.31) より，

$$(A - \lambda E)^2\boldsymbol{x}_1 = \boldsymbol{0} \tag{4.40}$$

である．

Step 3 　$(A - \lambda E)\boldsymbol{x}_1$，$\boldsymbol{x}_1$，$\boldsymbol{x}_2$ の1次関係

$$c_1(A - \lambda E)\boldsymbol{x}_1 + c_2\boldsymbol{x}_1 + c_3\boldsymbol{x}_2 = \boldsymbol{0} \qquad (c_1, c_2, c_3 \in \mathbf{C}) \tag{4.41}$$

を考える．(4.41) の両辺に左から $(A - \lambda E)^2$ をかけると，$\boldsymbol{x}_2 \in W(\mu)$ および
(4.40) より，

$$c_3(\mu - \lambda)^2\boldsymbol{x}_2 = \boldsymbol{0} \tag{4.42}$$

である．$\{\boldsymbol{x}_2\}$ は $W(\mu)$ の基底なので，$\boldsymbol{x}_2 \neq \boldsymbol{0}$ であり，また，$\lambda \neq \mu$ なので，
$c_3 = 0$ である．これを (4.41) に代入すると，

$$c_1(A - \lambda E)\boldsymbol{x}_1 + c_2\boldsymbol{x}_1 = \boldsymbol{0} \tag{4.43}$$

である．(4.43) の両辺に左から $A - \lambda E$ をかけると，(4.40) より，

$$c_2(A - \lambda E)\boldsymbol{x}_1 = \boldsymbol{0} \tag{4.44}$$

である．さらに，(4.39) の第 2 式より，$c_2 = 0$ である．これを (4.43) に代入すると，

$$c_1(A - \lambda E)\boldsymbol{x}_1 = \boldsymbol{0} \tag{4.45}$$

である．さらに，(4.39) の第 2 式より，$c_1 = 0$ である．よって，$(A - \lambda E)\boldsymbol{x}_1$，$\boldsymbol{x}_1$，$\boldsymbol{x}_2$ は 1 次独立である．

$\boxed{\text{Step 4}}$ $(A - \lambda E)\boldsymbol{x}_1$，$\boldsymbol{x}_1$，$\boldsymbol{x}_2$ は 1 次独立なので，正則な $P \in M_3(\mathbf{C})$ を

$$P = \left(\ (A - \lambda E)\boldsymbol{x}_1 \quad \boldsymbol{x}_1 \quad \boldsymbol{x}_2 \ \right) \tag{4.46}$$

により定めることができる．このとき，(4.11)〜(4.13) と同様の計算により，

$$P^{-1}AP = \begin{pmatrix} \lambda & 1 & 0 \\ 0 & \lambda & 0 \\ 0 & 0 & \mu \end{pmatrix} \tag{4.47}$$

となる（✐）．

4・5 3 次の正方行列の場合（その 3）

さらに，4・3 の (3) の場合を考えよう．まず，固有値 λ に対する A の固有空間 $W(\lambda)$ の次元は 1, 2, 3 のいずれかである．

$\underline{\dim\big(W(\lambda)\big) = 3 \text{ のとき}}$　(4.2) と同様の式が得られ，$A = \lambda E$ となる．

$\underline{\dim\big(W(\lambda)\big) = 2 \text{ のとき}}$　ある $\boldsymbol{x}_1 \in \mathbf{C}^3 \setminus W(\lambda)$ および $\boldsymbol{x}_2 \in W(\lambda)$ が存在し，$(A - \lambda E)\boldsymbol{x}_1$，$\boldsymbol{x}_1$，$\boldsymbol{x}_2$ は 1 次独立となる．さらに，これらを並べて得られる正則行列を P とおくと，

$$P^{-1}AP = \begin{pmatrix} \lambda & 1 & 0 \\ 0 & \lambda & 0 \\ 0 & 0 & \lambda \end{pmatrix} \tag{4.48}$$

となる [⇨ 問 4.3 (1)].

$\underline{\dim(W(\lambda)) = 1 \text{ のとき}}$ ある $\boldsymbol{x}_1 \in \mathbf{C}^3 \setminus W(\lambda)$ が存在し,$(A - \lambda E)^2 \boldsymbol{x}_1$,$(A - \lambda E)\boldsymbol{x}_1$, $\boldsymbol{x}_1$ は 1 次独立となる.さらに,これらを並べて得られる正則行列を P とおくと,

$$P^{-1}AP = \begin{pmatrix} \lambda & 1 & 0 \\ 0 & \lambda & 1 \\ 0 & 0 & \lambda \end{pmatrix} \tag{4.49}$$

となる [⇨ 問 4.3 (2)].

なお,(4.47), (4.48) の右辺は P の列ベクトルを並べ替えることにより,それぞれ

$$\begin{pmatrix} \mu & 0 & 0 \\ 0 & \lambda & 1 \\ 0 & 0 & \lambda \end{pmatrix}, \qquad \begin{pmatrix} \lambda & 0 & 0 \\ 0 & \lambda & 1 \\ 0 & 0 & \lambda \end{pmatrix} \tag{4.50}$$

とすることもできる.

$$\begin{pmatrix} \lambda & 1 & 0 \\ 0 & \lambda & 0 \\ 0 & 0 & \mu \end{pmatrix}, \quad \begin{pmatrix} \lambda & 1 & 0 \\ 0 & \lambda & 0 \\ 0 & 0 & \lambda \end{pmatrix}, \quad \begin{pmatrix} \lambda & 1 & 0 \\ 0 & \lambda & 1 \\ 0 & 0 & \lambda \end{pmatrix}$$

$$\begin{pmatrix} \mu & 0 & 0 \\ 0 & \lambda & 1 \\ 0 & 0 & \lambda \end{pmatrix}, \quad \begin{pmatrix} \lambda & 0 & 0 \\ 0 & \lambda & 1 \\ 0 & 0 & \lambda \end{pmatrix}$$

$$(\lambda, \mu \in \mathbf{C}, \ \lambda \neq \mu)$$

図 4.1 3 次のジョルダン標準形 (対角化可能ではない場合)

ここまでをまとめると,3 次の複素正方行列は対角行列,(4.47)〜(4.49) の右辺,(4.50) の行列のいずれかと相似であることがわかった [⇨ 第 2 章のまと

め]．対角行列，(4.47)〜(4.49) の右辺，(4.50) の行列を 3 次の正方行列の**ジョルダン標準形**という（**図 4.1**）．

§4 の問題

確認問題

問 4.1　2 次の正方行列 $A = \begin{pmatrix} 1 & 1 \\ -4 & 5 \end{pmatrix}$ を考える．

(1)　A は**対角化可能ではない**ことを示せ．

(2)　$P^{-1}AP$ がジョルダン標準形となるような正則行列 P を 1 つ求めよ．

基本問題

問 4.2　3 次の正方行列 $A = \begin{pmatrix} 1 & 0 & 0 \\ -1 & 2 & 4 \\ 0 & 0 & 2 \end{pmatrix}$ を考える．このとき，A の固有値

λ は $\lambda = 1, 2$ となる（2 は 2 重解）[⇨ **問 2.4** (2)]．

(1)　定理 1.6 を用いることにより，A は**対角化可能ではない**ことを示せ．

(2)　$P^{-1}AP$ がジョルダン標準形となるような正則行列 P を 1 つ求めよ．

問 4.3　$A \in M_3(\mathbf{C})$ が 1 個の固有値 $\lambda \in \mathbf{C}$ のみをもつとし，固有値 λ に対する A の固有空間を $W(\lambda)$ とする．

(1)　次の □ をうめることにより，$\dim(W(\lambda)) = 2$ のとき，(4.48) を導け．

　　$\dim(W(\lambda)) = 2$ より，$W(\lambda)$ の基底 $\{\boldsymbol{y}_1, \boldsymbol{y}_2\}$ が存在する．さらに，$\boldsymbol{y}_3 \in$
　　$\mathbf{C}^3 \setminus W(\lambda)$ を $\{\boldsymbol{y}_1, \boldsymbol{y}_2, \boldsymbol{y}_3\}$ が $\mathbf{C}^3$ の基底となるように選んでおく．このとき，ある $c_1, c_2, c_3 \in \mathbf{C}$ が存在し，$(A - \lambda E)\boldsymbol{y}_3 = c_1\boldsymbol{y}_1 + c_2\boldsymbol{y}_2 + c_3\boldsymbol{y}_3$

となる．両辺に左から $\boxed{①}$ をかけると，$\boldsymbol{y}_1$, $\boldsymbol{y}_2 \in W(\lambda)$ および $\boxed{②}$ の定理より，$\boldsymbol{0} = c_3 \boxed{①} \boldsymbol{y}_3$ である．よって，$c_3 = 0$ または $\boxed{①} \boldsymbol{y}_3 = \boldsymbol{0}$ である．$c_3 = 0$ のとき，$(A - \lambda E)\boldsymbol{y}_3 = c_1 \boldsymbol{y}_1 + c_2 \boldsymbol{y}_2$ となり，両辺に左から $A - \lambda E$ をかけると，$\boldsymbol{y}_1$, $\boldsymbol{y}_2 \in \boxed{③}$ より，$(A - \lambda E)^2 \boldsymbol{y}_3 = \boldsymbol{0}$ である．したがって，$\{\boldsymbol{y}_1, \boldsymbol{y}_2, \boldsymbol{y}_3\}$ が $\mathbf{C}^3$ の基底であり，$\boldsymbol{y}_1$, $\boldsymbol{y}_2 \in \boxed{③}$ であることとあわせると，任意の $\boldsymbol{x} \in \mathbf{C}^3$ に対して，$(A - \lambda E)^2 \boldsymbol{x} = \boldsymbol{0}$ となる．すなわち，$(A - \lambda E)^2 = \boxed{④}$ である．とくに，$(A - \lambda E)\boldsymbol{y}_3 \in W(\lambda) \setminus \{\boldsymbol{0}\}$ となる．以上より，ある $\boldsymbol{x}_1 \in \mathbf{C}^3 \setminus W(\lambda)$ および $\boldsymbol{x}_2 \in W(\lambda)$ が存在し，$(A - \lambda E)\boldsymbol{x}_1$, $\boldsymbol{x}_1$, $\boldsymbol{x}_2$ は1次独立となる．このとき，$P = (\ (A - \lambda E)\boldsymbol{x}_1\quad \boldsymbol{x}_1\quad \boldsymbol{x}_2\ )$ とおくと，P は正則であり，$(A - \lambda E)P = P \boxed{⑤}$ となる．すなわち，$P^{-1}(A - \lambda E)P = \boxed{⑤}$ である．これは (4.48) と同値である．

(2)　$\dim\bigl(W(\lambda)\bigr) = 1$ のとき，(4.49) を導け．

$\square\square\square$ 〔⇨ $\boxed{4 \cdot 5}$〕

$\boxed{問\,4.4}$　$A \in M_3(\mathbf{C})$ を次の (1), (2) により定めるとき，$P^{-1}AP$ がジョルダン標準形となるような正則な $P \in M_3(\mathbf{C})$ を1つ求めよ．

(1)　$A = \begin{pmatrix} 1 & 0 & 2 \\ 0 & 1 & 0 \\ 0 & 0 & 1 \end{pmatrix}$　(2)　$A = \begin{pmatrix} 1 & 2 & 3 \\ 0 & 1 & 2 \\ 0 & 0 & 1 \end{pmatrix}$

$\square\square\square$ 〔⇨ $\boxed{4 \cdot 5}$〕

§5　和空間と直和

―― §5のポイント ―

- ベクトル空間のいくつかの部分空間から**和空間**を定めることができる.
- 部分空間の**直和**となる和空間は, 任意の元がもとの部分空間の元の和として一意的に表される.
- 和空間の次元に関して, **部分空間に対する次元定理**がなりたつ.

5・1　和空間

任意の正方行列がジョルダン標準形という特別な上三角行列と相似であることを示すための準備として, 　§5　では和空間や直和について述べよう.

V を $\mathbf{C}$ 上のベクトル空間[1], $W_1, \cdots, W_m$ を V の部分空間とし, $W_1 + \cdots + W_m \subset V$ を

$$W_1 + \cdots + W_m = \{ \boldsymbol{x}_1 + \cdots + \boldsymbol{x}_m \mid \boldsymbol{x}_1 \in W_1, \ \cdots, \ \boldsymbol{x}_m \in W_m \} \quad (5.1)$$

により定める. このとき, 次の定理 5.1 がなりたち, $W_1 + \cdots + W_m$ を $W_1, \cdots,$ W_m の**和空間**という.

―― **定理 5.1（重要）** ―――――
和空間 $W_1 + \cdots + W_m$ は V の部分空間である.

証明　次の部分空間の条件 (1)〜(3) を示せばよい [⇨ ［藤岡 1］**定理 13.3**].

　(1)　$\boldsymbol{0} \in W_1 + \cdots + W_m$.

　(2)　$\boldsymbol{x}, \boldsymbol{y} \in W_1 + \cdots + W_m$ ならば, $\boldsymbol{x} + \boldsymbol{y} \in W_1 + \cdots + W_m$.

　(3)　$c \in \mathbf{C}, \boldsymbol{x} \in W_1 + \cdots + W_m$ ならば, $c\boldsymbol{x} \in W_1 + \cdots + W_m$.

(1) のみを示し, (2) は例題 5.1, (3) は問 5.1 (2) とする.

---

[1]　V が $\mathbf{R}$ 上のベクトル空間の場合もまったく同様に考えることができる.

(1)　$W_1, \cdots, W_m$ は V の部分空間なので，$j = 1, \cdots, m$ に対して，$\mathbf{0} \in W_j$ である．よって，

$$\mathbf{0} = \mathbf{0} + \cdots + \mathbf{0} \in W_1 + \cdots + W_m \tag{5.2}$$

である．したがって，(1) がなりたつ．　　　　　　　　　　　　　　　◇

例題 5.1　定理 5.1 の証明において，(2) を示せ．　□ □ □ 🖎

解　$\boldsymbol{x} \in W_1 + \cdots + W_m$ より，ある $\boldsymbol{x}_1 \in W_1, \cdots, \boldsymbol{x}_m \in W_m$ が存在し，

$$\boldsymbol{x} = \boldsymbol{x}_1 + \cdots + \boldsymbol{x}_m \tag{5.3}$$

となる．また，$\boldsymbol{y} \in W_1 + \cdots + W_m$ より，ある $\boldsymbol{y}_1 \in W_1, \cdots, \boldsymbol{y}_m \in W_m$ が存在し，

$$\boldsymbol{y} = \boldsymbol{y}_1 + \cdots + \boldsymbol{y}_m \tag{5.4}$$

となる．さらに，$j = 1, \cdots, m$ に対して，W_j は V の部分空間なので，

$$\boldsymbol{x}_j + \boldsymbol{y}_j \in W_j \tag{5.5}$$

である．よって，

$$\begin{aligned}
\boldsymbol{x} + \boldsymbol{y} &\overset{\odot\ (5.3),(5.4)}{=} (\boldsymbol{x}_1 + \cdots + \boldsymbol{x}_m) + (\boldsymbol{y}_1 + \cdots + \boldsymbol{y}_m) \\
&= (\boldsymbol{x}_1 + \boldsymbol{y}_1) + \cdots + (\boldsymbol{x}_m + \boldsymbol{y}_m) \overset{\odot\ (5.5)}{\in} W_1 + \cdots + W_m
\end{aligned} \tag{5.6}$$

である．したがって，(2) がなりたつ．　　　　　　　　　　　　　　　◇

注意 5.1　和空間の定義 (5.1) において，ベクトルの和は交換律および結合律をみたすので，左辺の和は部分空間の順序によらない．例えば，$m = 3$ のとき，

$$\begin{aligned}
W_1 + W_2 + W_3 &= W_1 + W_3 + W_2 = W_2 + W_1 + W_3 \\
&= W_2 + W_3 + W_1 = W_3 + W_1 + W_2 = W_3 + W_2 + W_1
\end{aligned} \tag{5.7}$$

である．

　和空間の例について考えよう．

例5.1 V を $\mathbf{C}$ 上のベクトル空間，W_1, W_2 を $W_1 \subset W_2$ となる V の部分空間とする．このとき，

$$W_1 + W_2 = W_2 \tag{5.8}$$

であることを示そう[2]．

まず，$\boldsymbol{x} \in W_1 + W_2$ とすると，和空間の定義 (5.1) より，ある $\boldsymbol{x}_1 \in W_1$, $\boldsymbol{x}_2 \in W_2$ が存在し，

$$\boldsymbol{x} = \boldsymbol{x}_1 + \boldsymbol{x}_2 \tag{5.9}$$

となる．ここで，$\boldsymbol{x}_1 \in W_1$ および $W_1 \subset W_2$ より，$\boldsymbol{x}_1 \in W_2$ である．さらに，W_2 は V の部分空間なので，(5.9) および $\boldsymbol{x}_1, \boldsymbol{x}_2 \in W_2$ より，$\boldsymbol{x} \in W_2$ である．よって，

$$W_1 + W_2 \subset W_2 \tag{5.10}$$

である．

次に，$\boldsymbol{x} \in W_2$ とする．W_1 は V の部分空間なので，$\boldsymbol{0} \in W_1$ である．よって，

$$\boldsymbol{x} = \boldsymbol{0} + \boldsymbol{x} \in W_1 + W_2, \tag{5.11}$$

すなわち，$\boldsymbol{x} \in W_1 + W_2$ である．したがって，

$$W_2 \subset W_1 + W_2 \tag{5.12}$$

である．

(5.10), (5.12) より，(5.8) がなりたつ． ◆

例5.2 V を $\mathbf{C}$ 上のベクトル空間とし，$\boldsymbol{x}_1$, $\boldsymbol{x}_2 \in V$ とする．V の部分空間として，

$$\langle \boldsymbol{x}_1 \rangle_{\mathbf{C}} = \{ c\boldsymbol{x}_1 \mid c \in \mathbf{C} \}, \qquad \langle \boldsymbol{x}_2 \rangle_{\mathbf{C}} = \{ c\boldsymbol{x}_2 \mid c \in \mathbf{C} \}, \tag{5.13}$$

$$\langle \boldsymbol{x}_1, \boldsymbol{x}_2 \rangle_{\mathbf{C}} = \{ c_1 \boldsymbol{x}_1 + c_2 \boldsymbol{x}_2 \mid c_1, c_2 \in \mathbf{C} \} \tag{5.14}$$

を考えよう [$\Rightarrow$(2.13)]．

---

[2] 2つの集合 A, B が等しいことを示すには，「$A \subset B$」かつ「$B \subset A$」，すなわち，「$x \in A$ ならば，$x \in B$」かつ「$x \in B$ ならば，$x \in A$」であることを示せばよい．

まず，(5.13), (5.14) および和空間の定義 (5.1) より，

$$\langle \boldsymbol{x}_1 \rangle_{\mathbf{C}} + \langle \boldsymbol{x}_2 \rangle_{\mathbf{C}} = \langle \boldsymbol{x}_1, \boldsymbol{x}_2 \rangle_{\mathbf{C}} \tag{5.15}$$

である．また，(5.15) および注意 5.1 より，

$$\langle \boldsymbol{x}_2 \rangle_{\mathbf{C}} + \langle \boldsymbol{x}_1 \rangle_{\mathbf{C}} = \langle \boldsymbol{x}_1, \boldsymbol{x}_2 \rangle_{\mathbf{C}} \tag{5.16}$$

である．

次に，例 5.1 より，

$$\langle \boldsymbol{x}_1 \rangle_{\mathbf{C}} + \langle \boldsymbol{x}_1 \rangle_{\mathbf{C}} = \langle \boldsymbol{x}_1 \rangle_{\mathbf{C}}, \qquad \langle \boldsymbol{x}_2 \rangle_{\mathbf{C}} + \langle \boldsymbol{x}_2 \rangle_{\mathbf{C}} = \langle \boldsymbol{x}_2 \rangle_{\mathbf{C}}, \tag{5.17}$$

$$\langle \boldsymbol{x}_1, \boldsymbol{x}_2 \rangle_{\mathbf{C}} + \langle \boldsymbol{x}_1, \boldsymbol{x}_2 \rangle_{\mathbf{C}} = \langle \boldsymbol{x}_1, \boldsymbol{x}_2 \rangle_{\mathbf{C}} \tag{5.18}$$

である．

さらに，

$$\langle \boldsymbol{x}_1 \rangle_{\mathbf{C}}, \langle \boldsymbol{x}_2 \rangle_{\mathbf{C}} \subset \langle \boldsymbol{x}_1, \boldsymbol{x}_2 \rangle_{\mathbf{C}} \tag{5.19}$$

なので，例 5.1 および注意 5.1 より，

$$\langle \boldsymbol{x}_1 \rangle_{\mathbf{C}} + \langle \boldsymbol{x}_1, \boldsymbol{x}_2 \rangle_{\mathbf{C}} = \langle \boldsymbol{x}_1, \boldsymbol{x}_2 \rangle_{\mathbf{C}} + \langle \boldsymbol{x}_1 \rangle_{\mathbf{C}} = \langle \boldsymbol{x}_2 \rangle_{\mathbf{C}} + \langle \boldsymbol{x}_1, \boldsymbol{x}_2 \rangle_{\mathbf{C}}$$

$$= \langle \boldsymbol{x}_1, \boldsymbol{x}_2 \rangle_{\mathbf{C}} + \langle \boldsymbol{x}_2 \rangle_{\mathbf{C}} = \langle \boldsymbol{x}_1, \boldsymbol{x}_2 \rangle_{\mathbf{C}} \tag{5.20}$$

である． ◆

5・2　直和

和空間の定義 (5.1) において，$\boldsymbol{x} \in W_1 + \cdots + W_m$ を

$$\boldsymbol{x} = \boldsymbol{x}_1 + \cdots + \boldsymbol{x}_m \qquad (\boldsymbol{x}_1 \in W_1, \cdots, \boldsymbol{x}_m \in W_m) \tag{5.21}$$

と表すときの $\boldsymbol{x}_1, \cdots, \boldsymbol{x}_m$ は一意的であるとは限らない．すなわち，$\boldsymbol{x}_1, \boldsymbol{y}_1 \in W_1, \cdots, \boldsymbol{x}_m, \boldsymbol{y}_m \in W_m$ に対して，

$$\boldsymbol{x}_1 = \boldsymbol{y}_1, \quad \cdots, \quad \boldsymbol{x}_m = \boldsymbol{y}_m \tag{5.22}$$

がなりたたなくても，

$$\boldsymbol{x}_1 + \cdots + \boldsymbol{x}_m = \boldsymbol{y}_1 + \cdots + \boldsymbol{y}_m \tag{5.23}$$

となることがありうる．

例 5.3　例 5.1 を思い出そう. すなわち, V を $\mathbf{C}$ 上のベクトル空間, W_1, W_2 を $W_1 \subset W_2$ となる V の部分空間とする. このとき, $\mathbf{0} \in W_1$ として, $\boldsymbol{x} \in W_2$ は

$$\boldsymbol{x} = \mathbf{0} + \boldsymbol{x} \in W_1 + W_2 \tag{5.24}$$

と表されるのであった [$\Rightarrow$(5.11)]. ここで, $W_1 \neq \{\mathbf{0}\}$ であると仮定しよう. このとき, ある $\boldsymbol{y} \in W_1 \setminus \{\mathbf{0}\}$ が存在する. さらに, $W_1 \subset W_2$ であり, W_2 は V の部分空間なので, $\boldsymbol{x} - \boldsymbol{y} \in W_2$ となり, $\boldsymbol{x}$ は

$$\boldsymbol{x} = \boldsymbol{y} + (\boldsymbol{x} - \boldsymbol{y}) \in W_1 + W_2 \tag{5.25}$$

と表すこともできる. すなわち, W_2 の元を W_1 の元と W_2 の元の和として表すときの表し方は一意的ではない. ◆

そこで, 次の定義 5.1 のように定める.

定義 5.1

V を $\mathbf{C}$ 上のベクトル空間, $W_1, \cdots, W_m$ を V の部分空間とする. 任意の $\boldsymbol{x} \in W_1 + \cdots + W_m$ が

$$\boldsymbol{x} = \boldsymbol{x}_1 + \cdots + \boldsymbol{x}_m \qquad (\boldsymbol{x}_1 \in W_1, \cdots, \boldsymbol{x}_m \in W_m) \tag{5.26}$$

と一意的に表されるとき,

$$W_1 + \cdots + W_m = W_1 \oplus \cdots \oplus W_m \tag{5.27}$$

と表し, $W_1 + \cdots + W_m$ は $W_1, \cdots, W_m$ の**直和**であるという.

例 5.4　例 5.2 を思い出そう. すなわち, V を $\mathbf{C}$ 上のベクトル空間とし, $\boldsymbol{x}_1, \boldsymbol{x}_2 \in V$ とする. このとき,

$$\langle \boldsymbol{x}_1 \rangle_{\mathbf{C}} + \langle \boldsymbol{x}_2 \rangle_{\mathbf{C}} = \langle \boldsymbol{x}_1, \boldsymbol{x}_2 \rangle_{\mathbf{C}} \tag{5.28}$$

となるのであった [$\Rightarrow$(5.15)]. ここで, $\boldsymbol{x}_1, \boldsymbol{x}_2 \neq \mathbf{0}$ であると仮定しよう.

$\boldsymbol{x}_1, \boldsymbol{x}_2$ が 1 次従属なとき, $\boldsymbol{x}_1, \boldsymbol{x}_2 \neq \mathbf{0}$ より, $\langle \boldsymbol{x}_1 \rangle_{\mathbf{C}} = \langle \boldsymbol{x}_2 \rangle_{\mathbf{C}}$ となる. よって, 例 5.3 より, $\langle \boldsymbol{x}_1 \rangle_{\mathbf{C}} + \langle \boldsymbol{x}_2 \rangle_{\mathbf{C}}$ は $\langle \boldsymbol{x}_1 \rangle_{\mathbf{C}}, \langle \boldsymbol{x}_2 \rangle_{\mathbf{C}}$ の直和ではない.

$\boldsymbol{x}_1, \boldsymbol{x}_2$ が 1 次独立なとき, (5.28) より, $\boldsymbol{x} \in \langle \boldsymbol{x}_1 \rangle_{\mathbf{C}} + \langle \boldsymbol{x}_2 \rangle_{\mathbf{C}}$ は

$$\boldsymbol{x} = c_1 \boldsymbol{x}_1 + c_2 \boldsymbol{x}_2 \qquad (c_1,\, c_2 \in \mathbf{C}) \tag{5.29}$$

と一意的に表すことができる．さらに，$c_1 \boldsymbol{x}_1 \in \langle \boldsymbol{x}_1 \rangle_{\mathbf{C}}$, $c_2 \boldsymbol{x}_2 \in \langle \boldsymbol{x}_2 \rangle_{\mathbf{C}}$ なので，$\langle \boldsymbol{x}_1 \rangle_{\mathbf{C}} + \langle \boldsymbol{x}_2 \rangle_{\mathbf{C}}$ は $\langle \boldsymbol{x}_1 \rangle_{\mathbf{C}}$, $\langle \boldsymbol{x}_2 \rangle_{\mathbf{C}}$ の直和である． ◆

ベクトル空間の部分空間の直和に関して，次の定理 5.2 がなりたつ．

定理 5.2（重要）

V を $\mathbf{C}$ 上のベクトル空間，$W_1, \cdots, W_m$ を V の部分空間とすると，次の (1)〜(4) は互いに同値である．

(1)　$W_1 + \cdots + W_m$ は $W_1, \cdots, W_m$ の直和である．

(2)　$\boldsymbol{x}_1 \in W_1, \cdots, \boldsymbol{x}_m \in W_m$ に対して，$\boldsymbol{x}_1 + \cdots + \boldsymbol{x}_m = \boldsymbol{0}$ ならば，$\boldsymbol{x}_1 = \cdots = \boldsymbol{x}_m = \boldsymbol{0}$ である．

(3)　$\boldsymbol{x}_1 \in W_1 \setminus \{\boldsymbol{0}\}, \cdots, \boldsymbol{x}_m \in W_m \setminus \{\boldsymbol{0}\}$ とすると，$\boldsymbol{x}_1, \cdots, \boldsymbol{x}_m$ は 1 次独立である．

(4)　$j = 2, \cdots, m$ に対して，$(W_1 + \cdots + W_{j-1}) \cap W_j = \{\boldsymbol{0}\}$ である．

証明　$(1) \Rightarrow (2)$　$\boldsymbol{x}_1 + \cdots + \boldsymbol{x}_m = \boldsymbol{0}$ とすると，$\boldsymbol{0}$ は $W_1, \cdots, W_m$ の零ベクトルでもあり，

$$\boldsymbol{x}_1 + \cdots + \boldsymbol{x}_m = \boldsymbol{0} + \cdots + \boldsymbol{0} \tag{5.30}$$

と表すことができる．よって，(1) および直和の定義（定義 5.1）より，(2) がなりたつ．

$(2) \Rightarrow (3)$　$\boldsymbol{x}_1, \cdots, \boldsymbol{x}_m$ の 1 次関係

$$c_1 \boldsymbol{x}_1 + \cdots + c_m \boldsymbol{x}_m = \boldsymbol{0} \qquad (c_1, \cdots, c_m \in \mathbf{C}) \tag{5.31}$$

を考える．$W_1, \cdots, W_m$ は V の部分空間なので，$c_1 \boldsymbol{x}_1 \in W_1, \cdots, c_m \boldsymbol{x}_m \in W_m$ である．よって，(2) より，$c_1 \boldsymbol{x}_1 = \boldsymbol{0}, \cdots, c_m \boldsymbol{x}_m = \boldsymbol{0}$ である．さらに，$\boldsymbol{x}_1, \cdots, \boldsymbol{x}_m \neq \boldsymbol{0}$ なので，

$$c_1 = \cdots = c_m = 0 \tag{5.32}$$

である．したがって，(3) がなりたつ．

(3) ⇒ (4)　対偶を示せばよい.

定理 5.2 の (4) がなりたたないと仮定する. このとき, ある $j = 2, \cdots, m$ に対して,

$$(W_1 + \cdots + W_{j-1}) \cap W_j \neq \{\mathbf{0}\} \tag{5.33}$$

である. よって, ある $\mathbf{x}_j \in \{(W_1 + \cdots + W_{j-1}) \cap W_j\} \setminus \{\mathbf{0}\}$ が存在する. $\mathbf{x}_j \in W_1 + \cdots + W_{j-1}$ より, ある $\mathbf{x}_1 \in W_1, \cdots, \mathbf{x}_{j-1} \in W_{j-1}$ が存在し,

$$\mathbf{x}_j = \mathbf{x}_1 + \cdots + \mathbf{x}_{j-1} \tag{5.34}$$

となる. ここで, $\mathbf{x}_j \neq \mathbf{0}$ なので, $\mathbf{x}_1, \cdots, \mathbf{x}_{j-1}$ のうち $\mathbf{0}$ ではないものが存在する. これらを $\mathbf{x}_{k_1}, \cdots, \mathbf{x}_{k_l}$ $(k_1 < \cdots < k_l, l = 1, \cdots, j-1)$ とする. このとき, 自明でない 1 次関係

$$\mathbf{x}_{k_1} + \cdots + \mathbf{x}_{k_l} - \mathbf{x}_j = \mathbf{0} \tag{5.35}$$

がなりたつ. したがって, 定理 5.2 の (3) はなりたたない.

(4) ⇒ (1)　問 5.2 とする.　　　　　　　　　　　　　　　　　　◇

例 5.5　$\mathbf{R}$ 上のベクトル空間の場合の例を挙げておこう. n 次の実正方行列全体の集合を $M_n(\mathbf{R})$ と表すと, $M_n(\mathbf{R})$ は行列としての和およびスカラー倍により, $\mathbf{R}$ 上のベクトル空間となる. ここで, n 次の対称行列, 交代行列全体の集合をそれぞれ Sym(n), Skew(n) と表す[3]. このとき, Sym(n), Skew(n) は $M_n(\mathbf{R})$ の部分空間となる (✍). さらに, Sym(n) + Skew(n) は Sym(n), Skew(n) の直和であり,

$$M_n(\mathbf{R}) = \text{Sym}(n) \oplus \text{Skew}(n) \tag{5.36}$$

がなりたつ (✍)[4].　　　　　　　　　　　　　　　　　　　　　　◆

例 5.6　$A \in M_n(\mathbf{C})$ とし, $\lambda_1, \cdots, \lambda_r \in \mathbf{C}$ を A の互いに異なる固有値とする. このとき, $j = 1, \cdots, r$ に対して, 固有値 λ_j に対する A の固有空間 $W(\lambda_j)$ は

---

[3]　対称行列, 交代行列の成分は実数であるとする.

[4]　計算の本質的な部分については, [藤岡 1] 問 2.7 (3) を見るとよい.

$\mathbf{C}^n$ の部分空間である．さらに，$W(\lambda_1) + \cdots + W(\lambda_r)$ は $W(\lambda_1), \cdots, W(\lambda_r)$ の直和となる．このことを示すには，$j = 1, \cdots, r$ に対して，命題

　「$W(\lambda_1) + \cdots + W(\lambda_j)$ は $W(\lambda_1), \cdots, W(\lambda_j)$ の直和である」　　(5.37)

を j に関する数学的帰納法により示せばよい $\left[\Rightarrow \boxed{\text{問 5.3}} (2)\right]$．　　　　◆

$\boxed{5 \cdot 3}$ 和空間の次元

　以下では，簡単のため，有限次元のベクトル空間を考える．このとき，その部分空間も有限次元である．まず，和空間の次元に関して，次の**部分空間に対する次元定理**がなりたつ（**図 5.1**）．

定理 5.3（部分空間に対する次元定理）（重要）

V を $\mathbf{C}$ 上の有限次元のベクトル空間，W_1, W_2 を V の部分空間とすると，
$$\dim(W_1 + W_2) = \dim W_1 + \dim W_2 - \dim(W_1 \cap W_2) \quad (5.38)$$
である [5]．

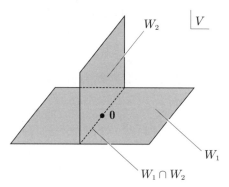

$\dim(W_1 + W_2) = 3$

$\dim W_1 + \dim W_2 - \dim(W_1 \cap W_2) = 2 + 2 - 1 = 3$

図 5.1　部分空間に対する次元定理の例

---
[5]　$W_1 \cap W_2$ は V の部分空間である $\left[\Rightarrow [\text{藤岡 1}] \boxed{\text{問 13.2}} (1)\right]$．

証明 証明の方針のみ述べる．次の (1)～(4) の手順により示す[6]．ただし，

$$k = \dim W_1, \quad l = \dim W_2, \quad m = \dim(W_1 \cap W_2) \tag{5.39}$$

とする．

(1) $W_1 \cap W_2$ の基底 $\{z_1, \cdots, z_m\}$ を選ぶ．

(2) $x_1, \cdots, x_{k-m} \in W_1$ を $\{x_1, \cdots, x_{k-m}, z_1, \cdots, z_m\}$ が W_1 の基底となるように選ぶ．

(3) $y_1, \cdots, y_{l-m} \in W_2$ を $\{y_1, \cdots, y_{l-m}, z_1, \cdots, z_m\}$ が W_2 の基底となるように選ぶ．

(4) $x_1, \cdots, x_{k-m}, y_1, \cdots, y_{l-m}, z_1, \cdots, z_m$ が 1 次独立であることを示す．

$\diamondsuit$

さらに，部分空間に対する次元定理（定理 5.3）および数学的帰納法を用いることにより，次の定理 5.4 を示すことができる（✎）．

定理 5.4（重要）

V を $\mathbf{C}$ 上のベクトル空間，$W_1, \cdots, W_m$ を V の部分空間とすると，

$$\dim(W_1 + \cdots + W_m)$$
$$= \sum_{j=1}^{m} \dim W_j - \sum_{j=2}^{m} \dim\big((W_1 + \cdots + W_{j-1}) \cap W_j\big) \tag{5.40}$$

である．

とくに，定理 5.2 の (1) ⇔ (4) と定理 5.4 より，次の定理 5.5 がなりたつ．

定理 5.5（重要）

V を $\mathbf{C}$ 上のベクトル空間，$W_1, \cdots, W_m$ を V の部分空間とする．このとき，$W_1 + \cdots + W_m$ が $W_1, \cdots, W_m$ の直和であるための必要十分条件は

---

[6]　詳しくは，例えば，［佐武］p.102，定理 4 を見よ．

$$\dim(W_1 + \cdots + W_m) = \sum_{j=1}^{m} \dim W_j \tag{5.41}$$

である.

§5 の問題

確認問題

問 5.1 V を $\mathbf{C}$ 上のベクトル空間, $W_1, \cdots, W_m$ を V の部分空間とする.

(1)   和空間 $W_1 + \cdots + W_m$ の定義を書け.

(2) $c \in \mathbf{C}$, $\boldsymbol{x} \in W_1 + \cdots + W_m$ ならば, $c\boldsymbol{x} \in W_1 + \cdots + W_m$ であることを示せ.   □□□ [⇨ 5・1]

基本問題

問 5.2   定理 5.2 について, (4) ⇒ (1) を示せ.   □□□ [⇨ 5・2]

問 5.3   次の問に答えよ.

(1) V を $\mathbf{C}$ 上のベクトル空間, $W_1, \cdots, W_m$ を V の部分空間とする. $W_1 + \cdots + W_m$ が $W_1, \cdots, W_m$ の直和であることの定義を書け.

(2)   命題 (5.37) を示せ.   □□□ [⇨ 5・2]

§6 ジョルダン標準形（べき零行列の場合）

──────── §6のポイント ──

- **ジョルダン標準形**は**ジョルダン細胞**から構成される.
- **べき零行列**はすべての対角成分が0のジョルダン標準形と相似である.

6・1 ジョルダン細胞とジョルダン標準形

まず，ジョルダン細胞とジョルダン標準形を次の定義 6.1 のように定めよう.

定義 6.1

$\lambda \in \mathbf{C}$ に対して，$J(\lambda; n) \in M_n(\mathbf{C})$ を

$$J(\lambda; n) = \begin{pmatrix} \lambda & 1 & 0 & \cdots & 0 & 0 \\ 0 & \lambda & 1 & \cdots & 0 & 0 \\ \vdots & \vdots & \vdots & \ddots & \vdots & \vdots \\ 0 & 0 & 0 & \cdots & \lambda & 1 \\ 0 & 0 & 0 & \cdots & 0 & \lambda \end{pmatrix} \tag{6.1}$$

により定め，これを**ジョルダン細胞**という. ただし，

$$J(\lambda; 1) = (\ \lambda\ ) = \lambda \tag{6.2}$$

とする.

　ジョルダン細胞を用いて，

$$\begin{pmatrix} J(\lambda_1; m_1) & & & \\ & J(\lambda_2; m_2) & & \huge 0 \\ & & \ddots & \\ \huge 0 & & & J(\lambda_r; m_r) \end{pmatrix} \tag{6.3}$$

と表される正方行列を**ジョルダン標準形**という[1].

---

[1] ジョルダン標準形 (6.3) は r 個のジョルダン細胞からなる $(m_1 + m_2 + \cdots + m_r)$ 次の正方行列である.

注意6.1　ジョルダン細胞 (6.1) は対角成分がすべて λ の上三角行列なので，λ のみを固有値にもつ.

例6.1　(6.1) において，$n = 2$ とすると，

$$J(\lambda; 2) = \begin{pmatrix} \lambda & 1 \\ 0 & \lambda \end{pmatrix} \tag{6.4}$$

である $[\Rightarrow (4.13)]$. また，(6.1) において，$n = 3$ とすると，

$$J(\lambda; 3) = \begin{pmatrix} \lambda & 1 & 0 \\ 0 & \lambda & 1 \\ 0 & 0 & \lambda \end{pmatrix} \tag{6.5}$$

である $[\Rightarrow (4.49)]$. ◆

6・2 べき零行列

後の 6・3 では，**べき零行列**，すなわち，何乗かすると零行列となる正方行列のジョルダン標準形を求める $[\Rightarrow$**定理6.3**$]$. その前に，べき零行列の例や基本的な性質について述べておこう.

例6.2　$a \in \mathbf{C}$ とし，2次の正方行列 $A = \begin{pmatrix} 0 & a \\ 0 & 0 \end{pmatrix}$ を考える. このとき，$A^2 = O$ である（✎）. よって，A はべき零行列である.

また，$a, b, c \in \mathbf{C}$ とし，3次の正方行列 $A = \begin{pmatrix} 0 & a & b \\ 0 & 0 & c \\ 0 & 0 & 0 \end{pmatrix}$ を考える. このとき，$A^3 = O$ である（✎）. よって，A はべき零行列である.

一般に，すべての対角成分が 0 の上三角行列はべき零行列である（✎）. ◆

べき零行列に関して，次の定理 6.1 と定理 6.2 がなりたつ.

─ 定理 6.1（重要）────────────────────

$N \in M_n(\mathbf{C})$ とすると，

$$N \text{ がべき零行列} \iff N \text{ のすべての固有値が } 0$$

────────────────────────────

証明 必要性（⇒） N がべき零行列なので，ある自然数 k が存在し，$N^k = O$ となる．ここで，$\lambda \in \mathbf{C}$ を N の固有値，$\boldsymbol{x} \in \mathbf{C}^n$ を固有値 λ に対する N の固有ベクトルとする．このとき，

$$\boldsymbol{0} = O\boldsymbol{x} = N^k\boldsymbol{x} = N^{k-1}(N\boldsymbol{x}) = N^{k-1}(\lambda\boldsymbol{x}) = \lambda N^{k-1}\boldsymbol{x} = \lambda N^{k-2}(N\boldsymbol{x})$$

$$= \lambda N^{k-2}(\lambda\boldsymbol{x}) = \lambda^2 N^{k-2}\boldsymbol{x} = \cdots = \lambda^k\boldsymbol{x}, \tag{6.6}$$

すなわち，$\lambda^k\boldsymbol{x} = \boldsymbol{0}$ である．さらに，$\boldsymbol{x} \neq \boldsymbol{0}$ なので，$\lambda^k = 0$，すなわち，$\lambda = 0$ である．よって，N のすべての固有値は 0 である．

十分性（⇐） N のすべての固有値が 0 なので，N の固有多項式は λ^n である．よって，ケーリー–ハミルトンの定理（定理 2.2）より，$N^n = O$ である．したがって，N はべき零行列である． ◇

注意 6.2 定理 6.1 より，べき零行列の行列式は 0 である．よって，べき零行列は正則ではない．また，対角化可能なべき零行列は零行列に限る（✍）．

─ 定理 6.2（重要）────────────────────

$N \in M_n(\mathbf{C})$ をべき零行列とする．k を $N^k = O$ となる最小の自然数とすると，$k \leq n$ である[2]．

────────────────────────────

証明 k に対する条件より，$N^{k-1} \neq O$ である．よって，ある $\boldsymbol{x} \in \mathbf{C}^n$ が存在し，$N^{k-1}\boldsymbol{x} \neq \boldsymbol{0}$ となる．ここで，$\boldsymbol{x}, N\boldsymbol{x}, \cdots, N^{k-1}\boldsymbol{x}$ の 1 次関係

$$c_1\boldsymbol{x} + c_2 N\boldsymbol{x} + \cdots + c_k N^{k-1}\boldsymbol{x} = \boldsymbol{0} \qquad (c_1, c_2, \cdots, c_k \in \mathbf{C}) \tag{6.7}$$

を考える．(6.7) の両辺に左から N^{k-1} をかけると，$N^k = O$ より，

$$c_1 N^{k-1}\boldsymbol{x} = \boldsymbol{0} \tag{6.8}$$

─────────────

[2] 定理 6.1 とその十分性の証明を用いて示すこともできる（✍）．

である. さらに, $N^{k-1}\boldsymbol{x} \neq \boldsymbol{0}$ より, $c_1 = 0$ である. $c_1 = 0$ を (6.7) に代入すると,

$$c_2 N\boldsymbol{x} + c_3 N^2\boldsymbol{x} + \cdots + c_k N^{k-1}\boldsymbol{x} = \boldsymbol{0} \tag{6.9}$$

である. (6.9) の両辺に左から N^{k-2} をかけると, $N^k = O$ より,

$$c_2 N^{k-1}\boldsymbol{x} = \boldsymbol{0} \tag{6.10}$$

である. さらに, $N^{k-1}\boldsymbol{x} \neq \boldsymbol{0}$ より, $c_2 = 0$ である. 以下, 同様の操作を行うと,

$$c_1 = c_2 = \cdots = c_k = 0 \tag{6.11}$$

となる. よって, k 個のベクトル $\boldsymbol{x}, N\boldsymbol{x}, \cdots, N^{k-1}\boldsymbol{x}$ は 1 次独立である. さらに, $\dim \mathbf{C}^n = n$ なので, $k \leq n$ である. ◇

6・3 べき零行列のジョルダン標準形

それでは, べき零行列のジョルダン標準形, すなわち, べき零行列と相似なジョルダン標準形を求めよう.

定理 6.3（重要）

$N \in M_n(\mathbf{C})$ がべき零行列ならば, ある正則な $P \in M_n(\mathbf{C})$ が存在し,

$$P^{-1}NP = \begin{pmatrix} J(0; m_1) & & & \text{\Large 0} \\ & J(0; m_2) & & \\ & & \ddots & \\ \text{\Large 0} & & & J(0; m_r) \end{pmatrix} \tag{6.12}$$

と表される [3].

定理 6.3 は 3 段階に分けて示そう.

定理 6.3 の証明（ステップ 1） $N = O$ のとき, 任意の正則な $P \in M_n(\mathbf{C})$ に対して,

---

[3] $n = m_1 + m_2 + \cdots + m_r$ である.

$$r = n, \qquad m_1 = m_2 = \cdots = m_n = 1 \tag{6.13}$$

として，(6.12) がなりたつ．

$N \neq O$ のとき，k を $N^k = O$ となる最小の自然数とする．このとき，$N \neq O$ および定理 6.2 より，$2 \leq k \leq n$ である．$j = 1, 2, \cdots, k$ に対して，$\mathbf{C}^n$ の部分空間 W_j を

$$W_j = \left\{ \boldsymbol{x} \in \mathbf{C}^n \,\middle|\, N^j \boldsymbol{x} = \mathbf{0} \right\} \tag{6.14}$$

により定める．N は正則ではないので [⇨ 注意 6.2]，$j = 1, 2, \cdots, k$ に対して，N^j は正則ではない．よって，$W_j \neq \{\mathbf{0}\}$ である．また，W_j の定義および $N^k = O$ より，

$$W_1 \subset W_2 \subset \cdots \subset W_{k-1} \subset W_k = \mathbf{C}^n \tag{6.15}$$

である．さらに，

$$d_1 = \dim W_1, \quad d_j = \dim W_j - \dim W_{j-1} \quad (j = 2, 3, \cdots, k) \tag{6.16}$$

とおく．とくに，

$$d_1 + d_2 + \cdots + d_k = n \tag{6.17}$$

となる（✍）．

k に対する条件より，$d_k \geq 1$ である．そこで，W_{k-1} の基底 $\{\boldsymbol{y}_1, \boldsymbol{y}_2, \cdots, \boldsymbol{y}_{\dim W_{k-1}}\}$ を適当に選んでおき，$\boldsymbol{x}_1, \boldsymbol{x}_2, \cdots, \boldsymbol{x}_{d_k} \in W_k$ を，$\{\boldsymbol{y}_1, \boldsymbol{y}_2, \cdots, \boldsymbol{y}_{\dim W_{k-1}}, \boldsymbol{x}_1, \boldsymbol{x}_2, \cdots, \boldsymbol{x}_{d_k}\}$ が W_k の基底となるように選んでおく．このとき，$\boldsymbol{x}_1, \boldsymbol{x}_2, \cdots, \boldsymbol{x}_{d_k}$ は 1 次独立であり，

$$W_k = W_{k-1} \oplus \langle \boldsymbol{x}_1, \boldsymbol{x}_2, \cdots, \boldsymbol{x}_{d_k} \rangle_{\mathbf{C}} \tag{6.18}$$

となる．さらに，次の (1)〜(3) がなりたつ [⇨ 例題 6.1，問 6.1][4)].

(1) $N\boldsymbol{x}_1, N\boldsymbol{x}_2, \cdots, N\boldsymbol{x}_{d_k} \in W_{k-1}$.

(2) $N\boldsymbol{x}_1, N\boldsymbol{x}_2, \cdots, N\boldsymbol{x}_{d_k}$ は 1 次独立である．

(3) $W_{k-2} \cap \langle N\boldsymbol{x}_1, N\boldsymbol{x}_2, \cdots, N\boldsymbol{x}_{d_k} \rangle_{\mathbf{C}} = \{\mathbf{0}\}$.

$\diamondsuit$

---

4) $W_0 = \{\mathbf{0}\}$ と約束する．

例題 6.1　定理 6.3 の証明（ステップ 1）において，(1), (2) を示せ.

解　(1)　$l = 1, 2, \cdots, d_k$ とすると，

$$N^{k-1}(N\boldsymbol{x}_l) = N^k \boldsymbol{x}_l \overset{\odot\ N^k=O}{=} O\boldsymbol{x}_l = \boldsymbol{0} \tag{6.19}$$

である．よって，(6.14) において $j = k-1$ とした W_{k-1} の定義より，(1) がなりたつ.

(2)　$N\boldsymbol{x}_1, N\boldsymbol{x}_2, \cdots, N\boldsymbol{x}_{d_k}$ の 1 次関係

$$c_1 \cdot N\boldsymbol{x}_1 + c_2 \cdot N\boldsymbol{x}_2 + \cdots + c_{d_k} \cdot N\boldsymbol{x}_{d_k} = \boldsymbol{0} \qquad (c_1, c_2, \cdots, c_{d_k} \in \mathbf{C}) \tag{6.20}$$

を考えると，

$$N(c_1\boldsymbol{x}_1 + c_2\boldsymbol{x}_2 + \cdots + c_{d_k}\boldsymbol{x}_{d_k}) = \boldsymbol{0} \tag{6.21}$$

である．よって，(6.14) において $j = 1$ とした W_1 の定義および (6.15) より，

$$c_1\boldsymbol{x}_1 + c_2\boldsymbol{x}_2 + \cdots + c_{d_k}\boldsymbol{x}_{d_k} \in W_1 \subset W_{k-1} \tag{6.22}$$

である．(6.18), (6.22) および定理 5.2 の (1) $\Leftrightarrow$ (4) より，

$$c_1\boldsymbol{x}_1 + c_2\boldsymbol{x}_2 + \cdots + c_{d_k}\boldsymbol{x}_{d_k} = \boldsymbol{0} \tag{6.23}$$

である．さらに，$\boldsymbol{x}_1, \boldsymbol{x}_2, \cdots, \boldsymbol{x}_{d_k}$ は 1 次独立なので，

$$c_1 = c_2 = \cdots = c_{d_k} = 0 \tag{6.24}$$

である．したがって，(2) がなりたつ.　　　　　　　　　　　　　　　$\diamondsuit$

定理 6.3 の証明を続けよう.

定理 6.3 の証明（ステップ 2）　(6.15), (1), (3) および定理 5.2 の (1) $\Leftrightarrow$ (4) より，

$$W_{k-2} \oplus \langle N\boldsymbol{x}_1, N\boldsymbol{x}_2, \cdots, N\boldsymbol{x}_{d_k} \rangle_{\mathbf{C}} \subset W_{k-1} \tag{6.25}$$

となる. さらに,

$$\dim W_{k-2} + d_k \leq \dim W_{k-1}, \qquad (6.26)$$

すなわち, (6.16) より,

$$1 \leq d_k \leq d_{k-1} \qquad (6.27)$$

である.

$d_k = d_{k-1}$ のとき, (6.18) と同様に,

$$W_{k-1} = W_{k-2} \oplus \langle N\boldsymbol{x}_1, \cdots, N\boldsymbol{x}_{d_k} \rangle_{\mathbf{C}} \qquad (6.28)$$

となる. このとき, (1)〜(3) と同様に, 次の (1)′〜(3)′ がなりたつ (✍).

(1)′　$N^2\boldsymbol{x}_1, \cdots, N^2\boldsymbol{x}_{d_k} \in W_{k-2}$.

(2)′　$N^2\boldsymbol{x}_1, \cdots, N^2\boldsymbol{x}_{d_k}$ は 1 次独立である.

(3)′　$W_{k-3} \cap \langle N^2\boldsymbol{x}_1, \cdots, N^2\boldsymbol{x}_{d_k} \rangle_{\mathbf{C}} = \{\boldsymbol{0}\}$.

$d_k < d_{k-1}$ のとき, (6.25) より, 1 次独立な $\boldsymbol{x}_{d_k+1}, \boldsymbol{x}_{d_k+2}, \cdots, \boldsymbol{x}_{d_{k-1}} \in W_{k-1}$ を選んでおき, (6.18) と同様に,

$$W_{k-1} = W_{k-2} \oplus \langle N\boldsymbol{x}_1, \cdots, N\boldsymbol{x}_{d_k}, \boldsymbol{x}_{d_k+1}, \cdots, \boldsymbol{x}_{d_{k-1}} \rangle_{\mathbf{C}} \qquad (6.29)$$

とすることができる. このとき, (1)〜(3) と同様に, 次の (1)″〜(3)″ がなりたつ (✍).

(1)″　$N^2\boldsymbol{x}_1, \cdots, N^2\boldsymbol{x}_{d_k}, N\boldsymbol{x}_{d_k+1}, \cdots, N\boldsymbol{x}_{d_{k-1}} \in W_{k-2}$.

(2)″　$N^2\boldsymbol{x}_1, \cdots, N^2\boldsymbol{x}_{d_k}, N\boldsymbol{x}_{d_k+1}, \cdots, N\boldsymbol{x}_{d_{k-1}}$ は 1 次独立である.

(3)″　$W_{k-3} \cap \langle N^2\boldsymbol{x}_1, \cdots, N^2\boldsymbol{x}_{d_k}, N\boldsymbol{x}_{d_k+1}, \cdots, N\boldsymbol{x}_{d_{k-1}} \rangle_{\mathbf{C}} = \{\boldsymbol{0}\}$.

さらに, (6.27) と同様に,

$$1 \leq d_{k-1} \leq d_{k-2} \qquad (6.30)$$

である.

以下, 同様の操作を行うと,

$$1 \leq d_k \leq d_{k-1} \leq \cdots \leq d_1 \qquad (6.31)$$

となり, さらに, 1 次独立な $\boldsymbol{x}_1, \cdots, \boldsymbol{x}_{d_1} \in \mathbf{C}^n$ が存在し, 次の (a), (b) がなり

たつ (**図 6.1**)[5)][6)].

(a) $\{\boldsymbol{x}_1, \cdots, \boldsymbol{x}_{d_k}, \cdots, N^{k-1}\boldsymbol{x}_1, \cdots, N^{k-1}\boldsymbol{x}_{d_k}, \cdots, \boldsymbol{x}_{d_2+1}, \cdots, \boldsymbol{x}_{d_1}\}$
は $\mathbf{C}^n$ の基底である.

(b) $j = 2, 3, \cdots, k$ に対して,

$$W_j = W_{j-1}$$
$$\oplus \langle N^{k-j}\boldsymbol{x}_1, \cdots, N^{k-j}\boldsymbol{x}_{d_k}, \cdots, \boldsymbol{x}_{d_{j+1}+1}, \cdots, \boldsymbol{x}_{d_j}\rangle_{\mathbf{C}} \tag{6.32}$$

である $[\Rightarrow(6.18), (6.29)]$.

$\diamondsuit$

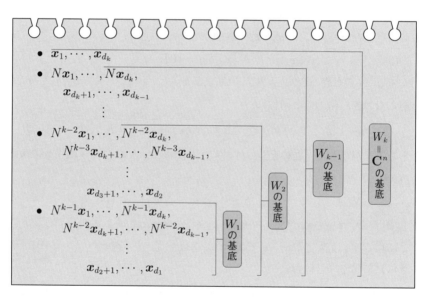

図 6.1 $W_1 \sim W_k$ の基底の選び方

[5)] $d_j = d_{j-1}$ のときは, $\boldsymbol{x}_{d_j+1}, \boldsymbol{x}_{d_j+2}, \cdots, \boldsymbol{x}_{d_{j-1}}$ の現れる部分を取り除く.

[6)] $d_{k+1} = 0$ と約束する.

例 6.3 定理 6.3 の証明（ステップ 2）において，(a), (b) の条件を具体的な例で考えてみよう．

まず，(6.31) に注意し，

$$k = 2, \qquad d_1 = d_2 = 1 \tag{6.33}$$

とすると，(6.17) より，$n = 2$ である．このとき，ある $\boldsymbol{x}_1 \in \mathbf{C}^2 \setminus \{\boldsymbol{0}\}$ が存在し，$\{\boldsymbol{x}_1, N\boldsymbol{x}_1\}$ は $\mathbf{C}^2$ の基底となる．さらに，

$$\mathbf{C}^2 = W_2 = W_1 \oplus \langle \boldsymbol{x}_1 \rangle_{\mathbf{C}}, \qquad W_1 = \langle N\boldsymbol{x}_1 \rangle_{\mathbf{C}} \tag{6.34}$$

となる．

次に，

$$k = 2, \quad d_1 = 2, \quad d_2 = 1 \tag{6.35}$$

とすると，(6.17) より，$n = 3$ である．このとき，1 次独立な $\boldsymbol{x}_1, \boldsymbol{x}_2 \in \mathbf{C}^3$ が存在し，$\{\boldsymbol{x}_1, N\boldsymbol{x}_1, \boldsymbol{x}_2\}$ は $\mathbf{C}^3$ の基底となる．さらに，

$$\mathbf{C}^3 = W_2 = W_1 \oplus \langle \boldsymbol{x}_1 \rangle_{\mathbf{C}}, \qquad W_1 = \langle N\boldsymbol{x}_1, \boldsymbol{x}_2 \rangle_{\mathbf{C}} \tag{6.36}$$

となる． ◆

最後に，定理 6.3 の証明（ステップ 2）の (a) の基底を構成するベクトルを並べることにより，(6.12) をみたす P が得られることを示そう．

定理 6.3 の証明（ステップ 3） $j = 1, \cdots, k,\ l = d_{j+1} + 1, \cdots, d_j$ とすると，(6.32) より，$\boldsymbol{x}_l \in W_j$ である．よって，

$$P_{j,l} = \begin{pmatrix} N^{j-1}\boldsymbol{x}_l & N^{j-2}\boldsymbol{x}_l & \cdots & \boldsymbol{x}_l \end{pmatrix} \tag{6.37}$$

とおくと，

$$NP_{j,l} = N \begin{pmatrix} N^{j-1}\boldsymbol{x}_l & N^{j-2}\boldsymbol{x}_l & \cdots & \boldsymbol{x}_l \end{pmatrix}$$
$$= \begin{pmatrix} N^j\boldsymbol{x}_l & N^{j-1}\boldsymbol{x}_l & \cdots & N\boldsymbol{x}_l \end{pmatrix} = \begin{pmatrix} \boldsymbol{0} & N^{j-1}\boldsymbol{x}_l & \cdots & N\boldsymbol{x}_l \end{pmatrix}$$

$$= \begin{pmatrix} N^{j-1}\boldsymbol{x}_l & N^{j-2}\boldsymbol{x}_l & \cdots & \boldsymbol{x}_l \end{pmatrix} \begin{pmatrix} 0 & 1 & 0 & \cdots & 0 & 0 \\ 0 & 0 & 1 & \cdots & 0 & 0 \\ \vdots & \vdots & \vdots & \ddots & \vdots & \vdots \\ 0 & 0 & 0 & \cdots & 0 & 1 \\ 0 & 0 & 0 & \cdots & 0 & 0 \end{pmatrix}$$

$$= P_{j,l} J(0;j) \tag{6.38}$$

である. ここで, $P \in M_n(\mathbf{C})$ を

$$P = \begin{pmatrix} P_{k,1} & \cdots & P_{k,d_k} & \cdots & P_{1,d_2+1} & \cdots & P_{1,d_1} \end{pmatrix} \tag{6.39}$$

により定めると, (a) より, P は正則である. さらに, (6.38) より, $P^{-1}NP$ は (6.12) のように表される. ◇

§6 の問題

確認問題

問 6.1 次の ☐ をうめることにより, 定理 6.3 の証明 (ステップ 1) において, (3) を示せ.

$c_1, c_2, \cdots, c_{d_k} \in \mathbf{C}$ に対して, $c_1 \cdot N\boldsymbol{x}_1 + c_2 \cdot N\boldsymbol{x}_2 + \cdots + c_{d_k} \cdot N\boldsymbol{x}_{d_k} \in W_{k-2}$ とすると,

$$N^{k-1}(c_1\boldsymbol{x}_1 + c_2\boldsymbol{x}_2 + \cdots + c_{d_k}\boldsymbol{x}_{d_k})$$

$$= N^{k-2}(c_1 \cdot N\boldsymbol{x}_1 + c_2 \cdot N\boldsymbol{x}_2 + \cdots + c_{d_k} \cdot N\boldsymbol{x}_{d_k}) = \boxed{①}$$

である. よって, $c_1\boldsymbol{x}_1 + c_2\boldsymbol{x}_2 + \cdots + c_{d_k}\boldsymbol{x}_{d_k} \in W_{k-1} \cap \boxed{②}$ である. さらに, (6.18) および定理 5.2 の (1) ⇔ (4) より, $c_1\boldsymbol{x}_1 + c_2\boldsymbol{x}_2 + \cdots + c_{d_k}\boldsymbol{x}_{d_k} = \boxed{③}$ である. ここで, $\boldsymbol{x}_1, \boldsymbol{x}_2, \cdots, \boldsymbol{x}_{d_k}$ は $\boxed{④}$ なので, $c_1 = c_2 = \cdots = c_{d_k} = 0$ である. したがって, (3) がなりたつ. ☐☐☐ [⇨ **6·3**]

基本問題

問 6.2 $A \in M_3(\mathbf{C})$ とし，ある $a, b, c \in \mathbf{C}$ を用いて，

$$A^2 = \begin{pmatrix} 0 & a & b \\ 0 & 0 & c \\ 0 & 0 & 0 \end{pmatrix}$$

と表されるとする．次の問に答えよ．

(1) A はべき零行列であることを示せ．

(2) $a = 0$ または $c = 0$ であることを示せ．

(3) $A = \begin{pmatrix} p & q & r \\ p & s & t \\ 0 & 0 & 0 \end{pmatrix}$ $(p, q, r, s, t \in \mathbf{C})$ のとき，A の成分がみたす条件を求めよ．

めよ． □□□ [⇨ **6・2**]

問 6.3 $P \in M_n(\mathbf{C})$ が次の (1)〜(3) のようにあたえられ，さらに，正則であると仮定する．このとき，$P^{-1}NP$ を計算せよ[7]．

(1) $P = (\; N\boldsymbol{x}_1 \quad \boldsymbol{x}_1 \;)$. ただし，$N \in M_2(\mathbf{C})$ は $N^2 = O$ をみたし，$\boldsymbol{x}_1 \in \mathbf{C}^2$ である．

(2) $P = (\; N\boldsymbol{x}_1 \quad \boldsymbol{x}_1 \quad \boldsymbol{x}_2 \;)$. ただし，$N \in M_3(\mathbf{C})$ は $N^2 = O$ をみたし，$\boldsymbol{x}_1$, $\boldsymbol{x}_2 \in \mathbf{C}^3$, $N\boldsymbol{x}_2 = \boldsymbol{0}$ である．

(3) $P = (\; N^2\boldsymbol{x}_1 \quad N\boldsymbol{x}_1 \quad \boldsymbol{x}_1 \;)$. ただし，$N \in M_3(\mathbf{C})$ は $N^3 = O$ をみたし，$\boldsymbol{x}_1 \in \mathbf{C}^3$ である． □□□ [⇨ **6・3**]

チャレンジ問題

問 6.4 零行列ではないべき零行列 $N \in M_n(\mathbf{C})$ に対して，k を $N^k = O$ となる最小の自然数とする．$j = 1, 2, \cdots, k$ に対して，N のジョルダン標準形に

---

[7] 本質的には **§4** で扱われている計算である．

あらわれるジョルダン細胞 $J(0; j)$ の個数を，N^{j-1}, N^j, N^{j+1} の階数を用いて表せ．とくに，べき零行列の標準形はジョルダン細胞の並べ方を除いて一意的となる．　　　　　　　　　　　　　　□□□ [⇨ **6 · 3**]

§7 ジョルダン標準形（一般の場合）

─────────────────────── §7のポイント ─
- 任意の正方行列はジョルダン標準形と相似である．
- 正方行列の固有値に対して，**広義固有空間**を定めることができる．

7・1 ジョルダン標準形のための準備

§7 では，一般の正方行列のジョルダン標準形（**図7.1**）を求める［⇨**定理 7.3**］．その前に，いくつか準備をしておこう．

$$\begin{pmatrix} J(\lambda_1; m_1) & & & \text{\Large 0} \\ & J(\lambda_2; m_2) & & \\ & & \ddots & \\ \text{\Large 0} & & & J(\lambda_r; m_r) \end{pmatrix}$$

$J(\lambda_j; m_j)\ (j = 1, 2, \cdots, r)$ はジョルダン細胞

図7.1 ジョルダン標準形

─ **定理7.1** ───────────────────────

$N \in M_m(\mathbf{C})$ をべき零行列，A を m 行 n 列の複素行列，$B \in M_n(\mathbf{C})$ を正則行列とする．このとき，ある正則な $P \in M_{m+n}(\mathbf{C})$ が存在し，

$$P^{-1} \begin{pmatrix} N & A \\ O & B \end{pmatrix} P = \begin{pmatrix} N & O \\ O & B \end{pmatrix} \tag{7.1}$$

となる．

──────────────────────────────

［証明］ N はべき零行列なので，ある自然数 k が存在し，$N^k = O$ となる．こ

のとき，ある m 行 n 列の複素行列 C を用いて，

$$\begin{pmatrix} N & A \\ O & B \end{pmatrix}^k = \begin{pmatrix} O & C \\ O & B^k \end{pmatrix} \tag{7.2}$$

と表すことができる．さらに，B が正則であることに注意し，

$$P = \begin{pmatrix} E_m & C(B^{-1})^k \\ O & E_n \end{pmatrix} \tag{7.3}$$

とおくと，

$$P \begin{pmatrix} E_m & -C(B^{-1})^k \\ O & E_n \end{pmatrix} = \begin{pmatrix} E_m & C(B^{-1})^k \\ O & E_n \end{pmatrix} \begin{pmatrix} E_m & -C(B^{-1})^k \\ O & E_n \end{pmatrix}$$
$$= E_{m+n} \tag{7.4}$$

である．よって，P は正則であり，

$$P^{-1} = \begin{pmatrix} E_m & -C(B^{-1})^k \\ O & E_n \end{pmatrix} \tag{7.5}$$

である．ここで，

$$P^{-1} \begin{pmatrix} N & A \\ O & B \end{pmatrix}^k P = \begin{pmatrix} E_m & -C(B^{-1})^k \\ O & E_n \end{pmatrix} \begin{pmatrix} O & C \\ O & B^k \end{pmatrix} \begin{pmatrix} E_m & C(B^{-1})^k \\ O & E_n \end{pmatrix}$$
$$= \begin{pmatrix} O & O \\ O & B^k \end{pmatrix} \begin{pmatrix} E_m & C(B^{-1})^k \\ O & E_n \end{pmatrix} = \begin{pmatrix} O & O \\ O & B^k \end{pmatrix} \tag{7.6}$$

である．また，ある $m \times n$ 行列 D を用いて，

$$P^{-1} \begin{pmatrix} N & A \\ O & B \end{pmatrix} P = \begin{pmatrix} E_m & -C(B^{-1})^k \\ O & E_n \end{pmatrix} \begin{pmatrix} N & A \\ O & B \end{pmatrix} \begin{pmatrix} E_m & C(B^{-1})^k \\ O & E_n \end{pmatrix}$$
$$= \begin{pmatrix} N & * \\ O & B \end{pmatrix} \begin{pmatrix} E_m & C(B^{-1})^k \\ O & E_n \end{pmatrix} = \begin{pmatrix} N & D \\ O & B \end{pmatrix} \tag{7.7}$$

と表される．(7.6), (7.7) より，

$$P^{-1} \begin{pmatrix} N & A \\ O & B \end{pmatrix}^{k+1} P = P^{-1} \begin{pmatrix} N & A \\ O & B \end{pmatrix}^k P \cdot P^{-1} \begin{pmatrix} N & A \\ O & B \end{pmatrix} P$$
$$= \begin{pmatrix} O & O \\ O & B^k \end{pmatrix} \begin{pmatrix} N & D \\ O & B \end{pmatrix} = \begin{pmatrix} O & O \\ O & B^{k+1} \end{pmatrix} \tag{7.8}$$

である．また，

$$P^{-1} \begin{pmatrix} N & A \\ O & B \end{pmatrix}^{k+1} P = P^{-1} \begin{pmatrix} N & A \\ O & B \end{pmatrix} P \cdot P^{-1} \begin{pmatrix} N & A \\ O & B \end{pmatrix}^{k} P$$

$$= \begin{pmatrix} N & D \\ O & B \end{pmatrix} \begin{pmatrix} O & O \\ O & B^k \end{pmatrix} = \begin{pmatrix} O & DB^k \\ O & B^{k+1} \end{pmatrix} \tag{7.9}$$

である．(7.8), (7.9) より，$DB^k = O$ である．さらに，B は正則なので，$D = O$ である．したがって，(7.7) より，(7.1) がなりたつ． $\diamondsuit$

また，次の定理 7.2 がなりたつ．

定理 7.2

互いに異なる $\lambda_1, \lambda_2, \cdots, \lambda_s \in \mathbf{C}$ に対して，$A_1, A_2, \cdots, A_s$ をそれぞれ対角成分が $\lambda_1, \lambda_2, \cdots, \lambda_s$ のみの上三角行列とし，

$$A = \begin{pmatrix} A_1 & & & \text{\Large *} \\ & A_2 & & \\ & & \ddots & \\ \text{\Large 0} & & & A_s \end{pmatrix} \tag{7.10}$$

と表される複素正方行列 A を考える．このとき，ある正則な複素正方行列 P が存在し，

$$P^{-1}AP = \begin{pmatrix} A_1 & & & \text{\Large 0} \\ & A_2 & & \\ & & \ddots & \\ \text{\Large 0} & & & A_s \end{pmatrix} \tag{7.11}$$

となる．

証明 s に関する数学的帰納法により示す．

$s = 1$ のとき，$P = E$ とすると，$P^{-1}AP = A_1$ となる．よって，$P^{-1}AP$ は (7.11) のように表される．

$s = k$ $(k = 1, 2, \cdots)$ のとき，ある正則な複素正方行列 P が存在し，$P^{-1}AP$

が (7.11) のように表されると仮定する．$s = k+1$ とすると，帰納法の仮定より，ある正則な複素正方行列 Q が存在し，

$$
Q^{-1} \begin{pmatrix} A_2 & & * \\ & \ddots & \\ 0 & & A_{k+1} \end{pmatrix} Q = \begin{pmatrix} A_2 & & 0 \\ & \ddots & \\ 0 & & A_{k+1} \end{pmatrix} \tag{7.12}
$$

と表される．さらに，E' を A_1 と同じサイズの単位行列とし，

$$
R = \begin{pmatrix} E' & O \\ O & Q \end{pmatrix} \tag{7.13}
$$

とおくと，

$$
R^{-1}AR = \begin{pmatrix} E' & O \\ O & Q^{-1} \end{pmatrix} \begin{pmatrix} A_1 & & & * \\ & A_2 & & \\ & & \ddots & \\ 0 & & & A_{k+1} \end{pmatrix} \begin{pmatrix} E' & O \\ O & Q \end{pmatrix}
$$

$$
= \begin{pmatrix} A_1 & & * & \\ \hdashline & A_2 & & 0 \\ O & & \ddots & \\ & 0 & & A_{k+1} \end{pmatrix} \tag{7.14}
$$

となる．ここで，(7.14) より，

$$
R^{-1}AR - \lambda_1 E = \begin{pmatrix} N & * \\ O & B \end{pmatrix} \tag{7.15}
$$

と表すことができる．ただし，$A_1, A_2, \cdots, A_{k+1}$ はそれぞれ対角成分が λ_1, $\lambda_2, \cdots, \lambda_{k+1}$ のみの上三角行列なので，N は対角成分が 0 のみの上三角行列であり，B は対角成分が $\lambda_2 - \lambda_1, \cdots, \lambda_{k+1} - \lambda_1$ からなる上三角行列である．さらに，例 6.2 より，N はべき零行列である．また，$\lambda_1, \lambda_2, \cdots, \lambda_{k+1}$ は互いに異なるので，B は正則である．このとき，定理 7.1 より，ある正則な複素正方行列 S が存在し，

$$
S^{-1} \begin{pmatrix} N & * \\ O & B \end{pmatrix} S = \begin{pmatrix} N & O \\ O & B \end{pmatrix} \tag{7.16}
$$

となる．よって，$P = RS$ とおくと，

$$P^{-1}AP = (S^{-1}R^{-1})A(RS) \overset{\odot\,(7.15)}{=\!=} S^{-1}\left(\begin{pmatrix} N & * \\ O & B \end{pmatrix} + \lambda_1 E\right)S$$

$$\overset{\odot\,(7.16)}{=\!=} \begin{pmatrix} N & O \\ O & B \end{pmatrix} + \lambda_1 E$$

$$\overset{\odot\,(7.14),(7.15)}{=\!=\!=} \begin{pmatrix} A_1 & & & \text{\Large 0} \\ & A_2 & & \\ & & \ddots & \\ \text{\Large 0} & & & A_{k+1} \end{pmatrix} \tag{7.17}$$

となる．したがって，$s = k+1$ のとき，ある正則な複素正方行列 P が存在し，$P^{-1}AP$ は (7.11) のように表される．

以上より，任意の $s = 1, 2, \cdots$ に対して，ある正則な複素正方行列 P が存在し，$P^{-1}AP$ は (7.11) のように表される． $\diamond$

7・2　ジョルダン標準形の存在

それでは，一般の正方行列に対するジョルダン標準形の存在を示そう．

┌─ **定理 7.3（ジョルダン標準形の存在定理）（重要）** ──────────

$A \in M_n(\mathbf{C})$ とすると，ある正則な $P \in M_n(\mathbf{C})$ が存在し，

$$P^{-1}AP = \begin{pmatrix} J(\lambda_1; m_1) & & & \text{\Large 0} \\ & J(\lambda_2; m_2) & & \\ & & \ddots & \\ \text{\Large 0} & & & J(\lambda_r; m_r) \end{pmatrix} \tag{7.18}$$

と表される[1]．さらに，(7.18) の右辺はジョルダン細胞の並べ方を除いて一意的である．

└──────────────────────────────────────

証明　A のすべての互いに異なる固有値を $\lambda_1, \lambda_2, \cdots, \lambda_s$ とする．定理 2.1

─────────────────

[1]　$n = m_1 + m_2 + \cdots + m_r$ である．

より，A は上三角化可能である．とくに，定理 2.1 の証明において，固有値を選ぶ順番は任意なので，ある正則な $Q \in M_n(\mathbf{C})$ が存在し，

$$Q^{-1}AQ = \begin{pmatrix} A_1 & & & \text{\Large *} \\ & A_2 & & \\ & & \ddots & \\ \text{\Large 0} & & & A_s \end{pmatrix} \tag{7.19}$$

と表される．ただし，$k = 1, 2, \cdots, s$ に対して，A_k は対角成分が λ_k のみの上三角行列である．さらに，定理 7.2 より，ある正則な $R \in M_n(\mathbf{C})$ が存在し，

$$(QR)^{-1}A(QR) = R^{-1}(Q^{-1}AQ)R = \begin{pmatrix} A_1 & & & \text{\Large 0} \\ & A_2 & & \\ & & \ddots & \\ \text{\Large 0} & & & A_s \end{pmatrix} \tag{7.20}$$

となる．ここで，$k = 1, 2, \cdots, s$ に対して，$A_k - \lambda_k E$ はすべての対角成分が 0 なので，べき零行列である．よって，定理 6.3 より，ある正則な複素正方行列 S_k が存在し，

$$S_k^{-1}(A_k - \lambda_k E)S_k = \begin{pmatrix} J(0; m_{k,1}) & & & \text{\Large 0} \\ & J(0; m_{k,2}) & & \\ & & \ddots & \\ \text{\Large 0} & & & J(0; m_{k,r_k}) \end{pmatrix} \tag{7.21}$$

と表される．すなわち，

$$S_k^{-1}A_k S_k = \begin{pmatrix} J(\lambda_k; m_{k,1}) & & & \text{\Large 0} \\ & J(\lambda_k; m_{k,2}) & & \\ & & \ddots & \\ \text{\Large 0} & & & J(\lambda_k; m_{k,r_k}) \end{pmatrix} \tag{7.22}$$

である．したがって，

$$P = QR \begin{pmatrix} S_1 & & & 0 \\ & S_2 & & \\ & & \ddots & \\ 0 & & & S_s \end{pmatrix} \tag{7.23}$$

とおくと，(7.20), (7.22) より，$P^{-1}AP$ は (7.18) のように表される．さらに，問 6.4 より，(7.18) の右辺はジョルダン細胞の並べ方を除いて一意的である．◇

7・3 広義固有空間

定理 6.3，ジョルダン標準形の存在定理（定理 7.3）の証明を振り返ると，ジョルダン標準形を求めるには，次の (1)～(3) がポイントとなる．

(1) $A \in M_n(\mathbf{C})$ のすべての互いに異なる固有値を $\lambda_1, \lambda_2, \cdots, \lambda_s$ とする．

(2) $k = 1, 2, \cdots, s$ に対して，集合

$$\{\boldsymbol{x} \in \mathbf{C}^n \mid \text{ある自然数 } j \text{ に対して，} (A - \lambda_k E)^j \boldsymbol{x} = \boldsymbol{0}\} \tag{7.24}$$

は $\mathbf{C}^n$ の部分空間となる（✍）．これを $\tilde{W}(\lambda_k)$ とおく．

(3) $\tilde{W}(\lambda_k)$ に対して，定理 6.3 の証明のような 1 次独立なベクトル $\boldsymbol{x}_1, \cdots, \boldsymbol{x}_{d_1}$ を求める．

(7.24) により定められる $\mathbf{C}^n$ の部分空間 $\tilde{W}(\lambda_k)$ を，固有値 λ_k に対する A の **広義固有空間（一般固有空間** または **準固有空間）** という [2]．

例7.1 2 次の正方行列のジョルダン標準形 A は，次の (1)～(3) のいずれかのように表される ［⇨ 4・1 ］．

(1) $A = \begin{pmatrix} J(\lambda; 1) & 0 \\ 0 & J(\mu; 1) \end{pmatrix} = \begin{pmatrix} \lambda & 0 \\ 0 & \mu \end{pmatrix}$ $(\lambda, \mu \in \mathbf{C}, \ \lambda \neq \mu)$.

(2) $A = \begin{pmatrix} J(\lambda; 1) & 0 \\ 0 & J(\lambda; 1) \end{pmatrix} = \begin{pmatrix} \lambda & 0 \\ 0 & \lambda \end{pmatrix}$ $(\lambda \in \mathbf{C})$.

---

[2] (7.24) の条件において，$j = 1$ とすることにより，$\tilde{W}(\lambda_k)$ は固有値 λ_k に対する固有空間を含むので，このような言葉が用いられる．

(3)　$A = J(\lambda; 2) = \begin{pmatrix} \lambda & 1 \\ 0 & \lambda \end{pmatrix}$　$(\lambda \in \mathbf{C})$.

A の固有値は，(1) の場合は $\lambda,\, \mu$ であり，(2), (3) の場合は λ である.

(1) の場合の広義固有空間を計算してみよう．(2), (3) の場合については，それぞれ例題 7.1，問 7.1 (2) とする.

(1) の場合，$j = 1,\, 2,\, \cdots$ とすると，$A = \begin{pmatrix} \lambda & 0 \\ 0 & \mu \end{pmatrix}$ を (7.24) の条件式に代入して，

$$(A - \lambda E)^j = \begin{pmatrix} 0 & 0 \\ 0 & (\mu - \lambda)^j \end{pmatrix} \tag{7.25}$$

となる．よって，$\lambda \neq \mu$ に注意すると，固有値 λ に対する A の広義固有空間 $\tilde{W}(\lambda)$ は固有空間 $W(\lambda)$ に一致し，

$$\tilde{W}(\lambda) = W(\lambda) = \left\{ c \begin{pmatrix} 1 \\ 0 \end{pmatrix} \,\middle|\, c \in \mathbf{C} \right\} \tag{7.26}$$

となる．同様に，固有値 μ に対する A の広義固有空間 $\tilde{W}(\mu)$ は固有空間 $W(\mu)$ に一致し，

$$\tilde{W}(\mu) = W(\mu) = \left\{ c \begin{pmatrix} 0 \\ 1 \end{pmatrix} \,\middle|\, c \in \mathbf{C} \right\} \tag{7.27}$$

となる．　　　　　　　　　　　　　　　　　　　　　　　　　◆

例題 7.1　例 7.1 において，(2) の場合の固有値 λ に対する A の広義固有空間 $\tilde{W}(\lambda)$ を求めよ.　□ □ □ ✍

解　(2) の場合，$j = 1,\, 2,\, \cdots$ とすると，$A = \begin{pmatrix} \lambda & 0 \\ 0 & \lambda \end{pmatrix}$ を (7.24) の条件式に代入して，

$$(A - \lambda E)^j = O \tag{7.28}$$

となる．よって，固有値 λ に対する A の広義固有空間 $\tilde{W}(\lambda)$ は $\mathbf{C}^2$ に一致する．すなわち，$\tilde{W}(\lambda) = \mathbf{C}^2$ である[3]．　　　　　　　　　　◇

 ## §7 の問題

確認問題

問 7.1　次の問に答えよ．

(1)　$A \in M_n(\mathbf{C})$ とし，$\lambda \in \mathbf{C}$ を A の固有値とする．固有値 λ に対する A の広義固有空間 $\tilde{W}(\lambda)$ の定義を書け．

(2)　例 7.1 において，(3) の場合の固有値 λ に対する A の広義固有空間 $\tilde{W}(\lambda)$ を求めよ[4]．　　　　　　　　　□□□ [⇨ **7・3**]

基本問題

問 7.2　3 次の正方行列 $A = \begin{pmatrix} 1 & 0 & 0 \\ -1 & 2 & 4 \\ 0 & 0 & 2 \end{pmatrix}$ を考える．このとき，A の固有値

λ は $\lambda = 1, 2$ となる（2 は 2 重解）[⇨ **問 2.4** (2)]．

(1)　次の □ をうめることにより，固有値 $\lambda = 1$ に対する A の広義固有空間 $\tilde{W}(1)$ を求めよ．

まず，$A - E = \boxed{①}$ である．よって，$(A-E)^2 = \boxed{②}$ である．さらに，$(A-E)^3 = \boxed{③}$ である．以下，同様に計算すると，$j = 1, 2, \cdots$ に対して，$(A-E)^j = \boxed{④}$ となる．ここで，同次連立 1 次方程式 $(A-E)^j \boldsymbol{x} = \boldsymbol{0}$

---

[3]　$\tilde{W}(\lambda)$ は固有空間 $W(\lambda)$ に一致する．

[4]　$\tilde{W}(\lambda)$ は固有空間 $W(\lambda)$ には一致しない（✍）．

において, $\boldsymbol{x} = \begin{pmatrix} x_1 \\ x_2 \\ x_3 \end{pmatrix}$ とすると, $c \in \mathbf{C}$ を任意の定数として, 解は $x_1 = c$,

$x_2 = \boxed{⑤}$, $x_3 = \boxed{⑥}$ である. したがって, $\boldsymbol{x} = c \boxed{⑦}$ である. 以上

より, $\tilde{W}(1) = \left\{ c \boxed{⑦} \ \middle| \ c \in \mathbf{C} \right\}$ である.

(2) 固有値 $\lambda = 2$ に対する A の広義固有空間 $\tilde{W}(2)$ を求めよ.

□□□ 〔⇨ **7・3**〕

第 2 章のまとめ

ジョルダン細胞

$$J(\lambda; n) = \begin{pmatrix} \lambda & 1 & 0 & \cdots & 0 & 0 \\ 0 & \lambda & 1 & \cdots & 0 & 0 \\ \vdots & \vdots & \vdots & \ddots & \vdots & \vdots \\ 0 & 0 & 0 & \cdots & \lambda & 1 \\ 0 & 0 & 0 & \cdots & 0 & \lambda \end{pmatrix} \in M_n(\mathbf{C}) \qquad (\lambda \in \mathbf{C})$$

ただし,

$$J(\lambda; 1) = (\lambda) = \lambda$$

ジョルダン標準形

ジョルダン細胞を対角線上に並べて得られる上三角行列.

2 次のジョルダン標準形の求め方

$A \in M_2(\mathbf{C})$：対角化可能ではない.

A は 1 個の固有値 $\lambda \in \mathbf{C}$ のみをもつ.

o 固有値 λ に対する A の固有ベクトル $\boldsymbol{b}$ を求める.

o 連立 1 次方程式 $(A - \lambda E)\boldsymbol{x} = \boldsymbol{b}$ の解 $\boldsymbol{x}_1$ を求める.

o $P = ((A - \lambda E)\boldsymbol{x}_1 \quad \boldsymbol{x}_1) = (\boldsymbol{b} \quad \boldsymbol{x}_1)$ とおくと,

$$P^{-1}AP = \begin{pmatrix} \lambda & 1 \\ 0 & \lambda \end{pmatrix}$$

3 次のジョルダン標準形の求め方

$A \in M_3(\mathbf{C})$：対角化可能ではない.

次の (1)〜(3) のいずれかがなりたつ.

(1)　A は 2 個の異なる固有値 $\lambda, \mu \in \mathbf{C}$ をもつ.

(2)　A は 1 個の固有値 $\lambda \in \mathbf{C}$ のみをもち $\dim(W(\lambda)) = 2$.

(3)　A は 1 個の固有値 $\lambda \in \mathbf{C}$ のみをもち $\dim(W(\lambda)) = 1$.

ただし，$W(\lambda)$ は固有値 λ に対する A の固有空間.

(1) の場合　固有方程式の 2 重解は λ であるとしてよい.

○ 固有値 λ に対する A の固有ベクトル $\boldsymbol{b}$ を求める.

○ 連立 1 次方程式 $(A - \lambda E)\boldsymbol{x} = \boldsymbol{b}$ の解 $\boldsymbol{x}_1$ を求める.

○ 固有値 μ に対する A の固有ベクトル $\boldsymbol{x}_2$ を求める.

○ $P = \left(\ (A - \lambda E)\boldsymbol{x}_1\ \ \boldsymbol{x}_1\ \ \boldsymbol{x}_2\ \right) = \left(\ \boldsymbol{b}\ \ \boldsymbol{x}_1\ \ \boldsymbol{x}_2\ \right)$ とおくと,

$$P^{-1}AP = \begin{pmatrix} \lambda & 1 & 0 \\ 0 & \lambda & 0 \\ 0 & 0 & \mu \end{pmatrix}$$

(2) の場合　固有値 λ に対する A の固有ベクトル $\boldsymbol{b}$ を求める.

○ 連立 1 次方程式 $(A - \lambda E)\boldsymbol{x} = \boldsymbol{b}$ の解 $\boldsymbol{x}_1$ を求める.

○ $\boldsymbol{b},\ \boldsymbol{x}_2$ が 1 次独立となるような固有値 λ に対する

　A の固有ベクトル $\boldsymbol{x}_2$ を求める.

○ $P = \left(\ (A - \lambda E)\boldsymbol{x}_1\ \ \boldsymbol{x}_1\ \ \boldsymbol{x}_2\ \right) = \left(\ \boldsymbol{b}\ \ \boldsymbol{x}_1\ \ \boldsymbol{x}_2\ \right)$ とおくと,

$$P^{-1}AP = \begin{pmatrix} \lambda & 1 & 0 \\ 0 & \lambda & 0 \\ 0 & 0 & \lambda \end{pmatrix}$$

(3) の場合　固有値 λ に対する A の固有ベクトル $\boldsymbol{b}$ を求める.

○ 連立 1 次方程式 $(A - \lambda E)^2 \boldsymbol{x} = \boldsymbol{b}$ の解 $\boldsymbol{x}_1$ を求める.

○ $P = \left(\ (A - \lambda E)^2 \boldsymbol{x}_1\ \ (A - \lambda E)\boldsymbol{x}_1\ \ \boldsymbol{x}_1\ \right)$

　$= \left(\ \boldsymbol{b}\ \ (A - \lambda E)\boldsymbol{x}_1\ \ \boldsymbol{x}_1\ \right)$ とおくと,

$$P^{-1}AP = \begin{pmatrix} \lambda & 1 & 0 \\ 0 & \lambda & 1 \\ 0 & 0 & \lambda \end{pmatrix}$$

ジョルダン分解と
一般スペクトル分解

§8 ジョルダン分解

§8のポイント

• 任意の複素正方行列は可換な対角化可能な行列とべき零行列の和として
  表すことができる（**ジョルダン分解**）.

8・1 ジョルダン分解の存在

ジョルダン標準形の存在定理（定理7.3）を用いて，次の定理8.1を示そう.

定理8.1（ジョルダン分解の存在定理）（重要）

$A \in M_n(\mathbf{C})$ とすると，次の (1)〜(4) をみたす $S, N \in M_n(\mathbf{C})$ が存在する.

(1) $A = S + N$.

(2) S は対角化可能である.

(3) N はべき零行列である.

(4) $SN = NS$.

証明 ジョルダン標準形の存在定理（定理7.3）より，ある正則な $P \in M_n(\mathbf{C})$

が存在し，

$$
A = P \begin{pmatrix} J(\lambda_1; m_1) & & & \text{\Large 0} \\ & J(\lambda_2; m_2) & & \\ & & \ddots & \\ \text{\Large 0} & & & J(\lambda_r; m_r) \end{pmatrix} P^{-1} \tag{8.1}
$$

と表される．ここで，

$$
S = P \begin{pmatrix} \lambda_1 E_{m_1} & & & \text{\Large 0} \\ & \lambda_2 E_{m_2} & & \\ & & \ddots & \\ \text{\Large 0} & & & \lambda_r E_{m_r} \end{pmatrix} P^{-1} \tag{8.2}
$$

とおくと，(2) がなりたつ（✍）．さらに，

$$
N = A - S = P \begin{pmatrix} J(0; m_1) & & & \text{\Large 0} \\ & J(0; m_2) & & \\ & & \ddots & \\ \text{\Large 0} & & & J(0; m_r) \end{pmatrix} P^{-1} \tag{8.3}
$$

とおくと，(1), (3), (4) がなりたつ（✍）．   ◇

定理 8.1 の (1) を A の**ジョルダン分解**[1]，S を A の**半単純部分**[2]，N を A の**べき零部分**という．

注意 8.1　　ジョルダン分解の存在定理（定理 8.1）において，ジョルダン分解は一意的である ［⇨**定理 9.5**］．

とくに，A が対角化可能なときは $N = O$ となり，A がべき零行列のときは $S = O$ となる．しかし，(4) の条件を取り除いてしまうと，(1) の分解は一意的ではなくなる．例えば，$A = \begin{pmatrix} 1 & 1 \\ 0 & 2 \end{pmatrix}$ とし，

---

[1]　文献によっては，(8.1) を A のジョルダン分解ということがある．

[2]　「半単純」という言葉は，非自明な不変部分空間をもたない単純な部分空間の直和として表される，ということに由来する．

$$S = \begin{pmatrix} 1 & 1 \\ 0 & 2 \end{pmatrix}, \quad N = \begin{pmatrix} 0 & 0 \\ 0 & 0 \end{pmatrix}, \quad S' = \begin{pmatrix} 1 & 0 \\ 0 & 2 \end{pmatrix}, \quad N' = \begin{pmatrix} 0 & 1 \\ 0 & 0 \end{pmatrix} \quad (8.4)$$

とおく. このとき,

$$A = S + N = S' + N' \tag{8.5}$$

であり, S, S' は対角化可能, N, N' はべき零行列である. なお, $SN = NS$ であるが, $S'N' \neq N'S'$ である.

例 8.1 $A \in M_n(\mathbf{C})$ が 1 個の固有値 $\lambda \in \mathbf{C}$ のみをもつとする. A の半単純部分, べき零部分をそれぞれ S, N とすると,

$$S \overset{\odot\,(8.2)}{=} \lambda E, \qquad N \overset{\odot\,(8.3)}{=} A - \lambda E \tag{8.6}$$

となる. ◆

8・2 ジョルダン分解の計算例

ジョルダン分解の存在定理（定理 8.1）の証明にしたがい, 具体的な例について ジョルダン分解を求めてみよう.

例題 8.1 3 次の正方行列

$$A = \begin{pmatrix} 1 & 0 & 0 \\ -1 & 2 & 4 \\ 0 & 0 & 2 \end{pmatrix}, \qquad P = \begin{pmatrix} 0 & 0 & 1 \\ 4 & 0 & 1 \\ 0 & 1 & 0 \end{pmatrix} \tag{8.7}$$

を考える. このとき, P は正則であり,

$$P^{-1}AP = \begin{pmatrix} 2 & 1 & 0 \\ 0 & 2 & 0 \\ 0 & 0 & 1 \end{pmatrix} \tag{8.8}$$

となる [⇨ **問 4.2**].

(1) P^{-1} を求めよ.

(2)　A のジョルダン分解を求めよ.　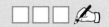

解　(1)　$(\,P\,|\,E\,)$ の行に関する基本変形を行うと,

$$(\,P\,|\,E\,) = \begin{pmatrix} 0 & 0 & 1 & 1 & 0 & 0 \\ 4 & 0 & 1 & 0 & 1 & 0 \\ 0 & 1 & 0 & 0 & 0 & 1 \end{pmatrix} \xrightarrow{\text{第2行} \times \frac{1}{4}} \begin{pmatrix} 0 & 0 & 1 & 1 & 0 & 0 \\ 1 & 0 & \frac{1}{4} & 0 & \frac{1}{4} & 0 \\ 0 & 1 & 0 & 0 & 0 & 1 \end{pmatrix}$$

$$\xrightarrow{\text{第1行と第2行の入れ替え}} \begin{pmatrix} 1 & 0 & \frac{1}{4} & 0 & \frac{1}{4} & 0 \\ 0 & 0 & 1 & 1 & 0 & 0 \\ 0 & 1 & 0 & 0 & 0 & 1 \end{pmatrix}$$

$$\xrightarrow{\text{第2行と第3行の入れ替え}} \begin{pmatrix} 1 & 0 & \frac{1}{4} & 0 & \frac{1}{4} & 0 \\ 0 & 1 & 0 & 0 & 0 & 1 \\ 0 & 0 & 1 & 1 & 0 & 0 \end{pmatrix}$$

$$\xrightarrow{\text{第1行} - \text{第3行} \times \frac{1}{4}} \begin{pmatrix} 1 & 0 & 0 & -\frac{1}{4} & \frac{1}{4} & 0 \\ 0 & 1 & 0 & 0 & 0 & 1 \\ 0 & 0 & 1 & 1 & 0 & 0 \end{pmatrix} \quad (8.9)$$

となる. よって,

$$P^{-1} = \begin{pmatrix} -\frac{1}{4} & \frac{1}{4} & 0 \\ 0 & 0 & 1 \\ 1 & 0 & 0 \end{pmatrix} \quad (8.10)$$

である[3].

(2)　S を A の半単純部分とする. (8.8) より, (8.2) において, $r = 2$, $\lambda_1 = 2$, $m_1 = 2$, $\lambda_2 = 1$, $m_2 = 1$ とすると,

$$S \overset{\odot\ (8.2)}{=} P \begin{pmatrix} \lambda_1 E_2 & \mathbf{0} \\ \mathbf{0} & \lambda_2 E_1 \end{pmatrix} P^{-1}$$

---

[3]　行列式の計算を $1 + 3 \times 3 = 10$ 回行う必要があるが, 余因子を用いて, $P^{-1} = \dfrac{1}{|P|} \begin{pmatrix} \tilde{p}_{11} & \tilde{p}_{21} & \tilde{p}_{31} \\ \tilde{p}_{12} & \tilde{p}_{22} & \tilde{p}_{32} \\ \tilde{p}_{13} & \tilde{p}_{23} & \tilde{p}_{33} \end{pmatrix}$ と計算することもできる [⇨ [藤岡1] **定理9.2**] (✍). ただし, $\tilde{p}_{ij}$ $(i, j = 1, 2, 3)$ は P の (i, j) 余因子である.

$$\overset{\odot (8.7)\ \text{第2式},\ (8.10)}{=} \begin{pmatrix} 0 & 0 & 1 \\ 4 & 0 & 1 \\ 0 & 1 & 0 \end{pmatrix} \begin{pmatrix} 2 & 0 & 0 \\ 0 & 2 & 0 \\ 0 & 0 & 1 \end{pmatrix} \begin{pmatrix} -\frac{1}{4} & \frac{1}{4} & 0 \\ 0 & 0 & 1 \\ 1 & 0 & 0 \end{pmatrix}$$

$$= \begin{pmatrix} 0 & 0 & 1 \\ 8 & 0 & 1 \\ 0 & 2 & 0 \end{pmatrix} \begin{pmatrix} -\frac{1}{4} & \frac{1}{4} & 0 \\ 0 & 0 & 1 \\ 1 & 0 & 0 \end{pmatrix} = \begin{pmatrix} 1 & 0 & 0 \\ -1 & 2 & 0 \\ 0 & 0 & 2 \end{pmatrix} \tag{8.11}$$

である．よって，N を A のべき零部分とすると，

$$N = A - S = \begin{pmatrix} 1 & 0 & 0 \\ -1 & 2 & 4 \\ 0 & 0 & 2 \end{pmatrix} - \begin{pmatrix} 1 & 0 & 0 \\ -1 & 2 & 0 \\ 0 & 0 & 2 \end{pmatrix} = \begin{pmatrix} 0 & 0 & 0 \\ 0 & 0 & 4 \\ 0 & 0 & 0 \end{pmatrix} \tag{8.12}$$

である．したがって，A のジョルダン分解は

$$A = S + N \overset{\odot (8.11),(8.12)}{=} \begin{pmatrix} 1 & 0 & 0 \\ -1 & 2 & 0 \\ 0 & 0 & 2 \end{pmatrix} + \begin{pmatrix} 0 & 0 & 0 \\ 0 & 0 & 4 \\ 0 & 0 & 0 \end{pmatrix} \tag{8.13}$$

である． ◇

8・3 乗法的ジョルダン分解

固有値が 1 のみからなる正方行列を**べき単行列**という．とくに，べき単行列のジョルダン標準形は

$$\begin{pmatrix} J(1; m_1) & & & \text{\Large 0} \\ & J(1; m_2) & & \\ & & \ddots & \\ \text{\Large 0} & & & J(1; m_r) \end{pmatrix} \tag{8.14}$$

と表される（**図 8.1**）．

正則行列に対しては，次の定理 8.2 がなりたつ．

┌─ **定理 8.2** ─────────────────

$A \in M_n(\mathbf{C})$ が正則ならば，次の (1)〜(4) をみたす $S,\,U \in M_n(\mathbf{C})$ が存在する．

(1)　$A = SU$.

(2)　S は対角化可能である.

(3)　U はべき単行列である.

(4)　$SU = US$.

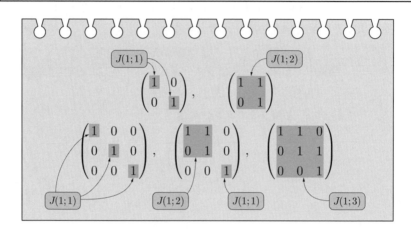

図 8.1　2 次, 3 次のべき単行列のジョルダン標準形

証明　A のジョルダン分解を

$$A = S + N \tag{8.15}$$

とする. すなわち, $S, N \in M_n(\mathbf{C})$ はジョルダン分解の存在定理 (定理 8.1) に
おける (2)〜(4) をみたす. ここで, 「$\lambda \in \mathbf{C}$ が A の固有値であること」と「$\lambda \in \mathbf{C}$
が S の固有値であること」は同値である. さらに, 仮定より, A は正則なので,
S は正則である. よって,

$$A \overset{\odot\,(8.15)}{=} S(E + S^{-1}N) \tag{8.16}$$

となる. さらに, N がべき零行列であることと $SN = NS$ より, $S^{-1}N$ はべき
零行列である (✍). したがって, $E + S^{-1}N$ はべき単行列である (✍). 以
上より,

$$U = S^{-1}A = E + S^{-1}N \tag{8.17}$$

とおけばよい. ◇

定理 8.2 の (1) を A の**乗法的ジョルダン分解**[4]，U を A の**べき単部分**という．ジョルダン分解の一意性 ［⇨**定理 9.5**］ より，乗法的ジョルダン分解は一意的となる（✍）．

例 8.2 $A \in M_n(\mathbf{C})$ が 1 個の固有値 $\lambda \in \mathbf{C} \setminus \{0\}$ のみをもつとする．$\lambda \neq 0$ より，A は正則である．A の半単純部分，べき単部分をそれぞれ S, U とすると，

$$S \overset{\odot \text{ (8.6) 第 1 式}}{=} \lambda E, \qquad U \overset{\odot \text{ (8.17)}}{=} S^{-1} A = (\lambda^{-1} E) A = \frac{1}{\lambda} A \qquad (8.18)$$

である. ◆

§8 の問題

確認問題

問 8.1 次の問に答えよ.

(1) ジョルダン分解の存在定理を書け.

(2) 正方行列の半単純部分 およびべき零部分の定義を書け.

(3) 次の (a), (b) の正方行列のジョルダン分解を求めよ.

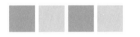

$$(a) \begin{pmatrix} 2 & 1 & 1 & 0 \\ 0 & 2 & 1 & 0 \\ 0 & 0 & 2 & 0 \\ 0 & 0 & 0 & 2 \end{pmatrix} \qquad (b) \begin{pmatrix} 2 & 0 & 1 & 1 \\ 0 & 2 & 0 & 1 \\ 0 & 0 & 2 & 0 \\ 0 & 0 & 0 & 2 \end{pmatrix}$$

□□□ ［⇨ **8・1**］

問 8.2 3 次の正方行列

---

[4] 乗法的ジョルダン分解に対して，ジョルダン分解の存在定理（定理 8.1）におけるジョルダン分解を**加法的ジョルダン分解**ということがある.

$$A = \begin{pmatrix} -1 & 3 & -8 \\ -1 & 3 & -2 \\ 1 & -1 & 5 \end{pmatrix}, \qquad P = \begin{pmatrix} 1 & 0 & -2 \\ 1 & 3 & 0 \\ 0 & 1 & 1 \end{pmatrix}$$

を考える.

(1) P は正則であることを示し, P^{-1} を求めよ.

(2) $P^{-1}AP$ はジョルダン標準形となることを確かめよ.

(3) A のジョルダン分解を求めよ.  [⇨ 8・2]

基本問題

問 8.3　$a, b \in \mathbf{C}$ とする. 次の問に答えよ.

(1) $S, S' \in M_n(\mathbf{C})$ が対角化可能であり, かつ, 可換であるとする. このとき, $aS + bS'$ は対角化可能であることを示せ.

(2) $N, N' \in M_n(\mathbf{C})$ がべき零行列であり, かつ, 可換であるとする. 次の □ をうめることにより, $aN + bN'$ はべき零行列であることを示せ.

　　N はべき零行列なので, ある自然数 k が存在し, $N^k = $ ① となる. 同様に, ある自然数 k' が存在し, $(N')^{k'} = $ ① となる. このとき, $l = 0, 1, 2, \cdots, 2k + 2k'$ に対して,

$$l + (2k + 2k' - l) = 2(\boxed{②}) = (\boxed{②}) + (\boxed{②})$$

なので, 不等式 $l \geq$ ② および $2k + 2k' - l \geq$ ② のうちの少なくとも 1つがなりたつ. さらに, 仮定より, N, N' は可換なので, $NN' = $ ③ であり, 例えば,

$$N^2 (N')^2 = NNN'N' = NN'NN' = NN'N'N = N'NNN'$$
$$= N'NN'N = N'N'NN$$

のように, N のいくつかと N' のいくつかの積は順序によらずにすべて同じものとなる. よって, ④ 定理より,

$$\left(aN + bN'\right)^{2k+2k'} = \sum_{l=0}^{2k+2k'} {}_{2k+2k'}\mathrm{C}_l (aN)^l (bN')^{2k+2k'-l} = \boxed{①}$$

となる．したがって，$aN + bN'$ はべき零行列である．

$$\boxed{}\boxed{}\boxed{}\;[\Rightarrow \boxed{8 \cdot 1}]$$

問 8.4　次の問に答えよ．

(1)　次の $\boxed{}$ をうめることにより，文章を完成させよ．

　　$A \in M_4(\mathbf{C})$ が互いに異なる 3 個の固有値 $\lambda,\, \mu,\, \nu \in \mathbf{C}$ をもち，λ が固有方程式の 2 重解であるとする．さらに，A が対角化可能ではないとする．このとき，ジョルダン標準形の存在定理より，ある正則な $P \in M_4(\mathbf{C})$ が存在し，

$$P^{-1}AP = \begin{pmatrix} \lambda & 1 & 0 & 0 \\ 0 & \boxed{①} & 0 & 0 \\ 0 & 0 & \mu & 0 \\ 0 & 0 & 0 & \nu \end{pmatrix}$$

となる[5]．P を

$$P = \begin{pmatrix} \boldsymbol{p}_1 & \boldsymbol{p}_2 & \boldsymbol{p}_3 & \boldsymbol{p}_4 \end{pmatrix}$$

と列ベクトルに分割しておくと，$A\boldsymbol{p}_1, A\boldsymbol{p}_2, A\boldsymbol{p}_3, A\boldsymbol{p}_4$ は $\boldsymbol{p}_1, \boldsymbol{p}_2, \boldsymbol{p}_3, \boldsymbol{p}_4$ の 1 次結合で

$$A\boldsymbol{p}_1 = \boxed{②}, \quad A\boldsymbol{p}_2 = \boxed{③}, \quad A\boldsymbol{p}_3 = \boxed{④}, \quad A\boldsymbol{p}_4 = \boxed{⑤}$$

と表すことができる．とくに，$\boxed{⑥}$, $\boxed{⑦}$, $\boxed{⑧}$ はそれぞれ固有値 λ, μ, ν に対する A の固有ベクトルである．

(2)　3 個の固有値 1, 2, 3 をもつ $A \in M_4(\mathbf{C})$ を $A = \begin{pmatrix} 1 & 1 & 0 & 0 \\ 0 & 1 & 1 & 0 \\ 0 & 0 & 2 & 1 \\ 0 & 0 & 0 & 3 \end{pmatrix}$ により定

---

[5]　対角化可能ではない 4 次の正方行列のジョルダン標準形は 9 種類に分類することができる $[\Rightarrow \boxed{問 10.2}]$．

める．定理 1.6 を用いることにより，A は**対角化可能ではない**ことを示せ．

(3)　$P = \begin{pmatrix} 1 & 0 & 1 & 1 \\ 0 & 1 & 1 & 2 \\ 0 & 0 & 1 & 4 \\ 0 & 0 & 0 & 4 \end{pmatrix}$ とおく[6]．P は正則であることを示し，P^{-1} を求めよ．

(4)　(2) の A および (3) の P に対して，$P^{-1}AP$ はジョルダン標準形となることを確かめよ．

(5)　(2) の A のジョルダン分解を求めよ．

(6)　(2) の A は正則であることを示し，A のべき単部分を求めよ．

$\square\square\square$ [⇨ **8・3**]

---

[6]　この P は (1) にしたがって得られるものである．

§9 一般スペクトル分解

――――――――――――――――――§9のポイント ―

- ジョルダン分解の半単純部分を**射影**を用いて分解することにより，**一般スペクトル分解**が得られる．
- ジョルダン分解は一意的である．
- 対角化可能な正方行列に対して，**スペクトル分解**が存在する．

9・1 直和と射影

第4章では，行列のべき乗や指数関数の計算を通して，差分方程式や微分方程式を解くことについて述べるが，その際には，一般スペクトル分解とよばれるジョルダン分解の半単純部分をさらに分解したものが用いられる． §9 では，一般スペクトル分解を扱う．まず，準備として，「ベクトル空間が部分空間の直和［⇨**定義 5.1**］として表されること」と「射影という線形写像の組を考えること」が同じであることについて述べよう．

――― **定義 9.1** ―――――――――――――――――――

V を $\mathbf{C}$ 上のベクトル空間[1]，$p : V \to V$ を線形変換とする．$p \circ p = p$ がなりたつとき，p を**射影**という．

直和と射影に関して，次の定理 9.1 がなりたつ（**図 9.1**）．

――― **定理 9.1（重要）** ―――――――――――――――――

V を $\mathbf{C}$ 上のベクトル空間，$W_1, \cdots, W_m$ を V の部分空間とし，
$$V = W_1 \oplus \cdots \oplus W_m, \tag{9.1}$$
すなわち，V が $W_1, \cdots, W_m$ の直和であるとする．このとき，次の $(1) \sim$

――――――――――――――――――

[1] V が $\mathbf{R}$ 上のベクトル空間の場合もまったく同様に考えることができる．

(3) をみたす射影 $p_1, \cdots, p_m : V \to V$ が一意的に存在する.

　(1)　$p_j \circ p_k = \delta_{jk} p_j \quad (j, k = 1, \cdots, m)$.

　(2)　任意の $\boldsymbol{x} \in V$ に対して，$p_1(\boldsymbol{x}) + \cdots + p_m(\boldsymbol{x}) = \boldsymbol{x}$.

　(3)　$W_j = \operatorname{Im} p_j \quad (j = 1, \cdots, m)$.

　ただし，δ_{jk} はクロネッカーの δ である[2]．また，$\delta_{jk} = 0$ のときは，(1) の右辺は零写像 $0 : V \to V$ を表す．すなわち，任意の $\boldsymbol{x} \in V$ に対して，$0(\boldsymbol{x}) = \boldsymbol{0}$ である．

　逆に，$p_1, \cdots, p_m$ が (1), (2) をみたす射影ならば，V の部分空間 $W_1, \cdots,$ W_m を (3) により定めると，(9.1) がなりたつ.

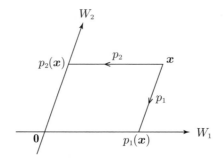

図 9.1　直和と射影（$j = 2$ の場合のイメージ）

証明　まず，(9.1) がなりたつと仮定する．このとき，$\boldsymbol{x} \in V$ とすると，直和の定義（定義 5.1）より，ある $\boldsymbol{x}_1 \in W_1, \cdots, \boldsymbol{x}_m \in W_m$ が一意的に存在し，

$$\boldsymbol{x} = \boldsymbol{x}_1 + \cdots + \boldsymbol{x}_m \tag{9.2}$$

となる．そこで，$j = 1, \cdots, m$ に対して，写像 $p_j : V \to V$ を

$$p_j(\boldsymbol{x}) = \boldsymbol{x}_j \qquad (\boldsymbol{x} \in V) \tag{9.3}$$

により定めると，p_j は V の線形変換となる（✍）．さらに，$p_1, \cdots, p_m$ は (1)〜(3) をみたす（✍）.

---

[2]　$\delta_{jk} = \begin{cases} 1 & (j = k), \\ 0 & (j \neq k) \end{cases}$ である.

逆については，例題 9.1，問 9.2 で確かめてみよう． ◇

例題 9.1 定理 9.1 の逆の証明において，$p_1, \cdots, p_m$ を (1), (2) をみたす射影とし，V の部分空間 $W_1, \cdots, W_m$ を (3) により定める．このとき，
$$V = W_1 + \cdots + W_m \tag{9.4}$$
であることを示せ [⇨ 問 9.2]．

解 $\boldsymbol{x} \in V$ とすると，(3) より，$j = 1, \cdots, m$ に対して，$p_j(\boldsymbol{x}) \in W_j$ である．よって，(2) より，(9.4) がなりたつ． ◇

9・2 広義固有空間による直和分解

複素正方行列があたえられると，複素数ベクトル空間を広義固有空間 [⇨ 7・3] の直和として表すことができる．$A \in M_n(\mathbf{C})$ とし，$\lambda \in \mathbf{C}$ を A の固有値とする．また，$\tilde{W}(\lambda)$ を固有値 λ に対する A の広義固有空間とする．すなわち，
$$\tilde{W}(\lambda) = \left\{ \boldsymbol{x} \in \mathbf{C}^n \,\middle|\, \text{ある自然数 } j \text{ に対して，} (A - \lambda E)^j \boldsymbol{x} = \boldsymbol{0} \right\} \tag{9.5}$$
である．簡単のため，A のジョルダン標準形が 1 個のジョルダン細胞からなり，ある正則な $P \in M_n(\mathbf{C})$ を用いて，
$$P^{-1} A P = J(\lambda; n) \tag{9.6}$$
と表される場合を考えよう．このとき，$j = 1, 2, \cdots, n$ とすると，
$$P^{-1} (A - \lambda E)^j P = J(0; n)^j \tag{9.7}$$
となる．よって，
$$(A - \lambda E)^j \neq O \quad (j = 1, 2, \cdots, n - 1), \quad (A - \lambda E)^n = O \tag{9.8}$$
である．さらに，(9.7) は
$$(A - \lambda E)^j P = P J(0; n)^j \tag{9.9}$$

と同値なので，(9.5) より，P の各列ベクトルは $\tilde{W}(\lambda)$ の基底となる[3]．このこととジョルダン標準形の存在定理（定理 7.3）より，次の定理 9.2 がなりたつ（✍）．

定理 9.2（重要）

$A \in M_n(\mathbf{C})$ とし，$\lambda_1, \cdots, \lambda_r \in \mathbf{C}$ を A のすべての互いに異なる固有値とする．また，$j = 1, \cdots, r$ に対して，$\tilde{W}(\lambda_j)$ を固有値 λ_j に対する A の広義固有空間とする．このとき，

$$\mathbf{C}^n = \tilde{W}(\lambda_1) \oplus \cdots \oplus \tilde{W}(\lambda_r) \tag{9.10}$$

である．さらに，$j = 1, \cdots, r$ に対して，$m_j = \dim\bigl(\tilde{W}(\lambda_j)\bigr)$ とおくと，A の固有多項式 $\phi_A(\lambda)$ は

$$\phi_A(\lambda) = (\lambda - \lambda_1)^{m_1} \cdots (\lambda - \lambda_r)^{m_r} \tag{9.11}$$

である．

引き続き，定理 9.2 と同じ記号を用いる．まず，定理 9.1 より，(9.10) に対応する射影 $p_1, \cdots, p_r : \mathbf{C}^n \to \mathbf{C}^n$ を考えることができる．ここで，$\mathbf{C}^n$ の線形変換は (2.18) のように，行列を用いて表すことができるので，射影もそうすることにしよう．すなわち，$j = 1, \cdots, r$ に対して，p_j に対応する行列を $P_j \in M_n(\mathbf{C})$ とすると，

$$p_j(\boldsymbol{x}) = P_j \boldsymbol{x} \qquad (\boldsymbol{x} \in \mathbf{C}^n) \tag{9.12}$$

である．また，定理 9.1 の (1)〜(3) に対応して，次の (1)′〜(3)′ がなりたつ．

(1)′　$P_j P_k = \delta_{jk} P_j \quad (j, k = 1, \cdots, r)$．

(2)′　$P_1 + \cdots + P_r = E$．

(3)′　$\tilde{W}(\lambda_j) = \{ P_j \boldsymbol{x} \mid \boldsymbol{x} \in \mathbf{C}^n \} \quad (j = 1, \cdots, r)$．

なお，(1)′，(2)′ をみたす行列 $P_1, \cdots, P_r \in M_n(\mathbf{C})$ を**射影**という．

上のようにして得られる $P_1, \cdots, P_r$ について，次の定理 9.3 がなりたつ．

---

[3]　この場合は $\tilde{W}(\lambda) = \mathbf{C}^n$ である．

定理 9.3（重要）

$P_1, \cdots, P_r$ は A の行列多項式 $[\Rightarrow (2.26)]$ として表すことができる.

証明　A の固有多項式 $\phi_A(\lambda)$ を (9.11) のように表しておき, $\dfrac{1}{\phi_A(\lambda)}$ を部分分数分解し $[\Rightarrow [$藤岡 2$]$ **11・1**$]$,

$$\frac{1}{\phi_A(\lambda)} = \frac{g_1(\lambda)}{(\lambda - \lambda_1)^{m_1}} + \cdots + \frac{g_r(\lambda)}{(\lambda - \lambda_r)^{m_r}} \tag{9.13}$$

と表しておく. ただし, $g_1(\lambda), \cdots, g_r(\lambda)$ は λ の多項式である.

まず, (9.13) の両辺に $\phi_A(\lambda)$ をかけると,

$$1 = g_1(\lambda)h_1(\lambda) + \cdots + g_r(\lambda)h_r(\lambda) \tag{9.14}$$

となる. ただし,

$$h_j(\lambda) = \prod_{\substack{k=1 \\ k \neq j}}^{r} (\lambda - \lambda_k)^{m_k} \qquad (j = 1, \cdots, r) \tag{9.15}$$

である[4]. (9.14) の両辺に対する A の行列多項式を考えると,

$$E = g_1(A)h_1(A) + \cdots + g_r(A)h_r(A) \tag{9.16}$$

となる.

次に, $j, k = 1, \cdots, r$, $j \neq k$ とすると, (9.11), (9.15) より, $g_j(\lambda)h_j(\lambda) \cdot g_k(\lambda)h_k(\lambda)$ は $\phi_A(\lambda)$ で割り切れる. すなわち, $g_j(\lambda)h_j(\lambda) \cdot g_k(\lambda)h_k(\lambda)$ は $\phi_A(\lambda)$ に λ の多項式を掛けたものとなる. さらに, ケーリー–ハミルトンの定理（定理 2.2）より, $\phi_A(A) = O$ なので,

$$g_j(A)h_j(A) \cdot g_k(A)h_k(A) = O \tag{9.17}$$

となる. また, $j = 1, \cdots, r$ とし, (9.16) の両辺に $g_j(A)h_j(A)$ をかけると, (9.17) より,

$$\big(g_j(A)h_j(A)\big)^2 = g_j(A)h_j(A) \tag{9.18}$$

---

[4]　右辺は $(\lambda - \lambda_j)^{m_j}$ を除いた $(\lambda - \lambda_k)^{m_k}$ $(k = 1, \cdots, j-1, j+1, \cdots, r)$ についての積を表す.

となる.

さらに, $j = 1, \cdots, r$, $\boldsymbol{x} \in \mathbf{C}^n$ とすると, ケーリー–ハミルトンの定理（定理 2.2）より,

$$(A - \lambda_j E)^{m_j} \left\{ \bigl(g_j(A)h_j(A)\bigr)\boldsymbol{x} \right\} \overset{(9.11),(9.15)}{=} \bigl(g_j(A)\phi_A(A)\bigr)\boldsymbol{x} = \boldsymbol{0} \quad (9.19)$$

となる. よって, (9.5) より,

$$\bigl(g_j(A)h_j(A)\bigr)\boldsymbol{x} \in \tilde{W}(\lambda_j) \quad\quad (9.20)$$

である.

(9.16), (9.17), (9.18), (9.20) より, $j = 1, \cdots, r$ に対して, P_j は $g_j(\lambda)h_j(\lambda)$ に対する A の行列多項式に等しく,

$$P_j = g_j(A)h_j(A) \quad\quad (9.21)$$

である.　　　　　　　　　　　　　　　　　　　　　　　　　　　　　　◇

9・3　ジョルダン分解から一般スペクトル分解へ

それでは, ジョルダン分解の半単純部分をさらに分解することについて述べよう. $A \in M_n(\mathbf{C})$ とし, 9・2 と同じ記号を用いると, 次の定理 9.4 がなりたつ.

定理 9.4（重要）

$S', N' \in M_n(\mathbf{C})$ を

$$S' = \lambda_1 P_1 + \cdots + \lambda_r P_r, \quad\quad N' = A - S' \quad\quad (9.22)$$

により定める. このとき, S', N' は A の行列多項式として表すことができる. さらに, 等式

$$A = S' + N' \quad\quad (9.23)$$

は S' を半単純部分, N' をべき零部分とする A のジョルダン分解をあたえる.

証明　ジョルダン分解の存在定理（定理 8.1）の条件 (2)〜(4) を確かめれば

よい.

条件 (2) $j = 1, \cdots, r$, $\boldsymbol{x} \in \mathbf{C}^n$ とすると,

$$S'(P_j \boldsymbol{x}) = (S'P_j)\boldsymbol{x} \overset{(9.22) 第 1 式}{=} \{(\lambda_1 P_1 + \cdots + \lambda_r P_r)P_j\}\boldsymbol{x} \tag{9.24}$$
$$= (\lambda_j P_j)\boldsymbol{x} \quad (\because \boxed{9 \cdot 2}(1)') = \lambda_j(P_j \boldsymbol{x})$$

である. また, $\mathbf{C}^n$ は $\tilde{W}(\lambda_1), \cdots, \tilde{W}(\lambda_r)$ の直和である $[\Rightarrow (9.10)]$. よって, $\boxed{9 \cdot 2}$ の $(3)'$ より, S' は固有値 $\lambda_1, \cdots, \lambda_r$ をもち, $j = 1, \cdots, r$ に対して, $\tilde{W}(\lambda_j)$ は固有値 λ_j に対する S' の固有空間となる. したがって, S' は対角化可能である.

条件 (3) 定理 6.2, (9.5), $\boxed{9 \cdot 2}$ の $(3)'$ より, $j = 1, \cdots, r$ に対して,

$$(A - \lambda_j E)^n P_j = O \tag{9.25}$$

となる. よって,

$$(N')^n \overset{(9.22) 第 2 式}{=} (A - \lambda_1 P_1 - \cdots - \lambda_r P_r)^n$$
$$= \{A(P_1 + \cdots + P_r) - \lambda_1 P_1 - \cdots - \lambda_r P_r\}^n \quad (\because \boxed{9 \cdot 2}(2)')$$
$$= \{(A - \lambda_1 E)P_1 + \cdots + (A - \lambda_r E)P_r\}^n$$
$$= (A - \lambda_1 E)^n P_1 + \cdots + (A - \lambda_r E)^n P_r \quad (\because \boxed{9 \cdot 2}(1)', \text{定理 9.3})$$
$$\overset{(9.25)}{=} O \tag{9.26}$$

となる. したがって, N' はべき零行列である.

条件 (4) 定理 9.3 および (9.22) より, S', N' は A の行列多項式として表すことができる. よって, S' と N' は可換である. $\diamondsuit$

定理 9.4 より, ジョルダン分解の一意性を示すことができる.

─ **定理 9.5（ジョルダン分解の一意性）（重要）** ───────

ジョルダン分解は一意的である.

───────────────────────────────

証明 $A \in M_n(\mathbf{C})$ とする. A の任意のジョルダン分解が (9.23) のジョルダン分解と一致することを示せばよい.

A の任意のジョルダン分解

$$A = S + N \tag{9.27}$$

および (9.23) のジョルダン分解を考える．まず，

$$SA \overset{\odot\,(9.27)}{=} S(S+N) = S^2 + SN \overset{\odot\,SN=NS}{=} S^2 + NS = (S+N)S \tag{9.28}$$
$$\overset{\odot\,(9.27)}{=} AS$$

となり，S と A は可換である．さらに，定理 9.4 より，N' は A の行列多項式
として表すことができるので，S と N' は可換である．よって，

$$SS' \overset{\odot\,(9.23)}{=} S(A - N') = SA - SN' = AS - N'S = (A - N')S \tag{9.29}$$
$$\overset{\odot\,(9.23)}{=} S'S$$

となり，S と S' は可換である．ここで，S, S' は対角化可能なので，$S - S'$ は
対角化可能である $[\Rightarrow \boxed{問\,8.3}\,(1)]$．一方，(9.23), (9.27) より，

$$S - S' = N' - N \tag{9.30}$$

であり，N, N' はべき零行列なので，$N' - N$ はべき零行列である$[\Rightarrow \boxed{問\,8.3}\,(2)]$．
したがって，(9.30) の両辺は零行列となり $[\Rightarrow \text{注意}\,6.2]$，$S = S'$，$N = N'$ であ
る．以上より，ジョルダン分解は一意的である． ◇

　ここまでに述べたことをまとめておこう．$A \in M_n(\mathbf{C})$ とし，$\lambda_1, \cdots, \lambda_r \in \mathbf{C}$
を A のすべての互いに異なる固有値とする．このとき，A のジョルダン分解は
射影 $P_1, \cdots, P_r$ および，べき零行列 N を用いて，

$$A = \lambda_1 P_1 + \cdots + \lambda_r P_r + N \tag{9.31}$$

と一意的に表される．(9.31) を A の**一般スペクトル分解**という．

$\boxed{9\cdot4}$ 対角化可能な行列のスペクトル分解

　$A \in M_n(\mathbf{C})$ に対する一般スペクトル分解 (9.31) において，A が対角化可能
な場合は $N = O$ となり，(9.31) は

$$A = \lambda_1 P_1 + \cdots + \lambda_r P_r \tag{9.32}$$

となる[5]．(9.32) を A の**スペクトル分解**という．このとき，射影 $P_1, \cdots, P_r$ は，次の定理 9.6 のように求めることができる．

定理 9.6（重要）

$A \in M_n(\mathbf{C})$ が対角化可能ならば，A のスペクトル分解は

$$A = \lambda_1 f_1(A) + \cdots + \lambda_r f_r(A) \tag{9.33}$$

と表される．ただし，

$$f_j(\lambda) = \frac{\displaystyle\prod_{\substack{k=1 \\ k \neq j}}^{r} (\lambda - \lambda_k)}{\displaystyle\prod_{\substack{k=1 \\ k \neq j}}^{r} (\lambda_j - \lambda_k)} \qquad (j = 1, \cdots, r) \tag{9.34}$$

である[6]．

証明 A のスペクトル分解を (9.32) とすると，

$$\begin{aligned} A^2 &= \lambda_1^2 P_1^2 + \cdots + \lambda_r^2 P_r^2 + \sum_{j \neq k} \lambda_j \lambda_k P_j P_k \\ &= \lambda_1^2 P_1 + \cdots + \lambda_r^2 P_r \quad (\odot \; \boxed{9 \cdot 2}\,(1)') \end{aligned} \tag{9.35}$$

である．以下，同様に計算すると，自然数 k に対して，

$$A^k = \lambda_1^k P_1 + \cdots + \lambda_r^k P_r \tag{9.36}$$

となる．よって，$f(\lambda)$ を λ に関する多項式とすると，

$$f(A) = f(\lambda_1) P_1 + \cdots + f(\lambda_r) P_r \tag{9.37}$$

となる．とくに，$j = 1, \cdots, r$ を固定しておき，$f(\lambda)$ が

$$f(\lambda_j) = 1, \quad f(\lambda_k) = 0 \quad (k \neq j) \tag{9.38}$$

---

[5] A がべき零行列の場合は，A は 0 のみを固有値にもち [⇨**定理 6.1**]，$A = N$ となる．

[6] (9.34) の右辺を**ラグランジュの補間式**という．また，記号の意味については (9.15) と同様である．

をみたすとき，$f(A) = P_j$ となる．このような $f(\lambda)$ は (9.34) の右辺のように定めればよい． ◇

§9 の問題

確認問題

問 9.1 V を $\mathbf{C}$ 上のベクトル空間，$p : V \to V$ を線形変換とする．このとき，線形変換 $q : V \to V$ を

$$q(\boldsymbol{x}) = \boldsymbol{x} - p(\boldsymbol{x}) \qquad (\boldsymbol{x} \in V)$$

により定める．

(1) p が射影のとき，$p \circ q$ および $q \circ p$ は零写像であることを示せ．

(2) p が射影のとき，q は射影であることを示せ．

(3) p が射影のとき，(1), (2) および定理 9.1 より，V は $\operatorname{Im} p$ と $\operatorname{Im} q$ の直和として，

$$V = \operatorname{Im} p \oplus \operatorname{Im} q$$

と表される．このとき，$\operatorname{Im} q = \operatorname{Ker} p$ であることを示せ[7]．

☐☐☐ [⇨ **9・1**]

問 9.2 例題 9.1 において，(9.4) の右辺はさらに $W_1, \cdots, W_m$ の直和であることを示せ．

☐☐☐ [⇨ **9・1**]

基本問題

問 9.3 $A \in M_n(\mathbf{C})$ とする．

(1) A が実行列ならば，A の半単純部分およびべき零部分は実行列であることを示せ．

---

[7] 同様に，$\operatorname{Im} q = \operatorname{Ker} p$ となる．

(2) A が正則であり，2以上のある自然数 k に対して，A^k が対角化可能となるならば，A は対角化可能であることを，次の ☐ をうめることにより示せ．

S, N をそれぞれ A の半単純部分，べき零部分とする．まず，① 分解 $A = S + N$ の両辺を k 乗すると，$SN =$ ② および ③ 定理より，

$$A^k = S^k + \sum_{l=1}^{k} {}_k\mathrm{C}_l S^{k-l} N^l$$

となる [⇒ 問 8.3 (2)]．次に，S は対角化可能なので，S^k は対角化可能となり，N はべき零行列なので，$\sum_{l=1}^{k} {}_k\mathrm{C}_l S^{k-l} N^l$ はべき零行列となる．よって，A^k が対角化可能であることと ① 分解の一意性（定理 9.5）より，

$$A^k = \boxed{④}, \qquad \sum_{l=1}^{k} {}_k\mathrm{C}_l S^{k-l} N^l = \boxed{⑤} \tag{$*$}$$

となる．とくに，A は正則なので，$(*)$ の第1式より，S は ⑥ となる．ここで，$N = O$ ではないと仮定すると，N がべき零行列であることより，$N^m = O$ となる最小の2以上の自然数 m が存在する．このとき，$(*)$ の第2式の両辺に右から N^{m-2} をかけると，${}_k\mathrm{C}_1 S^{k-1} N^{\boxed{⑦}} = \boxed{⑤}$ となる．さらに，S は ⑥ なので，$N^{\boxed{⑦}} = \boxed{⑤}$ となり，これは m の最小性に矛盾する．したがって，$N = O$ である．以上より，$A = S$ となるので，A は対角化可能である． ☐☐☐ [⇒ 9·3]

問 9.4 次の (1), (2) の正方行列は対角化可能である．これらのスペクトル分解を求めよ．

(1) $\begin{pmatrix} 1 & 1 \\ -4 & 1 \end{pmatrix}$（固有値は $1 \pm 2i$ である [⇒ 例題 1.1]）

(2) $\begin{pmatrix} 1 & 1 & 0 \\ 0 & i & 0 \\ 0 & 0 & 1 \end{pmatrix}$ [⇒ 問 1.4]

☐☐☐ [⇒ 9·4]

§10 最小多項式

- 正方行列に対して，行列多項式が零行列となる最高次の係数が1の多項式の中で，次数が最も小さいものを**最小多項式**という．
- 2次または3次の正方行列のジョルダン標準形は固有多項式を計算し，最小多項式または固有空間の次元を計算することにより判定できる．

10・1 最小多項式の定義と性質

定理 9.3 の証明では，$A \in M_n(\mathbf{C})$ の固有多項式 $\phi_A(\lambda)$ の逆数を部分分数分解し，ケーリー–ハミルトンの定理（定理 2.2）より，$\phi_A(A) = O$ となることを用いた．しかし，$\phi_A(\lambda)$ の代わりに，$f(A) = O$ となる 0 ではない多項式 $f(\lambda)$ を用いても，議論はまったく同様に進めることができる．そこで，行列多項式 (2.26) が零行列となる多項式の中で，次数が最も小さいものを考え，次の定義 10.1 のように定める．

定義 10.1

$A \in M_n(\mathbf{C})$ とする．$f(A) = O$ をみたす最高次の係数が 1 の多項式 $f(\lambda)$ の中で，次数が最も小さいものを A の**最小多項式**という．

注意 10.1 最高次の係数が 1 の多項式は**モニック**であるという．

最小多項式を求めるための準備として，2 つの定理を用意しよう．

定理 10.1（重要）

最小多項式は一意的に存在する．

証明 $A \in M_n(\mathbf{C})$ とする．

存在 ケーリー–ハミルトンの定理 (定理 2.2) より, A の固有多項式 $\phi_A(\lambda)$ は最高次の係数が 1 であり [⇨(2.37)], $\phi_A(A) = O$ をみたす. よって, $f(A) = O$ をみたす最高次の係数が 1 の多項式 $f(\lambda)$ 全体の集合は空ではない. したがって, 最小多項式は存在する.

一意性 $\psi_A(\lambda), \tilde{\psi}_A(\lambda)$ を A の最小多項式とする. このとき, $\psi_A(\lambda)$ と $\tilde{\psi}_A(\lambda)$ の次数は等しい. さらに, $\psi_A(\lambda), \tilde{\psi}_A(\lambda)$ の最高次の係数は 1 なので, 多項式 $\psi_A(\lambda) - \tilde{\psi}_A(\lambda)$ の次数は $\psi_A(\lambda), \tilde{\psi}_A(\lambda)$ の次数より小さい. ここで, 最小多項式の定義より, $\psi_A(A) = O, \tilde{\psi}_A(A) = O$ なので,

$$\psi_A(A) - \tilde{\psi}_A(A) = O - O = O \tag{10.1}$$

である. さらに, 仮定より, $\psi_A(\lambda), \tilde{\psi}_A(\lambda)$ は A の最小多項式なので,

$$\psi_A(\lambda) - \tilde{\psi}_A(\lambda) = 0 \tag{10.2}$$

である. すなわち, $\psi_A(\lambda) = \tilde{\psi}_A(\lambda)$ となり, 最小多項式は一意的である. ◇

また, 次の定理 10.2 がなりたつ.

定理 10.2 (重要)

$A \in M_n(\mathbf{C})$ とし, $\psi_A(\lambda)$ を A の最小多項式, $f(\lambda)$ を $f(A) = O$ をみたす多項式とする. このとき, $f(\lambda)$ は $\psi_A(\lambda)$ で割り切れる. とくに, A の固有多項式 $\phi_A(\lambda)$ は $\psi_A(\lambda)$ で割り切れる.

証明 $f(\lambda)$ を $\psi_A(\lambda)$ で割ったときの商を $q(\lambda)$, 余りを $r(\lambda)$ とする. すなわち,

$$f(\lambda) = \psi_A(\lambda)q(\lambda) + r(\lambda) \tag{10.3}$$

であり, $r(\lambda)$ の次数は $\psi_A(\lambda)$ の次数より小さい. (10.3) の両辺に対する A の行列多項式を考えると, $f(A) = O, \psi_A(A) = O$ より, $r(A) = O$ となる. さらに, 仮定より, $\psi_A(\lambda)$ は A の最小多項式なので, $r(\lambda) = 0$ である. すなわち, $f(\lambda)$ は $\psi_A(\lambda)$ で割り切れる. ◇

それでは, 定理 10.2 を用いて, 具体的な正方行列に対して, 最小多項式を求

めてみよう.

例題10.1 3次の正方行列 $A = \begin{pmatrix} 1 & 1 & 0 \\ 0 & i & 0 \\ 0 & 0 & 1 \end{pmatrix}$ の最小多項式 $\psi_A(\lambda)$ を求

めよ.

解　まず，A の固有多項式 $\phi_A(\lambda)$ は

$$\phi_A(\lambda) = |\lambda E - A| = (\lambda - 1)^2(\lambda - i) \tag{10.4}$$

である．よって，定理 10.2 より，最小多項式 $\psi_A(\lambda)$ は

$$\lambda - 1, \quad \lambda - i, \quad (\lambda - 1)(\lambda - i), \quad (\lambda - 1)^2,$$
$$\phi_A(\lambda) = (\lambda - 1)^2(\lambda - i) \tag{10.5}$$

のいずれかである．ここで，A の定義より，

$$A - E = \begin{pmatrix} 0 & 1 & 0 \\ 0 & i-1 & 0 \\ 0 & 0 & 0 \end{pmatrix} \neq O, \qquad A - iE = \begin{pmatrix} 1-i & 1 & 0 \\ 0 & 0 & 0 \\ 0 & 0 & 1-i \end{pmatrix} \neq O, \tag{10.6}$$

$$(A - E)^2 = \begin{pmatrix} 0 & 1 & 0 \\ 0 & i-1 & 0 \\ 0 & 0 & 0 \end{pmatrix} \begin{pmatrix} 0 & 1 & 0 \\ 0 & i-1 & 0 \\ 0 & 0 & 0 \end{pmatrix} = \begin{pmatrix} 0 & i-1 & 0 \\ 0 & -2i & 0 \\ 0 & 0 & 0 \end{pmatrix} \neq O \tag{10.7}$$

であり，

$$(A - E)(A - iE) = \begin{pmatrix} 0 & 1 & 0 \\ 0 & i-1 & 0 \\ 0 & 0 & 0 \end{pmatrix} \begin{pmatrix} 1-i & 1 & 0 \\ 0 & 0 & 0 \\ 0 & 0 & 1-i \end{pmatrix} = O \tag{10.8}$$

である．よって，

$$\psi_A(\lambda) = (\lambda - 1)(\lambda - i) \tag{10.9}$$

である.　　　　　　　　　　　　　　　　　　　　　　　　　　　　　　　◇

さらに，$A, P \in M_n(\mathbf{C})$ とし，P が正則ならば，多項式 $f(\lambda)$ に対して，

$$f(P^{-1}AP) = P^{-1}f(A)P \tag{10.10}$$

がなりたつ（✐）．よって，次の定理 10.3 が得られる．

定理 10.3

$A, P \in M_n(\mathbf{C})$ とする．P が正則ならば，A の最小多項式と $P^{-1}AP$ の最小多項式は等しい．

ジョルダン標準形の存在定理（定理 7.3）および定理 10.3 より，最小多項式を調べるにはジョルダン標準形の場合を考えればよい．まず，ジョルダン細胞 $J(\lambda'; n)$ $(\lambda' \in \mathbf{C})$ について，固有多項式 $\phi_{J(\lambda'; n)}(\lambda)$ は

$$\phi_{J(\lambda'; n)}(\lambda) = |\lambda E - J(\lambda'; n)| \overset{\odot\ (6.1)}{=} (\lambda - \lambda')^n \tag{10.11}$$

であり（✐），

$$\left(\lambda' E - J(\lambda'; n)\right)^k \neq O \qquad (k = 1, 2, \cdots, n-1), \tag{10.12}$$

$$\left(\lambda' E - J(\lambda'; n)\right)^n = O \tag{10.13}$$

である（✐）．また，固有値 $\lambda = \lambda'$ に対する $J(\lambda'; n)$ の広義固有空間 $\tilde{W}(\lambda')$ は $\mathbf{C}^n$ に一致し [⇨**定理 9.2**]，$\dim\left(\tilde{W}(\lambda')\right) = n$ である．このことより，次の定理 10.4 がなりたつ．

定理 10.4（重要）

$A \in M_n(\mathbf{C})$ とし，$\lambda_1, \lambda_2, \cdots, \lambda_r$ を A のすべての互いに異なる固有値とする．また，$j = 1, 2, \cdots, r$ に対して，$J(\lambda_j; k_j)$ を固有値 λ_j をもつ A のジョルダン標準形のジョルダン細胞の中で，行，列の個数が最も大きいものとする（**図 10.1**）．このとき，A の最小多項式 $\psi_A(\lambda)$，固有値 λ_j に対する A の広義固有空間 $\tilde{W}(\lambda_j)$，A の対角化可能性について，次の (1)～(3) がなりたつ．

(1) $\psi_A(\lambda) = (\lambda - \lambda_1)^{k_1}(\lambda - \lambda_2)^{k_2} \cdots (\lambda - \lambda_r)^{k_r}$.

---

(2) $\tilde{W}(\lambda_j) = \{\boldsymbol{x} \in \mathbf{C}^n \mid (A - \lambda_j E)^{k_j} \boldsymbol{x} = \boldsymbol{0}\}$.

(3) A が対角化可能 $\Longleftrightarrow k_1 = k_2 = \cdots = k_r = 1$.

定理 10.4 において, k_j を固有値 λ_j に対する A の**標数**という.

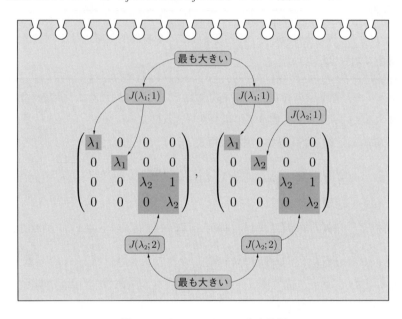

図 10.1 $k_1 = 1$, $k_2 = 2$ となる例

10・2 2次のジョルダン標準形の場合

10・2, 10・3 では, それぞれ2次, 3次の正方行列のジョルダン標準形を考え, その固有多項式, 最小多項式, 固有空間の次元, 広義固有空間の次元についてまとめておこう[1]. なお, ジョルダン細胞の並べ替えで移り合うものは相似となるので, これらは1つとして数え, 区別しない.

---

[1] 結果のみを述べるが, 詳しい計算は今までにまなんだことからできる易しいものである (✍). また, p.111 にも表にまとめておいたので, 参照するとよい.

まず, $J \in M_2(\mathbf{C})$ をジョルダン標準形とする [⇨ **4・1**].

J が異なる固有値 $\lambda_1, \lambda_2 \in \mathbf{C}$ をもつ場合　　J は

$$J = \begin{pmatrix} \lambda_1 & 0 \\ 0 & \lambda_2 \end{pmatrix} \tag{10.14}$$

と表される. また, 固有多項式 $\phi_J(\lambda)$, 最小多項式 $\psi_J(\lambda)$ はそれぞれ

$$\phi_J(\lambda) = (\lambda - \lambda_1)(\lambda - \lambda_2), \qquad \psi_J(\lambda) = (\lambda - \lambda_1)(\lambda - \lambda_2) \tag{10.15}$$

である. さらに, 固有値 λ_1, λ_2 に対する J の固有空間 $W(\lambda_1)$, $W(\lambda_2)$, 広義固有空間 $\tilde{W}(\lambda_1)$, $\tilde{W}(\lambda_2)$ の次元はそれぞれ

$$\dim(W(\lambda_1)) = 1, \qquad \dim(W(\lambda_2)) = 1, \tag{10.16}$$

$$\dim\left(\tilde{W}(\lambda_1)\right) = 1, \qquad \dim\left(\tilde{W}(\lambda_2)\right) = 1 \tag{10.17}$$

である. 以下, 固有多項式, 最小多項式, 固有空間, 広義固有空間の記号については, 上と同様のものを用いる.

J が 1 個の固有値 $\lambda_1 \in \mathbf{C}$ のみをもつ場合　　J は

$$J = \begin{pmatrix} \lambda_1 & 0 \\ 0 & \lambda_1 \end{pmatrix} \tag{10.18}$$

または

$$J = \begin{pmatrix} \lambda_1 & 1 \\ 0 & \lambda_1 \end{pmatrix} \tag{10.19}$$

と表される.

(10.18) のとき,

$$\phi_J(\lambda) = (\lambda - \lambda_1)^2, \qquad \psi_J(\lambda) = \lambda - \lambda_1, \tag{10.20}$$

$$\dim(W(\lambda_1)) = 2, \qquad \dim\left(\tilde{W}(\lambda_1)\right) = 2 \tag{10.21}$$

である.

(10.19) のとき,

$$\phi_J(\lambda) = (\lambda - \lambda_1)^2, \qquad \psi_J(\lambda) = (\lambda - \lambda_1)^2, \tag{10.22}$$

$$\dim\big(W(\lambda_1)\big) = 1, \qquad \dim\big(\tilde{W}(\lambda_1)\big) = 2 \tag{10.23}$$

である.

　ここまでに述べたことより，2次の正方行列のジョルダン標準形がどのようなものになるのかを判定するには，まず，固有多項式を求め，次に，最小多項式または固有空間の次元を求めればよい. なお，求めた固有多項式が (10.20) の第1式または (10.22) の第1式となり，次に，広義固有空間の次元を求めるだけでは，(10.21) の第2式，(10.23) の第2式より，ジョルダン標準形が (10.18)，(10.19) のどちらになるのかを判定することはできない.

10・3 　3次のジョルダン標準形の場合

　10・2 に続き，10・3 では，3次の正方行列のジョルダン標準形の場合を述べよう. $J \in M_3(\mathbf{C})$ をジョルダン標準形とする [⇨ 4・3 〜 4・5].

J が互いに異なる固有値 $\lambda_1, \lambda_2, \lambda_3 \in \mathbf{C}$ をもつ場合　　J は

$$J = \begin{pmatrix} \lambda_1 & 0 & 0 \\ 0 & \lambda_2 & 0 \\ 0 & 0 & \lambda_3 \end{pmatrix} \tag{10.24}$$

と表される. また，

$$\phi_J(\lambda) = (\lambda - \lambda_1)(\lambda - \lambda_2)(\lambda - \lambda_3), \tag{10.25}$$

$$\psi_J(\lambda) = (\lambda - \lambda_1)(\lambda - \lambda_2)(\lambda - \lambda_3), \tag{10.26}$$

$$\dim\big(W(\lambda_1)\big) = 1, \quad \dim\big(W(\lambda_2)\big) = 1, \quad \dim\big(W(\lambda_3)\big) = 1, \tag{10.27}$$

$$\dim\big(\tilde{W}(\lambda_1)\big) = 1, \quad \dim\big(\tilde{W}(\lambda_2)\big) = 1, \quad \dim\big(\tilde{W}(\lambda_3)\big) = 1 \tag{10.28}$$

である.

J が 2 個の異なる固有値 $\lambda_1, \lambda_2 \in \mathbf{C}$ をもつ場合　J は

$$J = \begin{pmatrix} \lambda_1 & 0 & 0 \\ 0 & \lambda_1 & 0 \\ 0 & 0 & \lambda_2 \end{pmatrix} \tag{10.29}$$

または

$$J = \begin{pmatrix} \lambda_1 & 1 & 0 \\ 0 & \lambda_1 & 0 \\ 0 & 0 & \lambda_2 \end{pmatrix} \tag{10.30}$$

と表される[2)].

(10.29) のとき,

$$\phi_J(\lambda) = (\lambda - \lambda_1)^2(\lambda - \lambda_2), \qquad \psi_J(\lambda) = (\lambda - \lambda_1)(\lambda - \lambda_2), \tag{10.31}$$

$$\dim\big(W(\lambda_1)\big) = 2, \qquad \dim\big(W(\lambda_2)\big) = 1, \tag{10.32}$$

$$\dim\big(\tilde{W}(\lambda_1)\big) = 2, \qquad \dim\big(\tilde{W}(\lambda_2)\big) = 1 \tag{10.33}$$

である.

(10.30) のとき,

$$\phi_J(\lambda) = (\lambda - \lambda_1)^2(\lambda - \lambda_2), \qquad \psi_J(\lambda) = (\lambda - \lambda_1)^2(\lambda - \lambda_2), \tag{10.34}$$

$$\dim\big(W(\lambda_1)\big) = 1, \qquad \dim\big(W(\lambda_2)\big) = 1, \tag{10.35}$$

$$\dim\big(\tilde{W}(\lambda_1)\big) = 2, \qquad \dim\big(\tilde{W}(\lambda_2)\big) = 1 \tag{10.36}$$

である.

J が 1 個の固有値 $\lambda_1 \in \mathbf{C}$ のみをもつ場合　J は

$$J = \begin{pmatrix} \lambda_1 & 0 & 0 \\ 0 & \lambda_1 & 0 \\ 0 & 0 & \lambda_1 \end{pmatrix} \tag{10.37}$$

[2)]　必要ならば, λ_1 と λ_2 を置き換えることにより, λ_1 が固有方程式 $\phi_A(\lambda) = 0$ の 2 重解であるとしてよい.

または

$$J = \begin{pmatrix} \lambda_1 & 1 & 0 \\ 0 & \lambda_1 & 0 \\ 0 & 0 & \lambda_1 \end{pmatrix} \tag{10.38}$$

または

$$J = \begin{pmatrix} \lambda_1 & 1 & 0 \\ 0 & \lambda_1 & 1 \\ 0 & 0 & \lambda_1 \end{pmatrix} \tag{10.39}$$

と表される.

(10.37) のとき,

$$\phi_J(\lambda) = (\lambda - \lambda_1)^3, \qquad \psi_J(\lambda) = \lambda - \lambda_1, \tag{10.40}$$

$$\dim\big(W(\lambda_1)\big) = 3, \qquad \dim\big(\tilde{W}(\lambda_1)\big) = 3 \tag{10.41}$$

である.

(10.38) のとき,

$$\phi_J(\lambda) = (\lambda - \lambda_1)^3, \qquad \psi_J(\lambda) = (\lambda - \lambda_1)^2, \tag{10.42}$$

$$\dim\big(W(\lambda_1)\big) = 2, \qquad \dim\big(\tilde{W}(\lambda_1)\big) = 3 \tag{10.43}$$

である.

(10.39) のとき,

$$\phi_J(\lambda) = (\lambda - \lambda_1)^3, \qquad \psi_J(\lambda) = (\lambda - \lambda_1)^3, \tag{10.44}$$

$$\dim\big(W(\lambda_1)\big) = 1, \qquad \dim\big(\tilde{W}(\lambda_1)\big) = 3 \tag{10.45}$$

である.

　ここまでに述べたことより，2次の場合と同様に，3次の正方行列のジョルダン標準形がどのようなものになるのかを判定するには，まず，固有多項式を求め，次に，最小多項式または固有空間の次元を求めればよい.

　しかし，4次の正方行列については，異なるジョルダン標準形であったとしても，固有多項式と最小多項式が一致してしまうことがある ［⇨ 問 10.2］.

2次のジョルダン標準形の固有多項式，最小多項式，固有空間の次元，広義固有空間の次元

J	$\phi_J(\lambda)$	$\psi_J(\lambda)$	$(\dim(W(\lambda_1)),\cdots)$	$(\dim(\tilde{W}(\lambda_1)),\cdots)$
$\begin{pmatrix}\lambda_1 & 0 \\ 0 & \lambda_2\end{pmatrix}$	$(\lambda-\lambda_1)(\lambda-\lambda_2)$	$(\lambda-\lambda_1)(\lambda-\lambda_2)$	$(1,1)$	$(1,1)$
$\begin{pmatrix}\lambda_1 & 0 \\ 0 & \lambda_1\end{pmatrix}$	$(\lambda-\lambda_1)^2$	$\lambda-\lambda_1$	(2)	(2)
$\begin{pmatrix}\lambda_1 & 1 \\ 0 & \lambda_1\end{pmatrix}$	$(\lambda-\lambda_1)^2$	$(\lambda-\lambda_1)^2$	(1)	(2)

3次のジョルダン標準形の固有多項式，最小多項式，固有空間の次元，広義固有空間の次元

J	$\phi_J(\lambda)$	$\psi_J(\lambda)$	$(\dim(W(\lambda_1)),\cdots)$	$(\dim(\tilde{W}(\lambda_1)),\cdots)$
$\begin{pmatrix}\lambda_1 & 0 & 0 \\ 0 & \lambda_2 & 0 \\ 0 & 0 & \lambda_3\end{pmatrix}$	$(\lambda-\lambda_1)(\lambda-\lambda_2)(\lambda-\lambda_3)$	$(\lambda-\lambda_1)(\lambda-\lambda_2)(\lambda-\lambda_3)$	$(1,1,1)$	$(1,1,1)$
$\begin{pmatrix}\lambda_1 & 0 & 0 \\ 0 & \lambda_1 & 0 \\ 0 & 0 & \lambda_2\end{pmatrix}$	$(\lambda-\lambda_1)^2(\lambda-\lambda_2)$	$(\lambda-\lambda_1)(\lambda-\lambda_2)$	$(2,1)$	$(2,1)$
$\begin{pmatrix}\lambda_1 & 1 & 0 \\ 0 & \lambda_1 & 0 \\ 0 & 0 & \lambda_2\end{pmatrix}$	$(\lambda-\lambda_1)^2(\lambda-\lambda_2)$	$(\lambda-\lambda_1)^2(\lambda-\lambda_2)$	$(1,1)$	$(2,1)$
$\begin{pmatrix}\lambda_1 & 0 & 0 \\ 0 & \lambda_1 & 0 \\ 0 & 0 & \lambda_1\end{pmatrix}$	$(\lambda-\lambda_1)^3$	$\lambda-\lambda_1$	(3)	(3)
$\begin{pmatrix}\lambda_1 & 1 & 0 \\ 0 & \lambda_1 & 0 \\ 0 & 0 & \lambda_1\end{pmatrix}$	$(\lambda-\lambda_1)^3$	$(\lambda-\lambda_1)^2$	(2)	(3)
$\begin{pmatrix}\lambda_1 & 1 & 0 \\ 0 & \lambda_1 & 1 \\ 0 & 0 & \lambda_1\end{pmatrix}$	$(\lambda-\lambda_1)^3$	$(\lambda-\lambda_1)^3$	(1)	(3)

§10 の問題

確認問題

問 10.1　3次の正方行列 $A = \begin{pmatrix} 1 & -1 & -1 \\ 0 & 2 & 1 \\ 0 & 0 & 1 \end{pmatrix}$ の最小多項式 $\psi_A(\lambda)$ を求めよ.

□□□ [⇨ **10 · 1**]

基本問題

問 10.2　4次の正方行列のジョルダン標準形に対して, 固有多項式, 最小多項式, 固有空間の次元, 広義固有空間の次元を求めよ. □□□ [⇨ **10 · 3**]

チャレンジ問題

問 10.3　V を集合 $\{1, 2, 3, 4\}$ で定義された複素数値関数全体の集合とする. このとき, 関数の和とスカラー倍を考えることにより, V は $\mathbf{C}$ 上のベクトル空間となる.

(1)　$f \in V$ とし, 写像 $T : V \to V$ を

$$(T(f))(n) = \begin{cases} f(3) + f(4) & (n = 1, 2), \\ f(1) + f(2) & (n = 3, 4) \end{cases}$$

により定める. T は線形変換であることを示せ.

(2)　$m = 1, 2, 3, 4$ に対して, $f_m \in V$ を

$$f_m(n) = \begin{cases} 1 & (m = n), \\ 0 & (n \in \{1, 2, 3, 4\},\ m \neq n) \end{cases}$$

により定める. $\{f_1, f_2, f_3, f_4\}$ は V の基底であることを示せ.

(3)　A を基底 $\{f_1, f_2, f_3, f_4\}$ に関する T の表現行列とする. A の最小多項式を求めよ. □□□ [⇨ **10 · 3**]

第 3 章のまとめ

ジョルダン分解

○ $A \in M_n(\mathbf{C})$ とすると

$$A = S + N \tag{*}$$

ただし,

$$S : 対角化可能 \quad N : べき零行列 \quad SN = NS$$

○ S を**半単純部分**, N を**べき零部分**という.

一般スペクトル分解

○ ジョルダン分解 $(*)$ において

$$S = \lambda_1 P_1 + \cdots + \lambda_r P_r$$

と表すことができる.

○ $\lambda_1, \cdots, \lambda_r \in \mathbf{C}$ は A のすべての異なる固有値

○ $P_1, \cdots, P_r$ は**射影**:

$$P_j P_k = \delta_{jk} P_j \quad (j, k = 1, \cdots, r), \quad P_1 + \cdots + P_r = E$$

○ A が対角化可能な場合 $(A = S, N = O)$ は**スペクトル分解**が得られる.

最小多項式

正方行列に対して, 行列多項式が零行列となる最高次の係数が 1 の
多項式の中で, 次数が最も小さいもの.

2 次, 3 次のジョルダン標準形の判定法

次の手続きで判定することができる.

● 固有多項式を求める.

● 最小多項式または固有空間の次元を求める.

差分方程式と微分方程式への応用

§11 行列のべき乗と差分方程式

§11のポイント

• **行列のべき乗**はジョルダン標準形や一般スペクトル分解を用いて計算することができる.

• 行列のべき乗を計算することにより，1階の連立定数係数同次線形差分方程式や高階の定数係数同次線形差分方程式をみたす数列の一般項を求めることができる.

11・1 1階の連立定数係数同次線形差分方程式

行列のべき乗はジョルダン標準形 [⇨ §7] や一般スペクトル分解 [⇨ §9] を用いて計算することができる. さらに，その応用として，1階の連立定数係数同次線形差分方程式や高階の定数係数同次線形差分方程式という漸化式をみたす数列の一般項を求めることができる. なお，簡単のため，数列は複素数に値をとる複素数列を考えることにする.

$a_{11}, a_{12} \cdots, a_{nn} \in \mathbf{C}$ とし，数列 $\left\{ x_k^{(1)} \right\}_{k=1}^{\infty}, \left\{ x_k^{(2)} \right\}_{k=1}^{\infty}, \cdots, \left\{ x_k^{(n)} \right\}_{k=1}^{\infty}$ に

対する方程式

$$\begin{cases} x_{k+1}^{(1)} = a_{11}x_k^{(1)} + a_{12}x_k^{(2)} + \cdots + a_{1n}x_k^{(n)} \\ x_{k+1}^{(2)} = a_{21}x_k^{(1)} + a_{22}x_k^{(2)} + \cdots + a_{2n}x_k^{(n)} \\ \qquad\qquad\qquad\qquad \vdots \\ x_{k+1}^{(n)} = a_{n1}x_k^{(1)} + a_{n2}x_k^{(2)} + \cdots + a_{nn}x_k^{(n)} \end{cases} \quad (k = 1, 2, \cdots) \quad (11.1)$$

を考える. (11.1) を **1 階の連立定数係数同次線形差分方程式**という [1].

ここで, $A \in M_n(\mathbf{C})$ および $\boldsymbol{x}_k \in \mathbf{C}^n \ (k = 1, 2, \cdots)$ を

$$A = \begin{pmatrix} a_{11} & a_{12} & \cdots & a_{1n} \\ a_{21} & a_{22} & \cdots & a_{2n} \\ \vdots & \vdots & \ddots & \vdots \\ a_{n1} & a_{n2} & \cdots & a_{nn} \end{pmatrix}, \quad \boldsymbol{x}_k = \begin{pmatrix} x_k^{(1)} \\ x_k^{(2)} \\ \vdots \\ x_k^{(n)} \end{pmatrix} \quad (11.2)$$

により定めると, (11.1) は

$$\boldsymbol{x}_{k+1} = A\boldsymbol{x}_k \qquad (k = 1, 2, \cdots) \quad (11.3)$$

と表される. よって, $k = 2, 3, \cdots$ のとき,

$$\boldsymbol{x}_k = A\boldsymbol{x}_{k-1} = A(A\boldsymbol{x}_{k-2}) = A^2\boldsymbol{x}_{k-2} = \cdots = A^{k-1}\boldsymbol{x}_1, \quad (11.4)$$

すなわち,

$$\boldsymbol{x}_k = A^{k-1}\boldsymbol{x}_1 \quad (11.5)$$

となる. また, $A^0 = E$ と約束しておくと, (11.5) は $k = 1$ のときもなりたつ. したがって, (11.1) をみたす $\{x_k^{(1)}\}_{k=1}^{\infty}, \{x_k^{(2)}\}_{k=1}^{\infty}, \cdots, \{x_k^{(n)}\}_{k=1}^{\infty}$ を求めるためには, (11.2) の第 1 式で定めた A のべき乗を求めればよいことがわかった.

11・2 　行列のべき乗とジョルダン標準形

11・2 では, ジョルダン標準形 [⇨ §7] を用いて, **行列のべき乗**を計算

---

[1]　差分方程式については, 例えば, [高橋] §2.2 を見よ.

しよう. $A \in M_n(\mathbf{C})$ とすると，ジョルダン標準形の存在定理（定理 7.3）より，ある正則な $P \in M_n(\mathbf{C})$ が存在し，

$$P^{-1}AP = \begin{pmatrix} J(\lambda_1; m_1) & & & \text{\Large 0} \\ & J(\lambda_2; m_2) & & \\ & & \ddots & \\ \text{\Large 0} & & & J(\lambda_r; m_r) \end{pmatrix} \tag{11.6}$$

と表される. ここで，$k = 1, 2, \cdots$ とすると，

$$\left(P^{-1}AP\right)^k = \underbrace{\left(P^{-1}AP\right)\left(P^{-1}AP\right)\cdots\left(P^{-1}AP\right)}_{k\,\text{個}} = P^{-1}A^k P \tag{11.7}$$

となるので，(11.6) より，

$$A^k = P \begin{pmatrix} \left(J(\lambda_1; m_1)\right)^k & & & \text{\Large 0} \\ & \left(J(\lambda_2; m_2)\right)^k & & \\ & & \ddots & \\ \text{\Large 0} & & & \left(J(\lambda_r; m_r)\right)^k \end{pmatrix} P^{-1} \tag{11.8}$$

である. よって，A^k を計算するためには，$j = 1, 2, \cdots, r$ に対して，$\left(J(\lambda_j; m_j)\right)^k$ を計算すればよい（**図 11.1**）.

そこで，$\left(J(\lambda; n)\right)^k$ を計算しよう. $J(\lambda; n)$ を

$$J(\lambda; n) = \lambda E + J(0; n) \tag{11.9}$$

と表しておき，λE はスカラー行列なので，$J(0; n)$ と可換であることに注意すると，

$$\begin{aligned} \left(J(\lambda; n)\right)^k &\overset{\odot \text{二項定理}}{=} \sum_{l=0}^{k} {}_k\mathrm{C}_l (\lambda E)^{k-l} \left(J(0; n)\right)^l \\ &= \sum_{l=0}^{k} {}_k\mathrm{C}_l \lambda^{k-l} \left(J(0; n)\right)^l \end{aligned} \tag{11.10}$$

である. ここで，二項係数 ${}_k\mathrm{C}_l$ は自然数 k および $0 \leq l \leq k$ をみたす整数 l に対して，

$$_k\mathrm{C}_l = \frac{k!}{l!(k-l)!} = \frac{k(k-1)\cdots(k-l+1)}{l!} \tag{11.11}$$

であるが，$k < l$ となる整数 l に対しては，$_k\mathrm{C}_l = 0$ であると約束すると，(11.10) はさらに

$$\bigl(J(\lambda;n)\bigr)^k = \begin{pmatrix} \lambda^k & _k\mathrm{C}_1\lambda^{k-1} & \cdots & _k\mathrm{C}_{n-1}\lambda^{k-n+1} \\ 0 & \lambda^k & \cdots & _k\mathrm{C}_{n-2}\lambda^{k-n+2} \\ \vdots & \vdots & \ddots & \vdots \\ 0 & 0 & \cdots & \lambda^k \end{pmatrix} \tag{11.12}$$

となる．

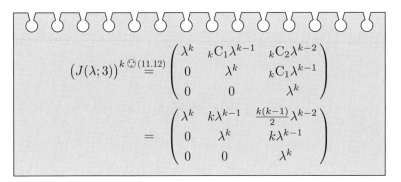

$$\bigl(J(\lambda;3)\bigr)^k \overset{\odot\,(11.12)}{=} \begin{pmatrix} \lambda^k & _k\mathrm{C}_1\lambda^{k-1} & _k\mathrm{C}_2\lambda^{k-2} \\ 0 & \lambda^k & _k\mathrm{C}_1\lambda^{k-1} \\ 0 & 0 & \lambda^k \end{pmatrix}$$

$$= \begin{pmatrix} \lambda^k & k\lambda^{k-1} & \frac{k(k-1)}{2}\lambda^{k-2} \\ 0 & \lambda^k & k\lambda^{k-1} \\ 0 & 0 & \lambda^k \end{pmatrix}$$

図 11.1 $J(\lambda;3)$ のべき乗

例題 11.1 2 次の正方行列

$$A = \begin{pmatrix} 8 & 9 \\ -4 & -4 \end{pmatrix}, \qquad P = \begin{pmatrix} 3 & -1 \\ -2 & 1 \end{pmatrix} \tag{11.13}$$

を考える．このとき，P は正則であり，

$$P^{-1}AP = \begin{pmatrix} 2 & 1 \\ 0 & 2 \end{pmatrix} \tag{11.14}$$

となる ［⇨ 例題 4.1］. $k = 1, 2, \cdots$ に対して，(11.14) の右辺の k 乗を計算することにより，A^k を求めよ. □□□ 🖎

解 $A^k \overset{(11.7), (11.14)}{=} P \begin{pmatrix} 2 & 1 \\ 0 & 2 \end{pmatrix}^k P^{-1} \overset{(11.13) \ 第 2 式, (11.12)}{=}$

$$\begin{pmatrix} 3 & -1 \\ -2 & 1 \end{pmatrix} \begin{pmatrix} 2^k & {}_k\mathrm{C}_1 2^{k-1} \\ 0 & 2^k \end{pmatrix} \cdot \frac{1}{3 \cdot 1 - (-1) \cdot (-2)} \begin{pmatrix} 1 & 1 \\ 2 & 3 \end{pmatrix}$$

$$= \begin{pmatrix} 3 & -1 \\ -2 & 1 \end{pmatrix} \begin{pmatrix} 2^k & k 2^{k-1} \\ 0 & 2^k \end{pmatrix} \begin{pmatrix} 1 & 1 \\ 2 & 3 \end{pmatrix}$$

$$= \begin{pmatrix} 3 & -1 \\ -2 & 1 \end{pmatrix} \begin{pmatrix} 2^k + k 2^k & 2^k + 3k 2^{k-1} \\ 2 \cdot 2^k & 3 \cdot 2^k \end{pmatrix}$$

$$= \begin{pmatrix} (1 + 3k) 2^k & 9k 2^{k-1} \\ -k 2^{k+1} & (1 - 3k) 2^k \end{pmatrix} \tag{11.15}$$

である. ◇

11·3 行列のべき乗と一般スペクトル分解

11·3 では，一般スペクトル分解 ［⇨ §9］ を用いて，行列のべき乗を計算しよう．$A \in M_n(\mathbf{C})$ とし，$\lambda_1, \cdots, \lambda_r \in \mathbf{C}$ を A のすべての互いに異なる固有値とする．さらに，

$$A = \lambda_1 P_1 + \cdots + \lambda_r P_r + N \tag{11.16}$$

を A の一般スペクトル分解とする ［⇨ (9.31)］. ただし，

$$P_j P_k = \delta_{jk} P_j \qquad (j, k = 1, \cdots, r), \tag{11.17}$$

$$P_1 + \cdots + P_r = E \tag{11.18}$$

であり，$j = 1, \cdots, r$ に対して，$\tilde{W}(\lambda_j)$ を固有値 λ_j に対する A の広義固有空間とすると，

$$\tilde{W}(\lambda_j) = \left\{ P_j \boldsymbol{x} \mid \boldsymbol{x} \in \mathbf{C}^n \right\} \tag{11.19}$$

である [⇨ 9・2].

$k = 1, 2, \cdots$ とし，$P_1, \cdots, P_r, N$ が A の行列多項式であることに注意すると [⇨**定理 9.3 ～ 定理 9.5**]，

$$A^k \overset{\odot\,(11.16)}{=} (\lambda_1 P_1 + \cdots + \lambda_r P_r + N)^k$$

$$\overset{\odot\,\text{二項定理}}{=} (\lambda_1 P_1 + \cdots + \lambda_r P_r)^k + \sum_{l=1}^{k} {}_k\mathrm{C}_l (\lambda_1 P_1 + \cdots + \lambda_r P_r)^{k-l} N^l$$

$$\overset{\odot\,(11.17)}{=} \lambda_1^k P_1 + \cdots + \lambda_r^k P_r + \sum_{l=1}^{k} {}_k\mathrm{C}_l (\lambda_1^{k-l} P_1 + \cdots + \lambda_r^{k-l} P_r) N^l$$

$$\tag{11.20}$$

となる．ここで，

$$N \overset{\odot\,(11.16)}{=} A - (\lambda_1 P_1 + \cdots + \lambda_r P_r)$$

$$\overset{\odot\,(11.18)}{=} A(P_1 + \cdots + P_r) - (\lambda_1 P_1 + \cdots + \lambda_r P_r) \tag{11.21}$$

$$= (A - \lambda_1 E)P_1 + \cdots + (A - \lambda_r E)P_r$$

なので，さらに計算すると，

$$N^l = (A - \lambda_1 E)^l P_1 + \cdots + (A - \lambda_r E)^l P_r \tag{11.22}$$

となる (✍)．(11.17), (11.20), (11.22) より，

$$A^k = \lambda_1^k P_1 + \cdots + \lambda_r^k P_r + \sum_{l=1}^{k} {}_k\mathrm{C}_l \lambda_1^{k-l} (A - \lambda_1 E)^l P_1 + \cdots$$

$$+ \sum_{l=1}^{k} {}_k\mathrm{C}_l \lambda_r^{k-l} (A - \lambda_r E)^l P_r \tag{11.23}$$

である．なお，k_j を固有値 λ_j に対する A の標数とすると [⇨ 10・1]，定理 10.4 の (2) および (11.19) より，$k \geq k_j$ となる k に対しては，

$$(A - \lambda_j E)^k P_j = O \tag{11.24}$$

となる．

例 11.1　例題 11.1 の $A = \begin{pmatrix} 8 & 9 \\ -4 & -4 \end{pmatrix}$ を考える．A は 1 個の固有値 $\lambda = 2$

のみをもつので，(11.16) において，$r = 1$ であり，**9・2** の (2)′ より，射影は E のみである．よって，A の一般スペクトル分解は

$$A = 2E + (A - 2E) \tag{11.25}$$

である．また，ケーリー–ハミルトンの定理（定理 2.2）より，

$$(A - 2E)^2 = O \tag{11.26}$$

である．よって，$k = 1, 2, \cdots$ とすると，

$$A^k \overset{(11.23),\,(11.26)}{=} 2^k E + {}_k\mathrm{C}_1 2^{k-1}(A - 2E)E$$
$$= \begin{pmatrix} 2^k & 0 \\ 0 & 2^k \end{pmatrix} + k\,2^{k-1} \begin{pmatrix} 6 & 9 \\ -4 & -6 \end{pmatrix}$$
$$= \begin{pmatrix} (1 + 3k)\,2^k & 9k\,2^{k-1} \\ -k\,2^{k+1} & (1 - 3k)\,2^k \end{pmatrix} \tag{11.27}$$

となり，例題 11.1 と同じ結果が得られる．◆

注意 11.1　一般に，行列のべき乗を計算する際には，ジョルダン標準形を用いる **11・2** の方法よりも，固有多項式や最小多項式 [⇨ **10・1**] の逆数の部分分数分解を計算し [⇨ **定理 9.3**]，一般スペクトル分解を用いる方が易しいであろう．さらに，対角化可能な行列については，(11.23) は

$$A^k = \lambda_1^k P_1 + \cdots + \lambda_r^k P_r \tag{11.28}$$

となり，部分分数分解も必要としない．

11・4　高階の定数係数同次線形差分方程式

§11 の最後に，高階の定数係数同次線形差分方程式について述べておこう．$a_1, a_2, \cdots, a_n \in \mathbf{C}$ とし，数列 $\{x_k\}_{k=1}^{\infty}$ に対する方程式

$$x_{k+n} + a_1 x_{k+n-1} + \cdots + a_n x_k = 0 \quad (k = 1, 2, \cdots) \tag{11.29}$$

を考える．(11.29) を **n 階の定数係数同次線形差分方程式**という．

ここで, $A \in M_n(\mathbf{C})$ および $\boldsymbol{x}_k \in \mathbf{C}^n$ $(k = 1, 2, \cdots)$ を

$$A = \begin{pmatrix} 0 & 1 & 0 & \cdots & 0 & 0 \\ 0 & 0 & 1 & \cdots & 0 & 0 \\ \vdots & \vdots & \vdots & \ddots & \vdots & \vdots \\ 0 & 0 & 0 & \cdots & 1 & 0 \\ 0 & 0 & 0 & \cdots & 0 & 1 \\ -a_n & -a_{n-1} & -a_{n-2} & \cdots & -a_2 & -a_1 \end{pmatrix}, \tag{11.30}$$

$$\boldsymbol{x}_k = \begin{pmatrix} x_k \\ x_{k+1} \\ \vdots \\ x_{k+n-1} \end{pmatrix} \tag{11.31}$$

により定めると, (11.29) は (11.3) をみたし, (11.5) が得られる. さらに, A の固有多項式 $\phi_A(\lambda)$ は

$$\phi_A(\lambda) = \lambda^n + a_1 \lambda^{n-1} + a_2 \lambda^{n-2} + \cdots + a_{n-1}\lambda + a_n \tag{11.32}$$

であり, $\lambda_1, \lambda_2, \cdots, \lambda_r \in \mathbf{C}$ を A のすべての互いに異なる固有値とすると, $j = 1, 2, \cdots, r$ に対して, 固有値 λ_j に対する A の固有空間の次元は 1 である [⇨ 問 1.5]. よって,

$$\phi_A(\lambda) = (\lambda - \lambda_1)^{m_1}(\lambda - \lambda_2)^{m_2} \cdots (\lambda - \lambda_r)^{m_r} \tag{11.33}$$

と表しておくと, A のジョルダン標準形は r 個のジョルダン細胞 $J(\lambda_1; m_1)$, $J(\lambda_2; m_2), \cdots, J(\lambda_r; m_r)$ からなる. とくに, 固有値 λ_j に対する A の標数は m_j である. したがって, (11.5), (11.12) より, ある $\alpha_{j,l_j} \in \mathbf{C}$ $(j = 1, 2, \cdots, r, l_j = 1, 2, \cdots, m_j)$ が存在し, $\{x_k\}_{k=1}^{\infty}$ の一般項 x_k は

$$x_k = \sum_{l_1=1}^{m_1} \alpha_{1,l_1} \cdot {}_{k-1}\mathrm{C}_{l_1-1}\lambda_1^{k-l_1} + \cdots + \sum_{l_r=1}^{m_r} \alpha_{r,l_r} \cdot {}_{k-1}\mathrm{C}_{l_r-1}\lambda_r^{k-l_r} \tag{11.34}$$

と表される.

例 11.2（フィボナッチ数列） $x_1 = 1,\ x_2 = 1$ および漸化式

$$x_{k+2} = x_{k+1} + x_k \qquad (k = 1,\ 2,\ \cdots) \tag{11.35}$$

をみたす数列 $\{x_k\}_{k=1}^{\infty}$ を**フィボナッチ数列**という．$(11.29)\sim(11.31)$ に注意し，

$$A = \begin{pmatrix} 0 & 1 \\ 1 & 1 \end{pmatrix}, \quad \boldsymbol{x}_k = \begin{pmatrix} x_k \\ x_{k+1} \end{pmatrix} \quad (k = 1,\ 2,\ \cdots) \tag{11.36}$$

とおくと，(11.5) が得られる（✍）．ここで，A の固有多項式 $\phi_A(\lambda)$ は

$$\phi_A(\lambda) = |\lambda E - A| = \lambda^2 - \lambda - 1 = \left(\lambda - \frac{1+\sqrt{5}}{2}\right)\left(\lambda - \frac{1-\sqrt{5}}{2}\right) \tag{11.37}$$

である．よって，(11.34) において，

$$r = 2, \quad m_1 = 1, \quad \lambda_1 = \frac{1+\sqrt{5}}{2}, \quad m_2 = 1, \quad \lambda_2 = \frac{1-\sqrt{5}}{2} \tag{11.38}$$

とすると，(11.35) をみたす $\{x_k\}_{k=1}^{\infty}$ の一般項 x_k はある $\alpha,\ \beta \in \mathbf{C}$ を用いて，

$$x_k = \alpha \left(\frac{1+\sqrt{5}}{2}\right)^{k-1} + \beta \left(\frac{1-\sqrt{5}}{2}\right)^{k-1} \tag{11.39}$$

と表される．ここで，$x_1 = 1,\ x_2 = 1$ より，それぞれ

$$\alpha + \beta = 1, \qquad \alpha \cdot \frac{1+\sqrt{5}}{2} + \beta \cdot \frac{1-\sqrt{5}}{2} = 1 \tag{11.40}$$

である．これを解くと，

$$\alpha = \frac{1}{\sqrt{5}}\frac{1+\sqrt{5}}{2}, \qquad \beta = -\frac{1}{\sqrt{5}}\frac{1-\sqrt{5}}{2} \tag{11.41}$$

である．よって，(11.39) より，

$$x_k = \frac{1}{\sqrt{5}}\left\{\left(\frac{1+\sqrt{5}}{2}\right)^k - \left(\frac{1-\sqrt{5}}{2}\right)^k\right\} \tag{11.42}$$

である． ◆

§ 11 の問題

確認問題

問 11.1　2 次の正方行列

$$A = \begin{pmatrix} 1 & 1 \\ -4 & 5 \end{pmatrix}, \qquad P = \begin{pmatrix} 1 & 1 \\ 2 & 3 \end{pmatrix}$$

を考える. このとき, P は正則であり,

$$P^{-1}AP = \begin{pmatrix} 3 & 1 \\ 0 & 3 \end{pmatrix} \tag{$*$}$$

となる [⇨ **問 4.1**]. $k = 1, 2, \cdots$ に対して, $(*)$ の右辺の k 乗を計算することにより, A^k を求めよ. ☐☐☐ [⇨ **11·2**]

基本問題

問 11.2　3 次の正方行列 $A = \begin{pmatrix} 1 & 0 & 0 \\ -1 & 2 & 4 \\ 0 & 0 & 2 \end{pmatrix}$ を考える. このとき, A の固有

多項式 $\phi_A(\lambda)$ は

$$\phi_A(\lambda) = (\lambda - 1)(\lambda - 2)^2$$

である [⇨ **問 2.4** (2)].

(1)　$\dfrac{1}{\phi_A(\lambda)}$ の部分分数分解を求めよ.

(2)　A の一般スペクトル分解を求めよ.

(3)　$k = 1, 2, \cdots$ に対して, A^k を求めよ. ☐☐☐ [⇨ **11·3**]

問 11.3　$x_1 = 1$, $x_2 = 2$ および漸化式

$$x_{k+2} = 6x_{k+1} - 9x_k \qquad (k = 1, 2, \cdots)$$

をみたす数列 $\{x_k\}_{k=1}^{\infty}$ を求めよ. ☐☐☐ [⇨ **11·4**]

§12 行列の指数関数と微分方程式

―――――――――――――――――――――― §12のポイント ―

- **行列の指数関数**はジョルダン標準形や一般スペクトル分解を用いて計算することができる.

- 行列の指数関数を計算することにより, 1階の連立定数係数同次線形常微分方程式や高階の定数係数同次線形常微分方程式の解を求めることができる.

12・1 1階の連立定数係数同次線形常微分方程式

§12 では, 行列の指数関数と微分方程式の関係について述べよう. $A \in M_n(\mathbf{C})$ に対して, A の指数関数 $\exp A$ は

$$\exp A = \sum_{k=0}^{\infty} \frac{1}{k!} A^k = E + \frac{1}{1!} A + \frac{1}{2!} A^2 + \cdots + \frac{1}{k!} A^k + \cdots \tag{12.1}$$

により定められ, 次の定理 12.1 がなりたつ [⇨ [藤岡1] §12].

―― **定理12.1（重要）** ―――――――――――――――――――

$A, B, P \in M_n(\mathbf{C})$ とすると, 次の (1)〜(5) がなりたつ.

(1) $AB = BA$ ならば, $\exp(A + B) = (\exp A)(\exp B)$.

(2) $\exp A$ は正則であり, $(\exp A)^{-1} = \exp(-A)$.

(3) $\exp {}^t A = {}^t(\exp A)$ [1].

(4) $\exp \bar{A} = \overline{\exp A}$ [2].

(5) P が正則ならば, $\exp(P^{-1}AP) = P^{-1}(\exp A)P$.

――――――――――――――――――――――――――――――

[1] ${}^t A$ は A の転置行列を表す.

[2] すべての成分の共役をとることによって得られる行列を記号「￣」（バー）を付けて表す.

べき乗の場合と同様に，行列の指数関数もジョルダン標準形 [⇨ §7] や一般スペクトル分解 [⇨ §9] を用いて計算することができる．さらに，その応用として，1 階の連立定数係数同次線形常微分方程式や高階の定数係数同次線形常微分方程式の解を求めることができる．なお，簡単のため，関数は $\mathbf{R}$ で定義された複素数に値をとる複素数値関数を考えることにする．複素数値関数の微分は実部と虚部に分けて考えればよい．例えば，$\mathbf{R}$ で微分可能な関数 $x = x(t)$, $y = y(t)$ に対して，複素数値関数

$$z = z(t) = x(t) + iy(t) \tag{12.2}$$

の微分は

$$z'(t) = x'(t) + iy'(t) \tag{12.3}$$

となる．

$a_{11}, a_{12}, \cdots, a_{nn} \in \mathbf{C}$ とし，関数 $z_1 = z_1(t)$, $z_2 = z_2(t)$, $\cdots$, $z_n = z_n(t)$ に対する方程式

$$\begin{cases} z_1' = a_{11}z_1 + a_{12}z_2 + \cdots + a_{1n}z_n \\ z_2' = a_{21}z_1 + a_{22}z_2 + \cdots + a_{2n}z_n \\ \qquad\qquad\qquad\vdots \\ z_n' = a_{n1}z_1 + a_{n2}z_2 + \cdots + a_{nn}z_n \end{cases} \tag{12.4}$$

を考える．(12.4) を **1 階の連立定数係数同次線形常微分方程式**という[3]．

ここで，$A \in M_n(\mathbf{C})$ および $\mathbf{C}^n$ に値をとる関数 $\boldsymbol{z} = \boldsymbol{z}(t)$ を

$$A = \begin{pmatrix} a_{11} & a_{12} & \cdots & a_{1n} \\ a_{21} & a_{22} & \cdots & a_{2n} \\ \vdots & \vdots & \ddots & \vdots \\ a_{n1} & a_{n2} & \cdots & a_{nn} \end{pmatrix}, \quad \boldsymbol{z}(t) = \begin{pmatrix} z_1(t) \\ z_2(t) \\ \vdots \\ z_n(t) \end{pmatrix} \tag{12.5}$$

により定めると，(12.4) は

---

[3]　微分方程式については，例えば，[高橋]，[森浅] を見よ．

$$\boldsymbol{z}' = A\boldsymbol{z} \tag{12.6}$$

と表される. さらに, 行列の指数関数の定義 (12.1) より,

$$(\exp tA)' = A \exp tA \tag{12.7}$$

となる (✍). よって, (12.6) の解, すなわち, (12.6) をみたす関数 $\boldsymbol{z} = \boldsymbol{z}(t)$ は

$$\boldsymbol{z}(t) = (\exp tA)\boldsymbol{z}(0) \tag{12.8}$$

と表すことができる (✍). したがって, (12.4) をみたす $z_1 = z_1(t)$, $z_2 = z_2(t)$, $\cdots$, $z_n = z_n(t)$ を求めるためには, (12.5) の第1式で定めた A に対して, tA の指数関数 $\exp tA$ を求めればよいことがわかった.

12・2 行列の指数関数とジョルダン標準形

12・2 では, ジョルダン標準形 [⇨ §7] を用いて, 行列の指数関数を計算しよう. なお, 12・1 で述べた微分方程式への応用のことを考え, $A \in M_n(\mathbf{C})$, $t \in \mathbf{R}$ に対して, $\exp tA$ を計算する. まず, ジョルダン標準形の存在定理 (定理 7.3) より, ある正則な $P \in M_n(\mathbf{C})$ が存在し,

$$P^{-1}AP = \begin{pmatrix} J(\lambda_1; m_1) & & \mathbf{0} \\ & \ddots & \\ \mathbf{0} & & J(\lambda_r; m_r) \end{pmatrix} \tag{12.9}$$

と表される. このとき, (11.8) の計算と同様に, 定理 12.1 の (5) より,

$$\exp tA = P \begin{pmatrix} \exp tJ(\lambda_1; m_1) & & \mathbf{0} \\ & \ddots & \\ \mathbf{0} & & \exp tJ(\lambda_r; m_r) \end{pmatrix} P^{-1} \tag{12.10}$$

となる (✍). よって, $\exp tA$ を計算するためには, $j = 1, \cdots, r$ に対して, $\exp tJ(\lambda_j; m_j)$ を計算すればよい (**図 12.1**).

そこで, $\exp tJ(\lambda; n)$ を計算しよう. $tJ(\lambda; n)$ を

$$tJ(\lambda; n) = \lambda tE + tJ(0; n) \tag{12.11}$$

と表しておき，λtE はスカラー行列なので，$tJ(0;n)$ と可換であることに注意すると，

$$\exp tJ(\lambda;n) = \exp\big(\lambda tE + tJ(0;n)\big) \overset{\odot\,\text{定理}\,12.1\,(1)}{=} \big(\exp(\lambda tE)\big)\big(\exp tJ(0;n)\big)$$
$$= e^{\lambda t}E \exp tJ(0;n) = e^{\lambda t}\exp tJ(0;n) \tag{12.12}$$

となる．

$$\exp tJ(\lambda;3) \overset{\odot(12.14)}{=} \begin{pmatrix} e^{\lambda t} & \frac{1}{1!}te^{\lambda t} & \frac{1}{2!}t^2e^{\lambda t} \\ 0 & e^{\lambda t} & \frac{1}{1!}te^{\lambda t} \\ 0 & 0 & e^{\lambda t} \end{pmatrix}$$
$$= \begin{pmatrix} e^{\lambda t} & te^{\lambda t} & \frac{1}{2}t^2e^{\lambda t} \\ 0 & e^{\lambda t} & te^{\lambda t} \\ 0 & 0 & e^{\lambda t} \end{pmatrix}$$

図 12.1　$\exp tJ(\lambda;3)$ の計算

ここで，$\big(J(0;n)\big)^n = O$ であることに注意すると，

$$\exp tJ(0;n) \overset{\odot\,(12.1)}{=} E + \frac{1}{1!}tJ(0;n) + \frac{1}{2!}t^2\big(J(0;n)\big)^2 + \cdots$$
$$+ \frac{1}{(n-1)!}t^{n-1}\big(J(0;n)\big)^{n-1}$$

$$= \begin{pmatrix} 1 & \frac{1}{1!}t & \frac{1}{2!}t^2 & \cdots & \frac{1}{(n-2)!}t^{n-2} & \frac{1}{(n-1)!}t^{n-1} \\ 0 & 1 & \frac{1}{1!}t & \cdots & \frac{1}{(n-3)!}t^{n-3} & \frac{1}{(n-2)!}t^{n-2} \\ 0 & 0 & 1 & \cdots & \frac{1}{(n-4)!}t^{n-4} & \frac{1}{(n-3)!}t^{n-3} \\ \vdots & \vdots & \vdots & \ddots & \vdots & \vdots \\ 0 & 0 & 0 & \cdots & 1 & \frac{1}{1!}t \\ 0 & 0 & 0 & \cdots & 0 & 1 \end{pmatrix} \tag{12.13}$$

となる（✍）．(12.12), (12.13) より，

$$\exp tJ(\lambda;n) = \begin{pmatrix} e^{\lambda t} & \frac{1}{1!}te^{\lambda t} & \cdots & \frac{1}{(n-1)!}t^{n-1}e^{\lambda t} \\ 0 & e^{\lambda t} & \cdots & \frac{1}{(n-2)!}t^{n-2}e^{\lambda t} \\ \vdots & \vdots & \ddots & \vdots \\ 0 & 0 & \cdots & e^{\lambda t} \end{pmatrix} \tag{12.14}$$

となる.

例題 12.1　2次の正方行列

$$A = \begin{pmatrix} 8 & 9 \\ -4 & -4 \end{pmatrix}, \qquad P = \begin{pmatrix} 3 & -1 \\ -2 & 1 \end{pmatrix} \tag{12.15}$$

を考える. このとき, P は正則であり,

$$P^{-1}AP = \begin{pmatrix} 2 & 1 \\ 0 & 2 \end{pmatrix} \tag{12.16}$$

となる [⇨ **例題 4.1**]. $t \in \mathbf{R}$ とし, (12.16) の右辺の t 倍の指数関数を計算することにより, $\exp tA$ を求めよ.　□□□ 🖎

解　$\exp tA \overset{\odot\, 定理\, 12.1\,(5)}{=} P\bigl(\exp(tP^{-1}AP)\bigr)P^{-1}$

$$\overset{\odot\,(12.16)}{=} P\left(\exp t\begin{pmatrix} 2 & 1 \\ 0 & 2 \end{pmatrix}\right)P^{-1}$$

$$\overset{\odot\,(12.15)\,第2式,\,(12.14)}{=} \begin{pmatrix} 3 & -1 \\ -2 & 1 \end{pmatrix}\begin{pmatrix} e^{2t} & te^{2t} \\ 0 & e^{2t} \end{pmatrix} \cdot \frac{1}{3\cdot 1 - (-1)\cdot(-2)}\begin{pmatrix} 1 & 1 \\ 2 & 3 \end{pmatrix}$$

$$= \begin{pmatrix} 3e^{2t} & (3t-1)e^{2t} \\ -2e^{2t} & (1-2t)e^{2t} \end{pmatrix}\begin{pmatrix} 1 & 1 \\ 2 & 3 \end{pmatrix}$$

$$= \begin{pmatrix} (1+6t)e^{2t} & 9te^{2t} \\ -4te^{2t} & (1-6t)e^{2t} \end{pmatrix} \tag{12.17}$$

である.　◇

12・3　行列の指数関数と一般スペクトル分解

12・3 では，一般スペクトル分解 $[\Rightarrow \S 9]$ を用いて，行列の指数関数を計算しよう．$A \in M_n(\mathbf{C})$ とし，$\lambda_1, \cdots, \lambda_r \in \mathbf{C}$ を A のすべての互いに異なる固有値とする．さらに，

$$A = \lambda_1 P_1 + \cdots + \lambda_r P_r + N \tag{12.18}$$

を A の一般スペクトル分解とする $[\Rightarrow (9.31)]$．ただし，

$$P_j P_k = \delta_{jk} P_j \qquad (j, k = 1, \cdots, r), \tag{12.19}$$

$$P_1 + \cdots + P_r = E \tag{12.20}$$

であり，$j = 1, \cdots, r$ に対して，$\tilde{W}(\lambda_j)$ を固有値 λ_j に対する A の広義固有空間とすると，

$$\tilde{W}(\lambda_j) = \{ P_j \boldsymbol{x} \mid \boldsymbol{x} \in \mathbf{C}^n \} \tag{12.21}$$

である $[\Rightarrow 9 \cdot 2]$．

$P_1, \cdots, P_r, N$ が A の行列多項式であることに注意すると $[\Rightarrow$ **定理 9.3～定理 9.5**$]$，

$$\exp tA \overset{\odot (12.18)}{=} \exp(\lambda_1 t P_1 + \cdots + \lambda_r t P_r + tN)$$
$$\overset{\odot \text{定理 } 12.1 (1)}{=} \big(\exp(\lambda_1 t P_1 + \cdots + \lambda_r t P_r) \big)(\exp tN) \tag{12.22}$$

である．また，(12.19) より，$k = 1, 2, \cdots$ に対して，

$$(\lambda_1 t P_1 + \cdots + \lambda_r t P_r)^k = (\lambda_1 t)^k P_1 + \cdots + (\lambda_r t)^k P_r \tag{12.23}$$

となるので，(12.1) より，

$$\exp(\lambda_1 t P_1 + \cdots + \lambda_r t P_r) = e^{\lambda_1 t} P_1 + \cdots + e^{\lambda_r t} P_r \tag{12.24}$$

である（✍）．同様に，$(12.18) \sim (12.20)$ より，

$$(tN)^k = t^k N^k = t^k (A - \lambda_1 E)^k P_1 + \cdots + t^k (A - \lambda_r E)^k P_r \tag{12.25}$$

となるので $[\Rightarrow (11.21), (11.22)]$，

$$\exp tN = \sum_{k=0}^{\infty} \frac{1}{k!} (tN)^k$$
$$= \big(\exp t(A - \lambda_1 E) \big) P_1 + \cdots + \big(\exp t(A - \lambda_r E) \big) P_r \tag{12.26}$$

である. さらに, $j = 1, \cdots, r$ に対して, k_j を固有値 λ_j に対する A の標数とすると [⇨ $\boxed{10 \cdot 1}$], 定理 10.4 の (2) および (12.21) より, $k \geq k_j$ となる k に対しては,

$$(A - \lambda_j E)^k P_j = O \tag{12.27}$$

となる. よって, (12.19), (12.22), (12.24), (12.26), (12.27) より,

$$\exp tA = e^{\lambda_1 t} \sum_{k=0}^{k_1 - 1} \frac{1}{k!} t^k (A - \lambda_1 E)^k P_1 + \cdots + e^{\lambda_r t} \sum_{k=0}^{k_r - 1} \frac{1}{k!} t^k (A - \lambda_r E)^k P_r \tag{12.28}$$

である (✍).

$\boxed{\text{例 12.1}}$ 例題 11.1, 例題 12.1 の $A = \begin{pmatrix} 8 & 9 \\ -4 & -4 \end{pmatrix}$ を考える. 例 11.1 で述べたように, A の一般スペクトル分解は

$$A = 2E + (A - 2E) \tag{12.29}$$

である. また, ケーリー–ハミルトンの定理 (定理 2.2) より,

$$(A - 2E)^2 = O \tag{12.30}$$

である. よって,

$$\exp tA \overset{\odot\,(12.28),\,(12.30)}{=} e^{2t} E + e^{2t} t (A - 2E) E$$

$$= \begin{pmatrix} e^{2t} & 0 \\ 0 & e^{2t} \end{pmatrix} + t e^{2t} \begin{pmatrix} 6 & 9 \\ -4 & -6 \end{pmatrix}$$

$$= \begin{pmatrix} (1 + 6t)e^{2t} & 9te^{2t} \\ -4te^{2t} & (1 - 6t)e^{2t} \end{pmatrix} \tag{12.31}$$

となり, 例題 12.1 と同じ結果が得られる. ◆

$\boxed{\text{注意 12.1}}$ べき乗の計算と同様に, 行列の指数関数の計算においても, ジョルダン標準形を用いる $\boxed{12 \cdot 2}$ の方法よりも, 固有多項式や最小多項式 [⇨ $\boxed{10 \cdot 1}$] の逆数の部分分数分解を計算し [⇨**定理 9.3**], 一般スペクトル分解を用いる方が易しいであろう. さらに, 対角化可能な行列については, (12.28) は

$$\exp tA = e^{\lambda_1 t} P_1 + \cdots + e^{\lambda_r t} P_r \tag{12.32}$$

となり，部分分数分解も必要としない．

12・4 高階の定数係数同次線形常微分方程式

§12 の最後に，高階の定数係数同次線形常微分方程式について述べておこう．$a_1, a_2, \cdots, a_n \in \mathbf{C}$ とし，関数 $z = z(t)$ に対する方程式

$$z^{(n)} + a_1 z^{(n-1)} + \cdots + a_n z = 0 \tag{12.33}$$

を考える．ただし，自然数 k に対して，$z^{(k)}$ は z の k 階の導関数を表す．(12.33) を **n 階の定数係数同次線形常微分方程式**という．

(12.33) についても，11・4 と同様の議論を行おう．まず，$A \in M_n(\mathbf{C})$ および $\mathbf{C}^n$ に値をとる関数 $\boldsymbol{z} = \boldsymbol{z}(t)$ を

$$A = \begin{pmatrix} 0 & 1 & 0 & \cdots & 0 & 0 \\ 0 & 0 & 1 & \cdots & 0 & 0 \\ \vdots & \vdots & \vdots & \ddots & \vdots & \vdots \\ 0 & 0 & 0 & \cdots & 1 & 0 \\ 0 & 0 & 0 & \cdots & 0 & 1 \\ -a_n & -a_{n-1} & -a_{n-2} & \cdots & -a_2 & -a_1 \end{pmatrix}, \tag{12.34}$$

$$\boldsymbol{z}(t) = \begin{pmatrix} z(t) \\ z'(t) \\ \vdots \\ z^{(n-1)}(t) \end{pmatrix} \tag{12.35}$$

により定めると，(12.33) は (12.6) をみたし，(12.8) が得られる．さらに，A の固有多項式 $\phi_A(\lambda)$ は

$$\phi_A(\lambda) = \lambda^n + a_1 \lambda^{n-1} + a_2 \lambda^{n-2} + \cdots + a_{n-1}\lambda + a_n \tag{12.36}$$

であり，$\lambda_1, \lambda_2, \cdots, \lambda_r \in \mathbf{C}$ を A のすべての互いに異なる固有値とすると，$j = 1, 2, \cdots, r$ に対して，固有値 λ_j に対する A の固有空間の次元は 1 である

$[\Rightarrow \boxed{\text{問 1.5}}]$．よって，

$$\phi_A(\lambda) = (\lambda - \lambda_1)^{m_1}(\lambda - \lambda_2)^{m_2} \cdots (\lambda - \lambda_r)^{m_r} \tag{12.37}$$

と表しておくと，A のジョルダン標準形は r 個のジョルダン細胞 $J(\lambda_1; m_1)$，$J(\lambda_2; m_2)$，$\cdots$，$J(\lambda_r; m_r)$ からなる．とくに，固有値 λ_j に対する A の標数は m_j である．したがって，(12.8)，(12.14) より，ある $\alpha_{j, l_j} \in \mathbf{C}$ $(j = 1, 2, \cdots, r$，$l_j = 1, 2, \cdots, m_j)$ が存在し，解は

$$z(t) = \sum_{l_1=1}^{m_1} \alpha_{1, l_1} t^{l_1-1} e^{\lambda_1 t} + \cdots + \sum_{l_r=1}^{m_r} \alpha_{r, l_r} t^{l_r-1} e^{\lambda_r t} \tag{12.38}$$

と表される．

$\boxed{\text{例 12.2}}$　3 階の定数係数同次線形常微分方程式

$$z''' - 5z'' + 8z' - 4z = 0 \tag{12.39}$$

の解を求めよう．

(12.33)〜(12.35) に注意し，

$$A = \begin{pmatrix} 0 & 1 & 0 \\ 0 & 0 & 1 \\ 4 & -8 & 5 \end{pmatrix}, \qquad \boldsymbol{z}(t) = \begin{pmatrix} z(t) \\ z'(t) \\ z''(t) \end{pmatrix} \tag{12.40}$$

とおくと，(12.8) が得られる．ここで，(12.36) より，A の固有多項式 $\phi_A(\lambda)$ は

$$\phi_A(\lambda) = \lambda^3 - 5\lambda^2 + 8\lambda - 4 = (\lambda - 1)(\lambda - 2)^2 \tag{12.41}$$

である．よって，(12.38) において，$r = 2$，$m_1 = 1$，$\lambda_1 = 1$，$m_2 = 2$，$\lambda_2 = 2$ とすると，(12.39) の解は $\alpha, \beta, \gamma \in \mathbf{C}$ を用いて，

$$z(t) = \alpha e^t + \beta e^{2t} + \gamma t e^{2t} \tag{12.42}$$

と表される．　　　　　　　　　　　　　　　　　　　　　　　　　　　◆

§ 12 の問題

確認問題

問 12.1　次の問に答えよ.

(1)　交代行列の定義を書け.

(2)　直交行列の定義を書け.

(3)　行列の指数関数の定義を書け.

(4)　(1), (2) および定理 12.1 の (2), (3) を用いて，交代行列の指数関数は直交行列であることを示せ.　　　□□□ [⇨ **12・1**]

問 12.2　2 次の正方行列

$$A = \begin{pmatrix} 1 & 1 \\ -4 & 5 \end{pmatrix}, \qquad P = \begin{pmatrix} 1 & 1 \\ 2 & 3 \end{pmatrix}$$

を考える. このとき，P は正則であり，

$$P^{-1}AP = \begin{pmatrix} 3 & 1 \\ 0 & 3 \end{pmatrix} \tag{$*$}$$

となる [⇨ **問 4.1**]. $t \in \mathbf{R}$ とし，(*) の右辺の t 倍の指数関数を計算することにより，$\exp tA$ を求めよ.　　　□□□ [⇨ **12・2**]

基本問題

問 12.3　3 次の正方行列 $A = \begin{pmatrix} 1 & 0 & 0 \\ -1 & 2 & 4 \\ 0 & 0 & 2 \end{pmatrix}$ を考える. このとき，A の固有

多項式 $\phi_A(\lambda)$ は

$$\phi_A(\lambda) = (\lambda - 1)(\lambda - 2)^2$$

であり [⇨ **問 2.4** (2)]，A の一般スペクトル分解は

$$A = P_1 + 2P_2 + N = \begin{pmatrix} 1 & 0 & 0 \\ 1 & 0 & 0 \\ 0 & 0 & 0 \end{pmatrix} + 2 \begin{pmatrix} 0 & 0 & 0 \\ -1 & 1 & 0 \\ 0 & 0 & 1 \end{pmatrix} + \begin{pmatrix} 0 & 0 & 0 \\ 0 & 0 & 4 \\ 0 & 0 & 0 \end{pmatrix}$$

である $[\Rightarrow$ 問 11.2 (2)$]$. A の一般スペクトル分解を用いて，$\exp tA$ $(t \in \mathbf{R})$ を求めよ. $\qquad \square\square\square$ $[\Rightarrow$ 12・3 $]$

問 12.4 4 階の定数係数同次線形常微分方程式

$$z'''' - 4z''' + 3z'' + 4z' - 4z = 0 \tag{$*$}$$

について，次の問に答えよ.

(1) $\boldsymbol{z}(t) = \begin{pmatrix} z(t) \\ z'(t) \\ z''(t) \\ z'''(t) \end{pmatrix}$ とおき，$A \in M_4(\mathbf{R})$ を用いて，$(*)$ を $\boldsymbol{z}' = A\boldsymbol{z}$ と表す.

A を求めよ.

(2) $(*)$ の解を求めよ. $\qquad\qquad\qquad\qquad \square\square\square$ $[\Rightarrow$ 12・4 $]$

第 4 章のまとめ

行列のべき乗 A^k

$A \in M_n(\mathbf{C})$, $k = 1, 2, \cdots$ に対して，A^k を求める.

○ ジョルダン標準形を用いる方法：

$P^{-1}AP$ がジョルダン標準形となる正則な $P \in M_n(\mathbf{C})$ を求める.

$A^k = P(P^{-1}AP)^k P$ を計算する.

○ 一般スペクトル分解を用いる方法：

$$A = \lambda_1 P_1 + \cdots + \lambda_r P_r + N \quad \textbf{(一般スペクトル分解)}$$

$$\Longrightarrow \ A^k = \lambda_1^k P_1 + \cdots + \lambda_r^k P_r + \sum_{l=1}^{k} {}_k\mathrm{C}_l \lambda_1^{k-l} (A - \lambda_1 E)^l P_1$$

$$+ \cdots + \sum_{l=1}^{k} {}_k\mathrm{C}_l \lambda_r^{k-l} (A - \lambda_r E)^l P_r$$

○ **差分方程式**へ応用することができる.

行列の指数関数 $\exp tA$

$A \in M_n(\mathbf{C})$, $t \in \mathbf{R}$ に対して，

$$\exp tA = \sum_{k=0}^{\infty} \frac{1}{k!}(tA)^k = E + \frac{1}{1!}tA + \frac{1}{2!}(tA)^2 + \cdots + \frac{1}{k!}(tA)^k + \cdots$$

を求める.

○ ジョルダン標準形や一般スペクトル分解を用いて $\exp tA$ を求めることができる.

○一般スペクトル分解を用いると，

$$\exp tA = e^{\lambda_1 t} \sum_{k=0}^{k_1-1} \frac{1}{k!} t^k (A - \lambda_1 E)^k P_1 + \cdots$$

$$+ e^{\lambda_r t} \sum_{k=0}^{k_r-1} \frac{1}{k!} t^k (A - \lambda_r E)^k P_r$$

ただし，$k_j \ (j = 1, 2, \cdots, r)$ は固有値 λ_j に対する A の**標数**.

○**微分方程式**へ応用することができる.

複素内積空間と正規行列

---

§13 複素内積空間

§13のポイント

- 複素内積空間の**エルミート内積**は**共役対称性，半線形性，正値性**をみたす.
- $\mathbf{C}^n$ に対しては，**標準エルミート内積**を考えることが多い.
- エルミート内積を用いて，**ノルム**を定めることができる.
- 複素内積空間のノルムに関して，**コーシー－シュワルツの不等式**や**三角不等式**がなりたつ.
- エルミート内積が 0 となる 2 個のベクトルは**直交する**という.

13・1 エルミート内積と複素内積空間

内積をもつ $\mathbf{R}$ 上のベクトル空間は内積空間とよばれ，標準内積をもつ数ベクトル空間 $\mathbf{R}^n$ は内積空間の典型的な例である ［⇨ ［藤岡 1］ §22 ］. このとき，標準内積を保つ行列として，直交行列が特徴付けられ，実正方行列に対しては，直交行列によって対角化可能であることと対称行列であることが同値となるのであった ［⇨ ［藤岡 1］ **定理 24.1**］.

　第5章では，**C** 上のベクトル空間に対して，エルミート内積というものを付け加えた複素内積空間を考える．典型的な例としては，標準エルミート計量をもつ数ベクトル空間 C^n が挙げられ，標準エルミート内積を保つ行列として，ユニタリ行列が特徴付けられる．さらに，§15 では，複素正方行列がユニタリ行列によって対角化可能となるための条件について述べる．

　まず，エルミート内積と複素内積空間を，次の定義 13.1 のように定める．

定義13.1

V を **C** 上のベクトル空間，$\langle\ ,\ \rangle : V \times V \to C$ を複素数値関数とする．任意の $x, y, z \in V$ および任意の $c \in C$ に対して，次の (1)〜(3) がなりたつとき，$\langle\ ,\ \rangle$ を V の**エルミート内積**（または**複素内積**），$\langle x, y \rangle$ を x と y の**エルミート内積**（または**複素内積**），組 $(V, \langle\ ,\ \rangle)$ または V を**複素内積空間**（または**複素計量ベクトル空間**）という．

(1)　$\langle x, y \rangle = \overline{\langle y, x \rangle}$．　（**共役対称性**）

(2)　$\langle x + y, z \rangle = \langle x, z \rangle + \langle y, z \rangle$，　$\langle cx, y \rangle = c \langle x, y \rangle$．　（**半線形性**[1])）

(3)　$\langle x, x \rangle \geq 0$ であり，$\langle x, x \rangle > 0$ となるのは $x \neq 0$ のときに限る．（**正値性**）

ただし，$z = a + bi \in C\ (a, b \in R)$ に対して，$\bar{z}$ は z の共役，すなわち，$\bar{z} = a - bi$ である．

注意 13.1　定義 13.1 において，$x_1, \cdots, x_m, y \in V$, $c_1, \cdots, c_m \in R$ とすると，(2) より，エルミート内積 $\langle\ ,\ \rangle$ は等式

$$\langle c_1 x_1 + \cdots + c_m x_m, y \rangle = c_1 \langle x_1, y \rangle + \cdots + c_m \langle x_m, y \rangle \tag{13.1}$$

をみたす．

　複素内積空間に対して，内積空間，すなわち，内積をもつ **R** 上のベクトル空間を**実内積空間**ともいう．

---
[1]　定理 13.1 (2) より，半線形性という [⇨ **注意 13.2**]．

$\mathbf{C}^n$ に対しては，次の例 13.1 に述べる標準エルミート内積を考えることが多い.

例 13.1 **（標準エルミート内積と複素ユークリッド空間）** 複素数値関数 $\langle\ ,\ \rangle$: $\mathbf{C}^n \times \mathbf{C}^n \to \mathbf{C}$ を

$$\langle \boldsymbol{x}, \boldsymbol{y} \rangle = x_1\overline{y_1} + \cdots + x_n\overline{y_n} \quad \left(\boldsymbol{x} = \begin{pmatrix} x_1 \\ \vdots \\ x_n \end{pmatrix}, \boldsymbol{y} = \begin{pmatrix} y_1 \\ \vdots \\ y_n \end{pmatrix} \in \mathbf{C}^n \right) \quad (13.2)$$

により定める. このとき，$\langle\ ,\ \rangle$ は $\mathbf{C}^n$ のエルミート内積となる［⇨ 例題 13.1，問 13.1 ］. このエルミート内積 $\langle\ ,\ \rangle$ を $\mathbf{C}^n$ の **標準エルミート内積**，複素内積空間 $(\mathbf{C}^n, \langle\ ,\ \rangle)$ を **n 次元複素ユークリッド空間** という. ◆

例題 13.1 $\langle\ ,\ \rangle$ を $\mathbf{C}^n$ の標準エルミート内積とする.

(1) $\langle\ ,\ \rangle$ は共役対称性（定義 13.1 (1)）をみたすことを示せ.

(2) $\langle\ ,\ \rangle$ は半線形性（定義 13.1 (2)）をみたすことを示せ.

□□□ ✍

解 $\boldsymbol{x} = \begin{pmatrix} x_1 \\ \vdots \\ x_n \end{pmatrix}, \boldsymbol{y} = \begin{pmatrix} y_1 \\ \vdots \\ y_n \end{pmatrix}, \boldsymbol{z} = \begin{pmatrix} z_1 \\ \vdots \\ z_n \end{pmatrix} \in \mathbf{C}^n$ とする.

(1) 複素数の性質を用いて計算すると，

$$\langle \boldsymbol{x}, \boldsymbol{y} \rangle \overset{\odot\,(13.2)}{=} x_1\overline{y_1} + \cdots + x_n\overline{y_n} = \overline{y_1}x_1 + \cdots + \overline{y_n}x_n = \overline{\overline{y_1}\,\overline{x_1} + \cdots + \overline{y_n}\,\overline{x_n}}$$

$$\overset{\odot\,(13.2)}{=} \overline{\langle \boldsymbol{y}, \boldsymbol{x} \rangle} \tag{13.3}$$

となる. よって，$\langle\ ,\ \rangle$ は共役対称性をみたす.

(2) まず，

$$\langle \boldsymbol{x} + \boldsymbol{y}, \boldsymbol{z} \rangle \overset{\odot (13.2)}{=} (x_1 + y_1)\overline{z_1} + \cdots + (x_n + y_n)\overline{z_n}$$

$$= (x_1\overline{z_1} + y_1\overline{z_1}) + \cdots + (x_n\overline{z_n} + y_n\overline{z_n})$$

$$= (x_1\overline{z_1} + \cdots + x_n\overline{z_n}) + (y_1\overline{z_1} + \cdots + y_n\overline{z_n})$$

$$\overset{\odot (13.2)}{=} \langle \boldsymbol{x}, \boldsymbol{z} \rangle + \langle \boldsymbol{y}, \boldsymbol{z} \rangle \tag{13.4}$$

である. また,

$$\langle c\boldsymbol{x}, \boldsymbol{y} \rangle \overset{\odot (13.2)}{=} (cx_1)\overline{y_1} + \cdots + (cx_n)\overline{y_n} = c(x_1\overline{y_1} + \cdots + cx_n\overline{y_n})$$

$$\overset{\odot (13.2)}{=} c\langle \boldsymbol{x}, \boldsymbol{y} \rangle \tag{13.5}$$

である. (13.4), (13.5) より, $\langle \, , \, \rangle$ は半線形性をみたす. ◇

13・2 エルミート内積の基本的性質

エルミート内積の基本的性質として, 次の定理 13.1 がなりたつ.

┌─ **定理 13.1 (重要)** ─────────────────────

V を $\mathbf{C}$ 上のベクトル空間, $\langle \, , \, \rangle$ を V のエルミート内積とし, $\boldsymbol{x}, \boldsymbol{y}, \boldsymbol{z} \in V$, $c \in \mathbf{C}$ とする. このとき, 次の (1)〜(3) がなりたつ.

   (1) $\langle \boldsymbol{x}, \boldsymbol{y} + \boldsymbol{z} \rangle = \langle \boldsymbol{x}, \boldsymbol{y} \rangle + \langle \boldsymbol{x}, \boldsymbol{z} \rangle$.

   (2) $\langle \boldsymbol{x}, c\boldsymbol{y} \rangle = \bar{c}\langle \boldsymbol{x}, \boldsymbol{y} \rangle$.

   (3) $\langle \boldsymbol{0}, \boldsymbol{x} \rangle = \langle \boldsymbol{x}, \boldsymbol{0} \rangle = 0$.

────────────────────────────────────

証明 (1) $\langle \boldsymbol{x}, \boldsymbol{y} + \boldsymbol{z} \rangle = \overline{\langle \boldsymbol{y} + \boldsymbol{z}, \boldsymbol{x} \rangle}$ (☺ 共役対称性 (定義 13.1 (1)))

$$= \overline{\langle \boldsymbol{y}, \boldsymbol{x} \rangle + \langle \boldsymbol{z}, \boldsymbol{x} \rangle}$$ (☺ 半線形性 (定義 13.1 (2)))

$$= \overline{\langle \boldsymbol{y}, \boldsymbol{x} \rangle} + \overline{\langle \boldsymbol{z}, \boldsymbol{x} \rangle} \tag{13.6}$$

$$= \langle \boldsymbol{x}, \boldsymbol{y} \rangle + \langle \boldsymbol{x}, \boldsymbol{z} \rangle$$ (☺ 共役対称性 (定義 13.1 (1)))

である. よって, (1) がなりたつ.

(2) $\langle \boldsymbol{x}, c\boldsymbol{y} \rangle = \overline{\langle c\boldsymbol{y}, \boldsymbol{x} \rangle}$ (☺ 共役対称性 (定義 13.1 (1)))

$$= \overline{\bar{c}\langle \boldsymbol{y}, \boldsymbol{x} \rangle}$$ (☺ 半線形性 (定義 13.1 (2)))   (13.7)

$$= \bar{c}\overline{\langle \boldsymbol{y}, \boldsymbol{x} \rangle} = \bar{c}\langle \boldsymbol{x}, \boldsymbol{y} \rangle$$ (☺ 共役対称性 (定義 13.1 (1)))

である. よって, (2) がなりたつ.

(3) まず,

$$\langle \mathbf{0}, \mathbf{x} \rangle = \langle 0 \cdot \mathbf{0}, \mathbf{x} \rangle = 0 \langle \mathbf{0}, \mathbf{x} \rangle \quad (\because \text{半線形性 (定義 13.1 (2))}) = 0 \quad (13.8)$$

である. また,

$$\langle \mathbf{x}, \mathbf{0} \rangle = \overline{\langle \mathbf{0}, \mathbf{x} \rangle} \quad (\because \text{共役対称性 (定義 13.1 (1))}) \overset{(13.8)}{=} \bar{0} = 0 \quad (13.9)$$

である. (13.8), (13.9) より, (3) がなりたつ. ◇

注意 13.2 定理 13.1 の (2) について, $\mathbf{R}$ 上のベクトル空間 V の内積 $\langle \, , \, \rangle$ に対してなりたつ性質

$$\langle \mathbf{x}, c\mathbf{y} \rangle = c \langle \mathbf{x}, \mathbf{y} \rangle \qquad (\mathbf{x}, \mathbf{y} \in V, \ c \in \mathbf{R}) \quad (13.10)$$

との違いに注意しよう.

また, $\mathbf{x}, \mathbf{y}_1, \cdots, \mathbf{y}_m \in V, \ c_1, \cdots, c_m \in \mathbf{R}$ とすると, 定理 13.1 の (1), (2) より, 等式

$$\langle \mathbf{x}, c_1 \mathbf{y}_1 + \cdots + c_m \mathbf{y}_m \rangle = \overline{c_1} \langle \mathbf{x}, \mathbf{y}_1 \rangle + \cdots + \overline{c_m} \langle \mathbf{x}, \mathbf{y}_m \rangle \quad (13.11)$$

がなりたつ.

さらに, 定理 13.1 の (3) において, $\mathbf{x} = \mathbf{0}$ とすると,

$$\langle \mathbf{0}, \mathbf{0} \rangle = 0 \quad (13.12)$$

がなりたち, この式はエルミート内積の正値性 (定義 13.1 (3)) と矛盾しない. よって, エルミート内積の正値性の条件は

$$(3)' \quad \mathbf{x} \neq \mathbf{0} \ \text{ならば}, \ \langle \mathbf{x}, \mathbf{x} \rangle > 0 \quad (13.13)$$

に置き換えてもよい.

13·3 ノルム

実内積空間に対してノルムが定められるように [⇨ [藤岡 1] **22·4**], 複素内積空間に対してもノルムを定めることができる.

$(V, \langle \, , \, \rangle)$ を複素内積空間とする. このとき, エルミート内積の正値性 (定

義 13.1 (3)) より，$x \in V$ とすると，$\langle x, x \rangle \geq 0$ である．よって，実数値関数
$\| \ \| : V \to \mathbf{R}$ を

$$\|x\| = \sqrt{\langle x, x \rangle} \qquad (x \in V) \tag{13.14}$$

により定めることができる．$\| \ \|$ を $(V, \langle \ , \ \rangle)$ の**ノルム**，$\|x\|$ を x の**ノルム**（**長さまたは大きさ**）という [2]．とくに，$x \in V$ に対して，$\|x\| \geq 0$ であり，$\|x\| = 0$ となるのは $x = 0$ のときに限る．これをノルムの**正値性**という．

複素内積空間のノルムに関して，次の定理 13.2 がなりたつ．

定理 13.2（重要）

$(V, \langle \ , \ \rangle)$ を複素内積空間，$\| \ \|$ を V のノルムとし，$x, y \in V$, $c \in \mathbf{C}$ とする．このとき，次の (1)〜(3) がなりたつ．

(1) $\|cx\| = |c| \|x\|$.

(2) $|\langle x, y \rangle| \leq \|x\| \|y\|$. （**コーシー‐シュワルツの不等式**）

(3) $\|x + y\| \leq \|x\| + \|y\|$. （**三角不等式**（図 13.1））

ただし，$|\ |$ は複素数に対する絶対値を表す．

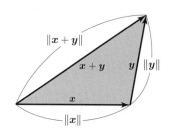

図 13.1 三角不等式

証明 (1) $\|cx\| \overset{\odot \ (13.14)}{=} \sqrt{\langle cx, cx \rangle} = \sqrt{c \langle x, cx \rangle}$

$(\odot$ 半線形性（定義 13.1 (2)））

---

[2] ノルムという用語は「基準，水準」を意味する英単語 "norm" に由来する．ベクトル空間のベクトルの長さを測る「ものさし」をイメージするとよい．

$$\overset{\odot \text{定理 13.1 (2)}}{=} \sqrt{c\bar{c}\langle \boldsymbol{x}, \boldsymbol{x}\rangle} = \sqrt{|c|^2 \langle \boldsymbol{x}, \boldsymbol{x}\rangle}$$

$$= |c|\sqrt{\langle \boldsymbol{x}, \boldsymbol{x}\rangle} \overset{\odot \text{(13.14)}}{=} |c|\|\boldsymbol{x}\| \tag{13.15}$$

である. よって, (1) がなりたつ.

(2)　$\boldsymbol{y} = \boldsymbol{0}$ のとき, 定理 13.1 の (3) およびノルムの正値性より, (2) の両辺はともに 0 となる. よって, (2) において, 等号がなりたつ.

$\boldsymbol{y} \neq \boldsymbol{0}$ のとき, エルミート内積の正値性（定義 13.1 (3)）より, $\langle \boldsymbol{y}, \boldsymbol{y}\rangle > 0$ であることに注意すると,

$$0 \leq \left\langle \boldsymbol{x} - \frac{\langle \boldsymbol{x}, \boldsymbol{y}\rangle}{\langle \boldsymbol{y}, \boldsymbol{y}\rangle}\boldsymbol{y}, \boldsymbol{x} - \frac{\langle \boldsymbol{x}, \boldsymbol{y}\rangle}{\langle \boldsymbol{y}, \boldsymbol{y}\rangle}\boldsymbol{y} \right\rangle \langle \boldsymbol{y}, \boldsymbol{y}\rangle \quad (\odot \text{ 正値性（定義 13.1 (3)）})$$

$$= \left(\langle \boldsymbol{x}, \boldsymbol{x}\rangle - \frac{\overline{\langle \boldsymbol{x}, \boldsymbol{y}\rangle}}{\langle \boldsymbol{y}, \boldsymbol{y}\rangle}\langle \boldsymbol{x}, \boldsymbol{y}\rangle - \frac{\langle \boldsymbol{x}, \boldsymbol{y}\rangle}{\langle \boldsymbol{y}, \boldsymbol{y}\rangle}\langle \boldsymbol{y}, \boldsymbol{x}\rangle + \frac{\langle \boldsymbol{x}, \boldsymbol{y}\rangle\overline{\langle \boldsymbol{x}, \boldsymbol{y}\rangle}}{\langle \boldsymbol{y}, \boldsymbol{y}\rangle^2}\langle \boldsymbol{y}, \boldsymbol{y}\rangle \right) \langle \boldsymbol{y}, \boldsymbol{y}\rangle$$

$$(\odot \text{ 半線形性（定義 13.1 (2)）, 定理 13.1 (1), (2)})$$

$$= \|\boldsymbol{x}\|^2 \|\boldsymbol{y}\|^2 - |\langle \boldsymbol{x}, \boldsymbol{y}\rangle|^2 \quad (\odot \text{ 共役対称性（定義 13.1 (1)）, (13.14)})$$

$$\tag{13.16}$$

である. よって,

$$|\langle \boldsymbol{x}, \boldsymbol{y}\rangle|^2 \leq \|\boldsymbol{x}\|^2 \|\boldsymbol{y}\|^2 \tag{13.17}$$

である. さらに, ノルムの正値性より, (2) がなりたつ.

(3)　まず,

$$\|\boldsymbol{x} + \boldsymbol{y}\|^2 \overset{\odot \text{(13.14)}}{=} \langle \boldsymbol{x} + \boldsymbol{y}, \boldsymbol{x} + \boldsymbol{y}\rangle = \langle \boldsymbol{x}, \boldsymbol{x}\rangle + \langle \boldsymbol{x}, \boldsymbol{y}\rangle + \langle \boldsymbol{y}, \boldsymbol{x}\rangle + \langle \boldsymbol{y}, \boldsymbol{y}\rangle$$

$$(\odot \text{ 半線形性（定義 13.1 (2)）, 定理 13.1 (1)})$$

$$= \|\boldsymbol{x}\|^2 + \langle \boldsymbol{x}, \boldsymbol{y}\rangle + \overline{\langle \boldsymbol{x}, \boldsymbol{y}\rangle} + \|\boldsymbol{y}\|^2$$

$$(\odot \text{ 共役対称性（定義 13.1 (1)）, (13.14)})$$

$$= \|\boldsymbol{x}\|^2 + 2\operatorname{Re}\langle \boldsymbol{x}, \boldsymbol{y}\rangle + \|\boldsymbol{y}\|^2$$

$$\leq \|\boldsymbol{x}\|^2 + 2|\langle \boldsymbol{x}, \boldsymbol{y}\rangle| + \|\boldsymbol{y}\|^2 \overset{\odot \text{(2)}}{\leq} \|\boldsymbol{x}\|^2 + 2\|\boldsymbol{x}\|\|\boldsymbol{y}\| + \|\boldsymbol{y}\|^2$$

$$= (\|\boldsymbol{x}\| + \|\boldsymbol{y}\|)^2 \tag{13.18}$$

である. ただし, Re は複素数に対する実部を表す. よって,

$$\|\boldsymbol{x} + \boldsymbol{y}\|^2 \leq (\|\boldsymbol{x}\| + \|\boldsymbol{y}\|)^2 \tag{13.19}$$

である．さらに，ノルムの正値性より，(3) がなりたつ．　　　　◇

注意 13.3　　定理 13.2 のコーシー–シュワルツの不等式において，等号が成立するのは $\boldsymbol{x}, \boldsymbol{y}$ が 1 次従属のときに限る（✍）．

なお，$\mathbf{C}$ 上のベクトル空間 V に対して[3]，実数値関数 $\| \quad \| : V \to \mathbf{R}$ が正値性と定理 13.2 の (1) の条件および三角不等式（定理 13.2）をみたすとき，組 $(V, \| \quad \|)$ を**ノルム空間**という．

13・4　直交するベクトル

実内積空間の場合と同様に，複素内積空間の 2 個のベクトルの直交性について，次の定義 13.2 のように定める $[\Rightarrow$［藤岡 1］ **22・5**].

定義 13.2

$(V, \langle\, ,\, \rangle)$ を複素内積空間とし，$\boldsymbol{x}, \boldsymbol{y} \in V$ とする．$\langle \boldsymbol{x}, \boldsymbol{y} \rangle = 0$ となるとき，$\boldsymbol{x} \perp \boldsymbol{y}$ と表し，$\boldsymbol{x}$ と $\boldsymbol{y}$ は**直交する**という．

複素内積空間のベクトルの 1 次独立性は次の定理 13.3 のように判定することができる．

定理 13.3（重要）

$(V, \langle\, ,\, \rangle)$ を複素内積空間とし，$\boldsymbol{x}_1, \boldsymbol{x}_2, \cdots, \boldsymbol{x}_m \in V \setminus \{\boldsymbol{0}\}$ とすると，

$\boldsymbol{x}_1, \boldsymbol{x}_2, \cdots, \boldsymbol{x}_m$ が互いに直交する $\implies$ $\boldsymbol{x}_1, \boldsymbol{x}_2, \cdots, \boldsymbol{x}_m$ は 1 次独立

証明　$\boldsymbol{x}_1, \boldsymbol{x}_2, \cdots, \boldsymbol{x}_m$ が互いに直交することより，$j, k = 1, 2, \cdots, m, j \neq k$ のとき，

$$\langle \boldsymbol{x}_j, \boldsymbol{x}_k \rangle = 0 \tag{13.20}$$

---

[3]　$\mathbf{R}$ 上のベクトル空間に対しても，同様に考えることができる．

である．ここで，$\boldsymbol{x}_1, \boldsymbol{x}_2, \cdots, \boldsymbol{x}_m$ の 1 次関係

$$c_1\boldsymbol{x}_1 + c_2\boldsymbol{x}_2 + \cdots + c_m\boldsymbol{x}_m = \boldsymbol{0} \qquad (c_1, c_2, \cdots, c_m \in \mathbf{C}) \qquad (13.21)$$

を考え，$j = 1, 2, \cdots, m$ とすると，

$$0 \overset{\odot \, 定理\,13.1\,(3)}{=} \langle \boldsymbol{0}, \boldsymbol{x}_j \rangle \overset{\odot \,(13.21)}{=} \langle c_1\boldsymbol{x}_1 + c_2\boldsymbol{x}_2 + \cdots + c_m\boldsymbol{x}_m, \boldsymbol{x}_j \rangle$$

$$\overset{\odot \,(13.1)}{=} c_1\langle \boldsymbol{x}_1, \boldsymbol{x}_j \rangle + c_2\langle \boldsymbol{x}_2, \boldsymbol{x}_j \rangle + \cdots + c_m\langle \boldsymbol{x}_m, \boldsymbol{x}_j \rangle$$

$$\overset{\odot \,(13.20)}{=} c_j\langle \boldsymbol{x}_j, \boldsymbol{x}_j \rangle \qquad (13.22)$$

である．よって，

$$c_j\langle \boldsymbol{x}_j, \boldsymbol{x}_j \rangle = 0 \qquad (13.23)$$

である．ここで，$\boldsymbol{x}_j \neq \boldsymbol{0}$ なので，エルミート内積の正値性（定義 13.1 (3)）より，$\langle \boldsymbol{x}_j, \boldsymbol{x}_j \rangle > 0$ である．したがって，(13.23) より，$c_j = 0$ となるので，$\boldsymbol{x}_1, \boldsymbol{x}_2, \cdots, \boldsymbol{x}_m$ は 1 次独立である．$\qquad\qquad\diamondsuit$

§13 の問題

確認問題

問 13.1 $\mathbf{C}^n$ の標準エルミート内積 $\langle\,,\,\rangle$ が正値性 $[\Rightarrow$**定義 13.1** (3)$]$ をみたすことを示せ． $\square\square\square$ $[\Rightarrow$ **13・1**$]$

基本問題

問 13.2 $(V, \langle\,,\,\rangle)$ を複素内積空間，$\|\ \|$ を V のノルムとし，$\boldsymbol{x}, \boldsymbol{y} \in V$ とする．このとき，

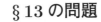

$$\|\boldsymbol{x} + \boldsymbol{y}\|^2 + \|\boldsymbol{x} - \boldsymbol{y}\|^2 = 2\left(\|\boldsymbol{x}\|^2 + \|\boldsymbol{y}\|^2\right)$$

がなりたつことを示せ. これを**中線定理**という (**図 13.2**) [4].

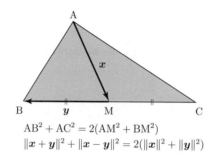

$$AB^2 + AC^2 = 2(AM^2 + BM^2)$$
$$\|\boldsymbol{x} + \boldsymbol{y}\|^2 + \|\boldsymbol{x} - \boldsymbol{y}\|^2 = 2(\|\boldsymbol{x}\|^2 + \|\boldsymbol{y}\|^2)$$

図 13.2　中線定理

問 13.3　$(V, \langle\, ,\, \rangle)$ を複素内積空間, W を V の部分空間とする. このとき, $W^{\perp} \subset V$ を

$$W^{\perp} = \{\boldsymbol{x} \in V \mid 任意の\ \boldsymbol{y} \in W\ に対して, \ \langle \boldsymbol{x}, \boldsymbol{y} \rangle = 0\}$$

により定める. $W^{\perp}$ は V の部分空間であることを示せ. $W^{\perp}$ を W の**直交補空間**という.   [⇨ 13・4]

---

4)　ノルム空間に対して, 中線定理がなりたつこととノルムが内積またはエルミート内積から定められることは同値となる [⇨ [笠原] 定理 2.2, 定理 7.4].

§14 正規直交基底

- 複素内積空間の**正規直交基底**はエルミート内積に関して，互いに直交し，それぞれのノルムが1となる.
- $\mathbf{C}^n$ の**標準基底**は標準エルミート内積に関して正規直交基底である.
- **グラム–シュミットの直交化法**を用いると，複素内積空間の基底から正規直交基底を構成することができる.
- 複素内積空間の線形変換でエルミート内積を保つものを**ユニタリ変換**という.
- 標準エルミート内積をもつ $\mathbf{C}^n$ のユニタリ変換は $\mathbf{C}^n$ のベクトルに**ユニタリ行列**をかけることで表される.

14・1 複素内積空間の正規直交基底

実内積空間の場合と同様に ［⇨［藤岡1］§23］，複素内積空間の場合についても，正規直交基底という特別な基底を考えることができる. なお， §14 では，ベクトル空間は有限次元であるとする.

定義 14.1

$(V, \langle\ ,\ \rangle)$ を複素内積空間，$\{\boldsymbol{a}_1, \boldsymbol{a}_2, \cdots, \boldsymbol{a}_n\}$ を V の基底とする. 任意の $j, k = 1, 2, \cdots, n$ に対して，

$$\langle \boldsymbol{a}_j, \boldsymbol{a}_k \rangle = \delta_{jk} = \begin{cases} 1 & (j = k), \\ 0 & (j \neq k) \end{cases} \tag{14.1}$$

となるとき[1]，$\{\boldsymbol{a}_1, \boldsymbol{a}_2, \cdots, \boldsymbol{a}_n\}$ を V の**正規直交基底**という.

---

[1]　とくに，$\|\boldsymbol{a}_j\| = 1$ である.

例 14.1（$\mathbf{C}^n$ の基本ベクトルと標準基底） $\mathbf{R}^n$ の場合と同様に，$\mathbf{C}^n$ の場合についても，基本ベクトルや標準基底を考えることができる.

まず，$e_1, e_2, \cdots, e_n \in \mathbf{C}^n$ を

$$
e_1 = \begin{pmatrix} 1 \\ 0 \\ \vdots \\ 0 \end{pmatrix}, \quad e_2 = \begin{pmatrix} 0 \\ 1 \\ \vdots \\ 0 \end{pmatrix}, \quad \cdots, \quad e_n = \begin{pmatrix} 0 \\ 0 \\ \vdots \\ 1 \end{pmatrix} \tag{14.2}
$$

により定める. すなわち，$j = 1, 2, \cdots, n$ に対して，e_j は第 j 成分が 1 であり，その他の成分は 0 である. $e_1, e_2, \cdots, e_n$ を $\mathbf{C}^n$ の**基本ベクトル**という. このとき，$\{e_1, e_2, \cdots, e_n\}$ は $\mathbf{C}^n$ の基底となる. $\{e_1, e_2, \cdots, e_n\}$ を $\mathbf{C}^n$ の**標準基底**という. ここで，$\mathbf{C}^n$ の標準エルミート内積 $\langle \ , \ \rangle$ を考える [$\Rightarrow$ 例 13.1]. このとき，$\{e_1, e_2, \cdots, e_n\}$ は $\mathbf{C}^n$ の正規直交基底となる. ◆

14・2 グラム–シュミットの直交化法

実内積空間の場合と同様に，複素内積空間の場合についても，あたえられた基底から正規直交基底を構成することができる.

┌─ **定理 14.1（グラム–シュミットの直交化法）（重要）** ─────

$(V, \langle \ , \ \rangle)$ を複素内積空間，$\{a_1, a_2, \cdots, a_n\}$ を V の基底とし，$b_1, b_2, \cdots, b_n \in V$ を次のように定める（**図 14.1**）.

$$
b_1 = \frac{1}{\|a_1\|} a_1, \tag{14.3}
$$

$$
b_2' = a_2 - \langle a_2, b_1 \rangle b_1, \tag{14.4}
$$

$$
b_2 = \frac{1}{\|b_2'\|} b_2', \tag{14.5}
$$

$$
\vdots
$$

$$
b_j' = a_j - \langle a_j, b_1 \rangle b_1 - \cdots - \langle a_j, b_{j-1} \rangle b_{j-1}, \tag{14.6}
$$

$$b_j = \frac{1}{\|b_j'\|} b_j', \tag{14.7}$$

$$\vdots$$

$$b_n' = a_n - \langle a_n, b_1 \rangle b_1 - \cdots - \langle a_n, b_{n-1} \rangle b_{n-1}, \tag{14.8}$$

$$b_n = \frac{1}{\|b_n'\|} b_n'. \tag{14.9}$$

このとき, $\{b_1, b_2, \cdots, b_n\}$ は V の正規直交基底となる[2]. さらに, $j = 1, 2, \cdots, n$ に対して,

$$\langle b_1, b_2, \cdots, b_j \rangle_{\mathrm{C}} = \langle a_1, a_2, \cdots, a_j \rangle_{\mathrm{C}} \tag{14.10}$$

がなりたつ $[\Rightarrow (2.13)]$.

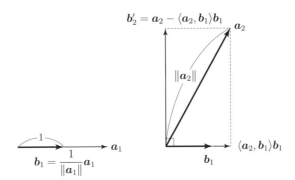

図 14.1 グラム–シュミットの直交化法

例題 14.1 $a_1, a_2 \in \mathrm{C}^2$ を

$$a_1 = \begin{pmatrix} 1 \\ i \end{pmatrix}, \qquad a_2 = \begin{pmatrix} i \\ 2 \end{pmatrix} \tag{14.11}$$

により定める.

---

[2] b_j' から b_j を作るときのように, ベクトルをそのノルムで割る手続きを**正規化**という.

(1) $| \ \boldsymbol{a}_1 \quad \boldsymbol{a}_2 \ | \neq 0$ であることを示せ. とくに, $\{\boldsymbol{a}_1, \boldsymbol{a}_2\}$ は $\mathbf{C}^2$ の基底となる.

(2) $\mathbf{C}^2$ の標準エルミート内積を考える. グラム–シュミットの直交化法 (定理 14.1) を用いて, 基底 $\{\boldsymbol{a}_1, \boldsymbol{a}_2\}$ から正規直交基底 $\{\boldsymbol{b}_1, \boldsymbol{b}_2\}$ を求めよ.

解 (1) $| \ \boldsymbol{a}_1 \quad \boldsymbol{a}_2 \ | = \begin{vmatrix} 1 & i \\ i & 2 \end{vmatrix} = 1 \cdot 2 - i \cdot i = 2 - (-1) = 3 \neq 0$ である.

(2) グラム–シュミットの直交化法 (定理 14.1) より,

$$\boldsymbol{b}_1 = \frac{1}{\|\boldsymbol{a}_1\|} \boldsymbol{a}_1 \overset{\odot \, (13.14)}{=} \frac{1}{\sqrt{\langle \boldsymbol{a}_1, \boldsymbol{a}_1 \rangle}} \boldsymbol{a}_1 = \frac{1}{\sqrt{1 \cdot 1 + i \cdot \bar{i}}} \begin{pmatrix} 1 \\ i \end{pmatrix}$$
$$= \frac{1}{\sqrt{2}} \begin{pmatrix} 1 \\ i \end{pmatrix}, \tag{14.12}$$

$$\boldsymbol{b}_2' = \boldsymbol{a}_2 - \langle \boldsymbol{a}_2, \boldsymbol{b}_1 \rangle \boldsymbol{b}_1 = \begin{pmatrix} i \\ 2 \end{pmatrix} - \left\langle \begin{pmatrix} i \\ 2 \end{pmatrix}, \frac{1}{\sqrt{2}} \begin{pmatrix} 1 \\ i \end{pmatrix} \right\rangle \cdot \frac{1}{\sqrt{2}} \begin{pmatrix} 1 \\ i \end{pmatrix}$$
$$= \begin{pmatrix} i \\ 2 \end{pmatrix} - \frac{1}{2}(i \cdot 1 + 2 \cdot \bar{i}) \begin{pmatrix} 1 \\ i \end{pmatrix} = \begin{pmatrix} i \\ 2 \end{pmatrix} + \frac{i}{2} \begin{pmatrix} 1 \\ i \end{pmatrix}$$
$$= \frac{3}{2} \begin{pmatrix} i \\ 1 \end{pmatrix}, \tag{14.13}$$

$$\boldsymbol{b}_2 = \frac{1}{\|\boldsymbol{b}_2'\|} \boldsymbol{b}_2' \overset{\odot \, (13.14)}{=} \frac{1}{\sqrt{\langle \boldsymbol{b}_2', \boldsymbol{b}_2' \rangle}} \boldsymbol{b}_2' = \frac{1}{\sqrt{i \cdot \bar{i} + 1 \cdot 1}} \begin{pmatrix} i \\ 1 \end{pmatrix}$$
$$= \frac{1}{\sqrt{2}} \begin{pmatrix} i \\ 1 \end{pmatrix} \tag{14.14}$$

である[3]. (14.12), (14.14) より,

---

[3] $\boldsymbol{b}_2$ の計算では, 複素内積空間 V のノルム $\| \ \|$ について, $\frac{1}{\|c\boldsymbol{x}\|} \cdot c\boldsymbol{x} = \frac{1}{\|\boldsymbol{x}\|} \boldsymbol{x}$ $(c > 0,$ $\boldsymbol{x} \in V \setminus \{\boldsymbol{0}\})$ となることを用いた.

$$\{\boldsymbol{b}_1, \boldsymbol{b}_2\} = \left\{ \frac{1}{\sqrt{2}} \begin{pmatrix} 1 \\ i \end{pmatrix}, \frac{1}{\sqrt{2}} \begin{pmatrix} i \\ 1 \end{pmatrix} \right\} \tag{14.15}$$

である. ◇

14・3 ユニタリ変換

実内積空間に対しては，直交変換という内積を保つ線形変換を考えることができた [⇨ [藤岡 1]]．複素内積空間に対しても，エルミート内積を保つ線形変換を考えよう．

定義 14.2

$(V, \langle\ ,\ \rangle)$ を複素内積空間，$f : V \to V$ を V の線形変換とする．任意の $\boldsymbol{x}, \boldsymbol{y} \in V$ に対して，

$$\langle f(\boldsymbol{x}), f(\boldsymbol{y}) \rangle = \langle \boldsymbol{x}, \boldsymbol{y} \rangle \tag{14.16}$$

がなりたつとき，f を**ユニタリ変換**という [4]．

複素内積空間の線形変換がユニタリ変換であることと同値な命題について述べる前に，1 つ言葉を用意しておこう．

定義 14.3

複素行列 A に対して，

$$A^* = {}^t\left(\overline{A}\right) \tag{14.17}$$

とおく．すなわち，A^* は A のすべての成分の共役をとることによって得られる行列の転置行列である．A^* を A の**随伴行列**（または**エルミート共役**，**エルミート随伴**，**エルミート転置**）という．

---

[4] f が線形変換であると仮定しなくとも，(14.16) の条件から f は線形変換となることが導かれる [⇨ 問 14.2]．

注意 14.1 A を m 行 n 列の複素行列とすると, A^* は n 行 m 列である. また,

$$A^* = {}^t\!\left(\overline{A}\right) = \overline{{}^t\!A} \tag{14.18}$$

である. さらに, $(A^*)^* = A$ であり, 転置行列の場合と同様に,

$$(A+B)^* = A^* + B^*, \quad (AB)^* = B^*A^*, \quad (cA)^* = \bar{c}A^* \tag{14.19}$$

がなりたつ (✍). ただし, (14.19) の第1式, 第2式の行列 A, B は和や積の演算が定義できる型 (サイズ) であるとする.

それでは, 次の定理 14.2 を示そう.

定理 14.2 (重要)

$(V, \langle\,,\,\rangle)$ を複素内積空間, $f : V \to V$ を V の線形変換, $\{\boldsymbol{a}_1, \boldsymbol{a}_2, \cdots, \boldsymbol{a}_n\}$ を V の正規直交基底とする. このとき, 次の (1)～(4) は互いに同値である.

(1) f はユニタリ変換である.

(2) 任意の $\boldsymbol{x} \in V$ に対して, $\|f(\boldsymbol{x})\| = \|\boldsymbol{x}\|$ である.

(3) $\{f(\boldsymbol{a}_1), f(\boldsymbol{a}_2), \cdots, f(\boldsymbol{a}_n)\}$ は V の正規直交基底である.
  すなわち,
$$\langle f(\boldsymbol{a}_j), f(\boldsymbol{a}_k)\rangle = \delta_{jk} \qquad (j, k = 1, 2, \cdots, n) \tag{14.20}$$
  がなりたつ $[\Rightarrow (14.1)]$.

(4) A を正規直交基底 $\{\boldsymbol{a}_1, \boldsymbol{a}_2, \cdots, \boldsymbol{a}_n\}$ に関する f の表現行列とすると, $A^*A = E$ である.

証明 (1) $\Rightarrow$ (2), (2) $\Rightarrow$ (3), (3) $\Rightarrow$ (4), (4) $\Rightarrow$ (1) の順に示す.

(1) $\Rightarrow$ (2) (14.16) において, $\boldsymbol{x} = \boldsymbol{y}$ とすると, (13.14) より, (2) がなりたつ.

(2) $\Rightarrow$ (3) $j, k = 1, 2, \cdots, n$ とすると,

$$\left\|f(\boldsymbol{a}_j - \boldsymbol{a}_k)\right\|^2 \overset{\odot\,(2)}{=} \|\boldsymbol{a}_j - \boldsymbol{a}_k\|^2 \overset{\odot\,(13.14)}{=} \langle \boldsymbol{a}_j - \boldsymbol{a}_k, \boldsymbol{a}_j - \boldsymbol{a}_k \rangle$$

$$= \langle \boldsymbol{a}_j, \boldsymbol{a}_j \rangle - \langle \boldsymbol{a}_j, \boldsymbol{a}_k \rangle - \langle \boldsymbol{a}_k, \boldsymbol{a}_j \rangle + \langle \boldsymbol{a}_k, \boldsymbol{a}_k \rangle$$

$$(\odot\ \text{半線形性 (定義 13.1 (2)), 定理 13.1 (1))}$$

$$\overset{\odot\,(14.1)}{=} 2 - 2\delta_{jk} \tag{14.21}$$

である. 同様に計算すると,

$$\left\|f(\boldsymbol{a}_j - i\boldsymbol{a}_k)\right\|^2 = 2 \tag{14.22}$$

となる (✍). 一方, 同様に計算すると,

$$\left\|f(\boldsymbol{a}_j - \boldsymbol{a}_k)\right\|^2 = \left\|f(\boldsymbol{a}_j) - f(\boldsymbol{a}_k)\right\|^2 \quad (\odot\ f\ \text{は線形変換})$$

$$= \left\|f(\boldsymbol{a}_j)\right\|^2 - 2\,\mathrm{Re}\,\langle f(\boldsymbol{a}_j), f(\boldsymbol{a}_k)\rangle + \left\|f(\boldsymbol{a}_k)\right\|^2$$

$$\overset{\odot\,(2)}{=} \left\|\boldsymbol{a}_j\right\|^2 - 2\,\mathrm{Re}\,\langle f(\boldsymbol{a}_j), f(\boldsymbol{a}_k)\rangle + \left\|\boldsymbol{a}_k\right\|^2$$

$$\overset{\odot\,(14.1)}{=} 2 - 2\,\mathrm{Re}\,\langle f(\boldsymbol{a}_j), f(\boldsymbol{a}_k)\rangle, \tag{14.23}$$

$$\left\|f(\boldsymbol{a}_j - i\boldsymbol{a}_k)\right\|^2 = 2 - 2\,\mathrm{Im}\,\langle f(\boldsymbol{a}_j), f(\boldsymbol{a}_k)\rangle \tag{14.24}$$

となる (✍). ただし, Im は複素数に対する虚部を表す. (14.21)〜(14.24) より, (14.20) がなりたつ. すなわち, (3) がなりたつ.

(3) ⇒ (4)　まず, 表現行列の定義より,

$$\begin{pmatrix} f(\boldsymbol{a}_1) & f(\boldsymbol{a}_2) & \cdots & f(\boldsymbol{a}_n) \end{pmatrix} = \begin{pmatrix} \boldsymbol{a}_1 & \boldsymbol{a}_2 & \cdots & \boldsymbol{a}_n \end{pmatrix} A \tag{14.25}$$

と表される. すなわち, A の (j, k) 成分を a_{jk} とおくと, $j = 1, 2, \cdots, n$ に対して,

$$f(\boldsymbol{a}_j) = \sum_{k=1}^{n} a_{kj}\boldsymbol{a}_k \tag{14.26}$$

である. よって, $j, k = 1, 2, \cdots, n$ とすると,

$$\delta_{jk} \overset{\odot\,(14.20)}{=} \langle f(\boldsymbol{a}_j), f(\boldsymbol{a}_k)\rangle \overset{\odot\,(14.26)}{=} \left\langle \sum_{l=1}^{n} a_{lj}\boldsymbol{a}_l, \sum_{m=1}^{n} a_{mk}\boldsymbol{a}_m \right\rangle$$

$$\overset{\odot\,(13.1),\,(13.11)}{=} \sum_{l,m=1}^{n} a_{lj}\overline{a_{mk}}\langle \boldsymbol{a}_l, \boldsymbol{a}_m\rangle \overset{\odot\,(14.1)}{=} \sum_{l,m=1}^{n} a_{lj}\overline{a_{mk}}\delta_{lm}$$

$$= \sum_{l=1}^{n} a_{lj}\overline{a_{lk}} \tag{14.27}$$

となる. すなわち, (14.27) の共役をとることにより,

$$\sum_{l=1}^{n} \overline{a_{lj}} a_{lk} = \delta_{jk} \tag{14.28}$$

となる．(14.28) は $A^*A = E$ と同値なので，(4) がなりたつ．

 (4) ⇒ (1) $\boldsymbol{x}, \boldsymbol{y} \in V$ とすると，$\{\boldsymbol{a}_1, \boldsymbol{a}_2, \cdots, \boldsymbol{a}_n\}$ が V の基底であることより，ある $c_1, c_2, \cdots, c_n, d_1, d_2, \cdots, d_n \in \mathbf{C}$ が存在し，

$$\boldsymbol{x} = \sum_{j=1}^{n} c_j \boldsymbol{a}_j, \qquad \boldsymbol{y} = \sum_{k=1}^{n} d_k \boldsymbol{a}_k \tag{14.29}$$

となる．このとき，

$$\langle \boldsymbol{x}, \boldsymbol{y} \rangle = \left\langle \sum_{j=1}^{n} c_j \boldsymbol{a}_j, \sum_{k=1}^{n} d_k \boldsymbol{a}_k \right\rangle \overset{\odot (13.1),(13.11)}{=} \sum_{j,k=1}^{n} c_j \overline{d_k} \langle \boldsymbol{a}_j, \boldsymbol{a}_k \rangle \tag{14.30}$$
$$\overset{\odot (14.1)}{=} \sum_{j,k=1}^{n} c_j \overline{d_k} \delta_{jk} = \sum_{j=1}^{n} c_j \overline{d_j}$$

である．また，(3) ⇒ (4) の証明と同じ記号を用いて計算すると，

$$\langle f(\boldsymbol{x}), f(\boldsymbol{y}) \rangle \overset{\odot (14.29)}{=} \left\langle f\left(\sum_{j=1}^{n} c_j \boldsymbol{a}_j\right), f\left(\sum_{k=1}^{n} d_k \boldsymbol{a}_k\right) \right\rangle$$

$$= \left\langle \sum_{j=1}^{n} c_j f(\boldsymbol{a}_j), \sum_{k=1}^{n} d_k f(\boldsymbol{a}_k) \right\rangle \quad (\odot \ f \text{ は線形変換})$$

$$\overset{\odot (13.1),(13.11)}{=} \sum_{j,k=1}^{n} c_j \overline{d_k} \langle f(\boldsymbol{a}_j), f(\boldsymbol{a}_k) \rangle$$

$$\overset{\odot (4),(14.27),(14.28)}{=} \sum_{j,k=1}^{n} c_j \overline{d_k} \delta_{jk}$$

$$= \sum_{j=1}^{n} c_j \overline{d_j} \tag{14.31}$$

となる．(14.30), (14.31) より，(14.16) がなりたつ．すなわち，(1) がなりたつ．

◇

 注意 14.2 $A \in M_n(\mathbf{C})$ が

$$AA^* = A^*A = E \tag{14.32}$$

をみたすとき，A を**ユニタリ行列**という．(14.32) の条件は $AA^* = E$ または $A^*A = E$ と同値であり，このとき，$A^* = A^{-1}$ でもある．よって，定理 14.2 の (4) の条件は f の表現行列 A がユニタリ行列であるということである．

標準エルミート内積をもつ $\mathbf{C}^n$ に対しては，次の定理 14.3 がなりたつ．

定理 14.3（重要）

$A \in M_n(\mathbf{C})$ に対して，線形変換 $f_A : \mathbf{C}^n \to \mathbf{C}^n$ を

$$f_A(\boldsymbol{x}) = A\boldsymbol{x} \qquad (\boldsymbol{x} \in \mathbf{C}^n) \tag{14.33}$$

により定め，$\mathbf{C}^n$ の標準エルミート内積 $\langle\ ,\ \rangle$ を考える．このとき，次の (1)～(3) は互いに同値である．

(1) f_A はユニタリ変換である．

(2) A はユニタリ行列である．

(3) A の n 個の列ベクトルは $\mathbf{C}^n$ の正規直交基底である．

すなわち，A を列ベクトルを用いて

$$A = \begin{pmatrix} \boldsymbol{a}_1 & \boldsymbol{a}_2 & \cdots & \boldsymbol{a}_n \end{pmatrix} \tag{14.34}$$

と表しておくと，

$$\langle \boldsymbol{a}_j, \boldsymbol{a}_k \rangle = \delta_{jk} \qquad (j, k = 1, 2, \cdots, n) \tag{14.35}$$

がなりたつ $[\Rightarrow (14.1)]$．

[証明] (1) $\Rightarrow$ (2)，(2) $\Rightarrow$ (3)，(3) $\Rightarrow$ (1) の順に示す．A の (j, k) 成分を a_{jk} とおく．

(1) $\Rightarrow$ (2) $\boldsymbol{e}_1, \boldsymbol{e}_2, \cdots, \boldsymbol{e}_n$ を $\mathbf{C}^n$ の基本ベクトルとする $[\Rightarrow$ **例 14.1** $]$．$j, k = 1, 2, \cdots, n$ とすると，

$$\delta_{jk} \overset{\odot\,(1)}{=} \langle \boldsymbol{e}_j, \boldsymbol{e}_k \rangle \overset{\odot\,(1)}{=} \langle f_A(\boldsymbol{e}_j), f_A(\boldsymbol{e}_k) \rangle \overset{\odot\,(14.33)}{=} \langle A\boldsymbol{e}_j, A\boldsymbol{e}_k \rangle$$

$$= \left\langle \begin{pmatrix} a_{1j} \\ a_{2j} \\ \vdots \\ a_{nj} \end{pmatrix}, \begin{pmatrix} a_{1k} \\ a_{2k} \\ \vdots \\ a_{nk} \end{pmatrix} \right\rangle \overset{(13.2)}{=} \sum_{l=1}^{n} a_{lj}\overline{a_{lk}} \tag{14.36}$$

となる. すなわち, (14.36) の共役をとることにより,

$$\sum_{l=1}^{n} \overline{a_{lj}}a_{lk} = \delta_{jk} \tag{14.37}$$

となる. (14.37) は $A^*A = E$ と同値なので, (2) がなりたつ.

$\boxed{(2) \Rightarrow (3)}$ (2) より, (14.37) がなりたつ. よって, (14.36) の計算より, (3) がなりたつ.

$\boxed{(3) \Rightarrow (1)}$ (3) および (14.36) の計算より, $\{f_A(\boldsymbol{e}_1), f_A(\boldsymbol{e}_2), \cdots, f_A(\boldsymbol{e}_n)\}$ は $\mathbf{C}^n$ の正規直交基底となる. よって, 定理 14.2 の (3) $\Leftrightarrow$ (1) より, (1) がなりたつ.   ◇

§14 の問題

確認問題

$\boxed{\text{問 14.1}}$ $\boldsymbol{a}_1, \boldsymbol{a}_2, \boldsymbol{a}_3 \in \mathbf{C}^3$ を

$$\boldsymbol{a}_1 = \begin{pmatrix} i \\ 1 \\ 1 \end{pmatrix}, \quad \boldsymbol{a}_2 = \begin{pmatrix} 1 \\ i \\ 1 \end{pmatrix}, \quad \boldsymbol{a}_3 = \begin{pmatrix} 1 \\ 1 \\ i \end{pmatrix}$$

により定める.

(1) $|\; \boldsymbol{a}_1 \quad \boldsymbol{a}_2 \quad \boldsymbol{a}_3 \;| \neq 0$ であることを示せ. とくに, $\{\boldsymbol{a}_1, \boldsymbol{a}_2, \boldsymbol{a}_3\}$ は $\mathbf{C}^3$ の基底となる.

(2) $\mathbf{C}^3$ の標準エルミート内積を考える. グラム–シュミットの直交化法 (定理 14.1) を用いて, 基底 $\{\boldsymbol{a}_1, \boldsymbol{a}_2, \boldsymbol{a}_3\}$ から正規直交基底 $\{\boldsymbol{b}_1, \boldsymbol{b}_2, \boldsymbol{b}_3\}$ を求めよ.   □□□ [⇨ $\boxed{14 \cdot 2}$]

基本問題

問 14.2　$(V, \langle\,,\,\rangle)$ を複素内積空間, $f : V \to V$ を写像とする. 任意の $\boldsymbol{x}, \boldsymbol{y} \in V$ に対して,

$$\langle f(\boldsymbol{x}), f(\boldsymbol{y}) \rangle = \langle \boldsymbol{x}, \boldsymbol{y} \rangle$$

がなりたつならば, f は線形変換であることを示せ.　☐☐☐ [⇨ **14・3**]

問 14.3　$(V, \langle\,,\,\rangle)$ を複素内積空間とし, $f : V \to V$ を $f(\boldsymbol{0}) = \boldsymbol{0}$ であり, 任意の $\boldsymbol{x}, \boldsymbol{y} \in V$ に対して,

$$\|f(\boldsymbol{x}) - f(\boldsymbol{y})\| = \|\boldsymbol{x} - \boldsymbol{y}\|$$

がなりたつ写像とする.

(1)　任意の $\boldsymbol{x} \in V$ に対して, $\|f(\boldsymbol{x})\| = \|\boldsymbol{x}\|$ であることを示せ.

(2)　任意の $\boldsymbol{x}, \boldsymbol{y} \in V$ に対して,

$$\operatorname{Re} \langle f(\boldsymbol{x}), f(\boldsymbol{y}) \rangle = \operatorname{Re} \langle \boldsymbol{x}, \boldsymbol{y} \rangle$$

がなりたつことを示せ.

(3)　$V = \mathbf{C}$ とし, $\langle\,,\,\rangle$ を $\mathbf{C}$ の標準エルミート内積とすると, $f(0) = 0$ であり, 任意の $z, w \in \mathbf{C}$ に対して,

$$\bigl|f(z) - f(w)\bigr| = |z - w|$$

がなりたつ写像 $f : \mathbf{C} \to \mathbf{C}$ を

$$f(z) = i\bar{z} \qquad (z \in \mathbf{C})$$

により定めることができる. このとき, 等式

$$\operatorname{Im} \langle f(z), f(w) \rangle + \operatorname{Im} \langle z, w \rangle = 0$$

がなりたつことを示せ.　☐☐☐ [⇨ **14・3**]

問 14.4　$\mathbf{C}^n$ の標準エルミート内積を考える. $A \in M_n(\mathbf{C})$ とすると, 任意の $\boldsymbol{x}, \boldsymbol{y} \in \mathbf{C}^n$ に対して,

$$\langle \boldsymbol{x}, A\boldsymbol{y} \rangle = \langle A^*\boldsymbol{x}, \boldsymbol{y} \rangle$$

がなりたつことを示せ. □□□□ [⇨ **14・3**]

問 14.5 m 行 n 列の複素行列全体の集合を $M_{m,n}(\mathbf{C})$ と表すと, $M_{m,n}(\mathbf{C})$ は行列としての和およびスカラー倍により, $\mathbf{C}$ 上のベクトル空間となる. さらに, $X, Y \in M_{m,n}(\mathbf{C})$ とすると, $\langle X, Y \rangle \in \mathbf{C}$ を

$$\langle X, Y \rangle = \mathrm{tr}\,(XY^*)$$

により定めることができる. ただし, $A \in M_n(\mathbf{C})$ に対して, $\mathrm{tr}\,A$ は A のトレースである. このとき, $\big(M_{m,n}(\mathbf{C}), \langle\ ,\ \rangle\big)$ は複素内積空間となることを示せ.

□□□ [⇨ **14・3**]

問 14.6 次の問に答えよ.

(1) n 次のユニタリ行列全体の集合を $\mathrm{U}(n)$ と表す. $\mathrm{U}(1)$ の元はどのようなものであるかを調べよ.

(2) $A \in \mathrm{U}(2)$ とすると, A は

$$A = \lambda \begin{pmatrix} a & b \\ -\bar{b} & \bar{a} \end{pmatrix} \qquad (\lambda, a, b \in \mathbf{C},\ |\lambda| = 1,\ |a|^2 + |b|^2 = 1)$$

と表されることを示せ.

(3) $A, B \in \mathrm{U}(n)$ ならば, $AB \in \mathrm{U}(n)$ であることを示せ.

(4) $A \in \mathrm{U}(n)$ ならば, A は正則であり, $A^{-1} \in \mathrm{U}(n)$ であることを示せ[5].

□□□ [⇨ **14・3**]

---

[5] $\mathrm{U}(n)$ は行列の積により, **群**となる [⇨ [藤岡 1] **問 23.2** 補足]. $\mathrm{U}(n)$ を**ユニタリ群**という.

§15 正規行列の対角化

§15のポイント

- 正方行列に対して，ユニタリ行列によって対角化可能であることと**正規行列**であることは同値である.
- 正規行列を対角化するユニタリ行列は，各固有値に対する固有空間の正規直交基底を並べたものである.
- ユニタリ行列，**エルミート行列**，**歪エルミート行列**，直交行列，対称行列，交代行列は正規行列である.

15・1 ユニタリ行列による上三角化

1・1 の最初に述べたことを思い出そう．すなわち，ベクトル空間の線形変換に対する表現行列は基底の取り替えによって，A から $P^{-1}AP$ というように変わるのであった．ここで，A は始めに選んだ基底に関する表現行列であり，P は基底の取り替えを表す基底変換行列である．一方，定理 14.2 より，複素内積空間の正規直交基底の取り替えをあたえる線形変換はユニタリ変換であり，その表現行列はユニタリ行列となる．そこで，**§15** では，複素正方行列がユニタリ行列によって対角化可能となるための条件について考えよう．

まず，定理 2.1 では，任意の複素正方行列は上三角化されることを示したが，実は，任意の複素正方行列はユニタリ行列によって上三角化される．すなわち，次の定理 15.1 がなりたつ．証明は定理 2.1 とほとんど同様であり，定理 14.3 の $(2) \Leftrightarrow (3)$ に注意し，基底を正規直交基底となるように選び直せばよい（✍）．

定理 15.1（重要）

任意の $A \in M_n(\mathbf{C})$ に対して，あるユニタリ行列 $P \in M_n(\mathbf{C})$ が存在し，$P^{-1}AP$ は上三角行列となる．

15・2 ユニタリ行列による対角化

まず，$A \in M_n(\mathbf{C})$ とし，A がユニタリ行列 $P \in M_n(\mathbf{C})$ によって

$$
P^{-1}AP = \begin{pmatrix} \lambda_1 & & & 0 \\ & \lambda_2 & & \\ & & \ddots & \\ 0 & & & \lambda_n \end{pmatrix} \qquad (\lambda_1, \lambda_2, \cdots, \lambda_n \in \mathbf{C}) \qquad (15.1)
$$

と対角化されると仮定しよう．なお，P はユニタリ行列なので，$P^{-1} = P^*$ である ［⇨ 注意 14.2］．このとき，(15.1) の両辺の随伴行列を考えると，

$$
\begin{pmatrix} \overline{\lambda_1} & & & 0 \\ & \overline{\lambda_2} & & \\ & & \ddots & \\ 0 & & & \overline{\lambda_n} \end{pmatrix} = \left(P^{-1}AP\right)^* \overset{\odot\ P^{-1}=P^*}{=} \left(P^*AP\right)^* \tag{15.2}
$$

$$
\overset{\odot\ (14.19)\ 第2式}{=} P^*A^*(P^*)^* \overset{\odot\ P^{-1}=P^*}{=} P^{-1}A^*P
$$

である．(15.1), (15.2) より，

$$
\left(P^{-1}AP\right)\left(P^{-1}A^*P\right) = \left(P^{-1}A^*P\right)\left(P^{-1}AP\right)
$$

$$
= \begin{pmatrix} |\lambda_1|^2 & & & 0 \\ & |\lambda_2|^2 & & \\ & & \ddots & \\ 0 & & & |\lambda_n|^2 \end{pmatrix}, \tag{15.3}
$$

すなわち，

$$
P^{-1}AA^*P = P^{-1}A^*AP = \begin{pmatrix} |\lambda_1|^2 & & & 0 \\ & |\lambda_2|^2 & & \\ & & \ddots & \\ 0 & & & |\lambda_n|^2 \end{pmatrix} \tag{15.4}
$$

となる．よって，A は等式

$$
AA^* = A^*A \tag{15.5}
$$

をみたす．

(15.5) をみたす $A \in M_n(\mathbf{C})$ を**正規行列**という．上で示したこととは逆に，正

規行列はユニタリ行列によって対角化され，次の定理 15.2 がなりたつ．なお，正規行列の例としては，ユニタリ行列，対称行列，交代行列，直交行列などが挙げられるが，詳しくは 15・4 および §16 で述べる．

定理 15.2（重要）

$A \in M_n(\mathbf{C})$ とすると，

　　A はユニタリ行列によって対角化される $\iff$ A は正規行列である

証明　**必要性 ($\Rightarrow$)**　(15.1)〜(15.5) の計算で示した．

十分性 ($\Leftarrow$)　A が正規行列であると仮定する．定理 15.1 より，あるユニタリ行列 $P \in M_n(\mathbf{C})$ が存在し，

$$P^{-1}AP = \begin{pmatrix} \lambda_1 & b_{12} & \cdots & b_{1n} \\ 0 & \lambda_2 & \cdots & b_{2n} \\ \vdots & \vdots & \ddots & \vdots \\ 0 & 0 & \cdots & \lambda_n \end{pmatrix} \tag{15.6}$$

となる．ただし，$\lambda_j \in \mathbf{C}$ $(j = 1, 2, \cdots, n)$, $b_{jk} \in \mathbf{C}$ $(j, k = 1, 2, \cdots, n, j < k)$ である．(15.6) の両辺の随伴行列を考えると，

$$P^{-1}A^*P = \begin{pmatrix} \overline{\lambda_1} & 0 & \cdots & 0 \\ \overline{b_{12}} & \overline{\lambda_2} & \cdots & 0 \\ \vdots & \vdots & \ddots & \vdots \\ \overline{b_{1n}} & \overline{b_{2n}} & \cdots & \overline{\lambda_n} \end{pmatrix} \tag{15.7}$$

となる $[\Rightarrow(15.2)]$．(15.6), (15.7) より，

$$P^{-1}AA^*P = \left(P^{-1}AP\right)\left(P^{-1}A^*P\right)$$
$$= \begin{pmatrix} \lambda_1 & b_{12} & \cdots & b_{1n} \\ 0 & \lambda_2 & \cdots & b_{2n} \\ \vdots & \vdots & \ddots & \vdots \\ 0 & 0 & \cdots & \lambda_n \end{pmatrix} \begin{pmatrix} \overline{\lambda_1} & 0 & \cdots & 0 \\ \overline{b_{12}} & \overline{\lambda_2} & \cdots & 0 \\ \vdots & \vdots & \ddots & \vdots \\ \overline{b_{1n}} & \overline{b_{2n}} & \cdots & \overline{\lambda_n} \end{pmatrix}$$

$$
= \begin{pmatrix} |\lambda_1|^2 + \sum_{k=2}^{n} |b_{1k}|^2 & & & \text{\Large *} \\ & |\lambda_2|^2 + \sum_{k=3}^{n} |b_{2k}|^2 & & \\ & & \ddots & \\ & \text{\Large *} & & |\lambda_n|^2 \end{pmatrix}
$$

$$(15.8)$$

となる. また,

$$
P^{-1}A^*AP = \left(P^{-1}A^*P\right)\left(P^{-1}AP\right)
$$

$$
= \begin{pmatrix} \overline{\lambda_1} & 0 & \cdots & 0 \\ \overline{b_{12}} & \overline{\lambda_2} & \cdots & 0 \\ \vdots & \vdots & \ddots & \vdots \\ \overline{b_{1n}} & \overline{b_{2n}} & \cdots & \overline{\lambda_n} \end{pmatrix} \begin{pmatrix} \lambda_1 & b_{12} & \cdots & b_{1n} \\ 0 & \lambda_2 & \cdots & b_{2n} \\ \vdots & \vdots & \ddots & \vdots \\ 0 & 0 & \cdots & \lambda_n \end{pmatrix}
$$

$$
= \begin{pmatrix} |\lambda_1|^2 & & & \text{\Large *} \\ & |b_{12}|^2 + |\lambda_2|^2 & & \\ & & \ddots & \\ \text{\Large *} & & & \sum_{j=1}^{n-1} |b_{jn}|^2 + |\lambda_n|^2 \end{pmatrix} \quad (15.9)
$$

となる. 仮定より, A は正規行列なので, (15.5) より, (15.8) と (15.9) は等しい. とくに, 対角成分に注目すると,

$$
|\lambda_1|^2 + \sum_{k=2}^{n} |b_{1k}|^2 = |\lambda_1|^2, \quad |\lambda_2|^2 + \sum_{k=3}^{n} |b_{2k}|^2 = |b_{12}|^2 + |\lambda_2|^2,
$$

$$(15.10)$$

$$
\cdots, \quad |\lambda_n|^2 = \sum_{j=1}^{n-1} |b_{jn}|^2 + |\lambda_n|^2
$$

である. よって, すべての $j, k = 1, 2, \cdots, n, \; j < k$ に対して, $b_{jk} = 0$ となる. したがって, (15.6) より,

$$
P^{-1}AP = \begin{pmatrix} \lambda_1 & & & \text{\Large 0} \\ & \lambda_2 & & \\ & & \ddots & \\ \text{\Large 0} & & & \lambda_n \end{pmatrix}
$$

$$(15.11)$$

となり，A はユニタリ行列 P によって対角化される．   ◇

以下では，$\mathbf{C}^n$ の標準エルミート内積 $\langle\,,\,\rangle$ を考える $[\Rightarrow \boxed{\textbf{例 13.1}}]$．このとき，正規行列の固有ベクトルに関して，次の定理 15.3 がなりたつ．

―― **定理 15.3（重要）** ――――――――――――――――――――

$A \in M_n(\mathbf{C})$ を正規行列，$\lambda, \mu \in \mathbf{C}$ を A の異なる固有値，$\boldsymbol{x}, \boldsymbol{y} \in \mathbf{C}^n$ をそれぞれ λ, μ に対する A の固有ベクトルとする．このとき，$\boldsymbol{x}$ と $\boldsymbol{y}$ は直交する．すなわち，$\boldsymbol{x} \perp \boldsymbol{y}$ である．

―――――――――――――――――――――――――――――――――

[証明] 定理 15.2 より，あるユニタリ行列 $P \in M_n(\mathbf{C})$ が存在し，A は P によって (15.11) のように対角化される．このとき，

$$AP = P \begin{pmatrix} \lambda_1 & & & \text{\huge 0} \\ & \lambda_2 & & \\ & & \ddots & \\ \text{\huge 0} & & & \lambda_n \end{pmatrix} \tag{15.12}$$

である．ここで，定理 14.3 の (2) $\Leftrightarrow$ (3) より，P の n 個の列ベクトルは $\mathbf{C}^n$ の正規直交基底である．よって，(15.12) より，A の各固有空間はこの正規直交基底の構成要素から生成され，異なる固有空間のベクトルどうしは互いに直交する．   ◇

定理 15.2，定理 15.3 より，正規行列 A を対角化するユニタリ行列 P は，次の (1)～(5) の手順で求めればよい．

(1) A の固有多項式 $\phi_A(\lambda)$ を計算する．
(2) A の固有方程式 $\phi_A(\lambda) = 0$ を解き，A のすべての互いに異なる固有値 $\lambda_1, \lambda_2, \cdots, \lambda_r$ を求める．
(3) $j = 1, 2, \cdots, r$ とし，グラム–シュミットの直交化法 $[\Rightarrow \textbf{定理 14.1}]$

を用いて，固有値 $\lambda = \lambda_j$ に対する A の固有空間 $W(\lambda_j)$ の正規直交基底を求める．

(4)　(3) で求めた正規直交基底をすべて並べたものを P とおく．このとき，P はユニタリ行列となる．

(5)　A は P によって対角化される．

15・3　ユニタリ行列による対角化の例

それでは，具体的な正規行列をユニタリ行列によって対角化してみよう．

例題 15.1　$a, b \in \mathbf{R}$ とし，2 次の正方行列 $A = \begin{pmatrix} a & b \\ -b & a \end{pmatrix}$ を考える．

(1)　A は正規行列であることを確かめよ．

(2)　A の固有値を求めよ．

(3)　$b \neq 0$ のとき，$P^{-1}AP$ が対角行列となるようなユニタリ行列 P を 1 つ求めよ．

解　(1)　まず，

$$AA^* = \begin{pmatrix} a & b \\ -b & a \end{pmatrix} \begin{pmatrix} a & -b \\ b & a \end{pmatrix} = \begin{pmatrix} a^2 + b^2 & 0 \\ 0 & a^2 + b^2 \end{pmatrix} \tag{15.13}$$

である．また，

$$A^*A = \begin{pmatrix} a & -b \\ b & a \end{pmatrix} \begin{pmatrix} a & b \\ -b & a \end{pmatrix} = \begin{pmatrix} a^2 + b^2 & 0 \\ 0 & a^2 + b^2 \end{pmatrix} \tag{15.14}$$

である．(15.13), (15.14) より，$AA^* = A^*A$ がなりたつので，A は正規行列である．

(2)　A の固有多項式 $\phi_A(\lambda)$ は

$$\phi_A(\lambda) = |\lambda E - A| = \begin{vmatrix} \lambda - a & -b \\ b & \lambda - a \end{vmatrix} = (\lambda - a)^2 + b^2 \qquad (15.15)$$

である. よって, 固有方程式 $\phi_A(\lambda) = 0$ を解くと, A の固有値 λ は $\lambda = a \pm bi$ である.

(3) まず, 固有値 $\lambda = a + bi$ に対する A の固有ベクトルを求める. 同次連立 1 次方程式

$$(\lambda E - A)\boldsymbol{x} = \boldsymbol{0} \qquad (15.16)$$

において $\lambda = a + bi$ を代入し, $\boldsymbol{x} = \begin{pmatrix} x_1 \\ x_2 \end{pmatrix}$ とすると,

$$\{(a + bi)E - A\} \begin{pmatrix} x_1 \\ x_2 \end{pmatrix} = \boldsymbol{0} \qquad (15.17)$$

である. すなわち,

$$\begin{pmatrix} bi & -b \\ b & bi \end{pmatrix} \begin{pmatrix} x_1 \\ x_2 \end{pmatrix} = \begin{pmatrix} 0 \\ 0 \end{pmatrix} \qquad (15.18)$$

である. よって,

$$bix_1 - bx_2 = 0, \qquad bx_1 + bix_2 = 0 \qquad (15.19)$$

となり, $b \neq 0$ より, $c \in \mathbf{C}$ を任意の定数として, $x_1 = c$ とおくと, 解は $x_1 = c$, $x_2 = ci$ である. したがって,

$$\boldsymbol{x} = \begin{pmatrix} x_1 \\ x_2 \end{pmatrix} = \begin{pmatrix} c \\ ci \end{pmatrix} = c \begin{pmatrix} 1 \\ i \end{pmatrix} \qquad (15.20)$$

と表されるので, $c = 1$ としたベクトル $\boldsymbol{q}_1 = \begin{pmatrix} 1 \\ i \end{pmatrix}$ は固有値 $\lambda = a + bi$ に対する A の固有ベクトルである.

次に, 固有値 $\lambda = a - bi$ に対する A の固有ベクトルを求める. 上の計算より,

$$A\boldsymbol{q}_1 = (a + bi)\boldsymbol{q}_1 \qquad (15.21)$$

である. A の成分がすべて実数であることに注意すると,

$$A\overline{\boldsymbol{q}_1} = (a - bi)\overline{\boldsymbol{q}_1} \qquad (15.22)$$

となる. すなわち,

$$A \begin{pmatrix} 1 \\ -i \end{pmatrix} = (a - bi) \begin{pmatrix} 1 \\ -i \end{pmatrix} \tag{15.23}$$

である. よって, ベクトル $\boldsymbol{q}_2 = \begin{pmatrix} 1 \\ -i \end{pmatrix}$ は固有値 $\lambda = a - bi$ に対する A の固有ベクトルである.

上で得られたベクトル $\boldsymbol{q}_1, \boldsymbol{q}_2$ を正規化すると,

$$\boldsymbol{p}_1 = \frac{1}{\|\boldsymbol{q}_1\|} \boldsymbol{q}_1 = \frac{1}{\sqrt{2}} \begin{pmatrix} 1 \\ i \end{pmatrix}, \qquad \boldsymbol{p}_2 = \frac{1}{\|\boldsymbol{q}_2\|} \boldsymbol{q}_2 = \frac{1}{\sqrt{2}} \begin{pmatrix} 1 \\ -i \end{pmatrix} \tag{15.24}$$

となる. これらを並べたものと P とおくと,

$$P = \begin{pmatrix} \boldsymbol{p}_1 & \boldsymbol{p}_2 \end{pmatrix} = \frac{1}{\sqrt{2}} \begin{pmatrix} 1 & 1 \\ i & -i \end{pmatrix} \tag{15.25}$$

である. このとき, P はユニタリ行列なので, 逆行列 P^{-1} をもつ. さらに,

$$P^{-1}AP = \begin{pmatrix} a + bi & 0 \\ 0 & a - bi \end{pmatrix} \tag{15.26}$$

となり, A は P によって対角化される. $\diamondsuit$

15・4 正規行列の例

15・4 では, 重要な正規行列の例を挙げよう.

まず, ユニタリ行列は正規行列である. 実際, $A \in M_n(\mathbf{C})$ をユニタリ行列とすると,

$$AA^* = A^*A = E \tag{15.27}$$

がなりたつからである [⇨ 注意 14.2]. ユニタリ行列の固有値について, 次の定理 15.4 がなりたつ.

定理 15.4（重要）

ユニタリ行列の固有値は絶対値が1の複素数である.

証明　$A \in M_n(\mathbf{C})$ をユニタリ行列，$\lambda \in \mathbf{C}$ を A の固有値，$\boldsymbol{x} \in \mathbf{C}^n$ を固有値 λ に対する A の固有ベクトルとする. このとき，

$$\langle A\boldsymbol{x}, A\boldsymbol{x} \rangle = \langle \lambda\boldsymbol{x}, \lambda\boldsymbol{x} \rangle = \lambda\bar{\lambda}\langle \boldsymbol{x}, \boldsymbol{x} \rangle = |\lambda|^2 \langle \boldsymbol{x}, \boldsymbol{x} \rangle \tag{15.28}$$

となる. 一方，

$$\langle A\boldsymbol{x}, A\boldsymbol{x} \rangle \overset{\odot \, 問14.4}{=} \langle A^*A\boldsymbol{x}, \boldsymbol{x} \rangle \overset{\odot \, (15.27)}{=} \langle E\boldsymbol{x}, \boldsymbol{x} \rangle = \langle \boldsymbol{x}, \boldsymbol{x} \rangle \tag{15.29}$$

である. (15.28), (15.29) より，

$$|\lambda|^2 \langle \boldsymbol{x}, \boldsymbol{x} \rangle = \langle \boldsymbol{x}, \boldsymbol{x} \rangle \tag{15.30}$$

である. ここで，固有ベクトルの定義より，$\boldsymbol{x} \neq \boldsymbol{0}$ である. よって，エルミート内積の正値性（定義 13.1 (3)）より，$\langle \boldsymbol{x}, \boldsymbol{x} \rangle > 0$ である. したがって，(15.30) より，$|\lambda| = 1$ となる. すなわち，ユニタリ行列の固有値は絶対値が1の複素数である. ◇

次に，エルミート行列および歪エルミート行列について，次の定義 15.1 のように定める.

定義 15.1

(1)　$A \in M_n(\mathbf{C})$ が $A^* = A$ をみたすとき，A を**エルミート行列**という.

(2)　$A \in M_n(\mathbf{C})$ が $A^* = -A$ をみたすとき，A を**歪エルミート行列**（または**反エルミート行列**）という.

$A \in M_n(\mathbf{C})$ をエルミート行列とすると，

$$AA^* = A^*A = A^2 \tag{15.31}$$

となるので，エルミート行列は正規行列である. 同様に，歪エルミート行列は正規行列である. さらに，エルミート行列，歪エルミート行列の固有値について，次の定理 15.5 がなりたつ [⇨ 問 15.4 (2), 問 15.5 (2)].

定理15.5（重要）

エルミート行列の固有値は実数である．また，歪エルミート行列の固有値は純虚数である．

ユニタリ行列，エルミート行列，歪エルミート行列はその行列が実行列の場合は，それぞれ直交行列，対称行列，交代行列となる．よって，直交行列，対称行列，交代行列は正規行列である（**図15.1**）．

- ユニタリ行列：$AA^* = A^*A = E$
- エルミート行列：$A^* = A$
- 歪エルミート行列：$A^* = -A$
- 直交行列：$A^t A = {}^t\!AA = E$
- 対称行列：${}^t\!A = A$
- 交代行列：${}^t\!A = -A$

図15.1 これらはすべて正規行列

§15の問題

確認問題

問15.1 正規行列の定義を書け． □□□ [⇨ **15・2**]

問15.2 $a, b \in \mathbf{R}$ とし，2次の正方行列 $A = \begin{pmatrix} ai & b \\ b & ai \end{pmatrix}$ を考える．

(1) A は正規行列であることを確かめよ．

(2) A の固有値を求めよ．

(3) $b \neq 0$ のとき，$P^{-1}AP$ が対角行列となるようなユニタリ行列 P を1つ求めよ． □□□ [⇨ **15・3**]

基本問題

問 15.3　$\theta \in \mathbf{R}$ とし，2 次の正方行列 $A = \begin{pmatrix} \cos\theta & i\sin\theta \\ -i\sin\theta & -\cos\theta \end{pmatrix}$ を考える.

(1)　A はユニタリ行列であることを確かめよ.

(2)　A の固有値を求めよ.

(3)　$0 < \theta < 2\pi$, $\theta \neq \pi$ のとき，$P^{-1}AP$ が対角行列となるようなユニタリ行列 P を 1 つ求めよ.　□□□ [⇨ **15・4**]

問 15.4　次の問に答えよ.

(1)　エルミート行列の定義を書け.

(2)　次の □ をうめることにより，エルミート行列の固有値は実数であることを示せ.

$A \in M_n(\mathbf{C})$ をエルミート行列，$\lambda \in \mathbf{C}$ を A の固有値，$\boldsymbol{x} \in \mathbf{C}^n$ を固有値 λ に対する A の固有ベクトルとする. このとき，

$$\langle \boldsymbol{x}, A\boldsymbol{x} \rangle = \left\langle \boldsymbol{x}, \boxed{①} \boldsymbol{x} \right\rangle = \boxed{②} \langle \boldsymbol{x}, \boldsymbol{x} \rangle$$

となる. 一方，

$$\langle \boldsymbol{x}, A\boldsymbol{x} \rangle \overset{\odot \text{問}14.4}{=} \left\langle \boxed{③} \boldsymbol{x}, \boldsymbol{x} \right\rangle \overset{\odot (1)}{=} \left\langle \boxed{④} \boldsymbol{x}, \boldsymbol{x} \right\rangle$$

$$= \left\langle \boxed{①} \boldsymbol{x}, \boldsymbol{x} \right\rangle = \boxed{①} \langle \boldsymbol{x}, \boldsymbol{x} \rangle$$

である. よって，$\boxed{①} \langle \boldsymbol{x}, \boldsymbol{x} \rangle = \boxed{②} \langle \boldsymbol{x}, \boldsymbol{x} \rangle$ である. ここで，固有ベクトルの定義より，$\boldsymbol{x} \neq \boxed{⑤}$ である. よって，エルミート内積の正値性（定義 13.1 (3)）より，$\langle \boldsymbol{x}, \boldsymbol{x} \rangle > \boxed{⑥}$ である. したがって，$\boxed{①} = \boxed{②}$ となる. すなわち，エルミート行列の固有値は実数である.

(3)　3 次のエルミート行列 $A = \begin{pmatrix} 2 & 0 & i \\ 0 & 3 & 0 \\ -i & 0 & 2 \end{pmatrix}$ を考える. $P^{-1}AP$ が対角行列となるようなユニタリ行列 P を 1 つ求めよ.　□□□ [⇨ **15・4**]

問 15.5   次の問に答えよ.

(1)   歪エルミート行列の定義を書け.

(2)   歪エルミート行列の固有値は純虚数であることを示せ.

(3)   3 次の歪エルミート行列 $A = \begin{pmatrix} i & 1 & 0 \\ -1 & 0 & 1 \\ 0 & -1 & i \end{pmatrix}$ を考える. $P^{-1}AP$ が対角

行列となるようなユニタリ行列 P を 1 つ求めよ. ☐☐☐ [⇨ **15 · 4**]

§16 実正規行列

§16 のポイント

- 実正規行列に対して，対角行列とは限らない**標準形**を考えることができる．
- 実正規行列は直交行列によって標準形と相似になる．

16·1 実正規行列の標準形

§16 では，実正規行列，すなわち，すべての成分が実数である正規行列について考えよう．例えば，直交行列，対称行列，交代行列は実正規行列である [⇨ 15·4]．なお，$A \in M_n(\mathbf{C})$ を実正規行列とすると，A が実行列であることより，$A \in M_n(\mathbf{R})$ である．さらに，(15.5) の条件は

$$A^t A = {}^t A A \tag{16.1}$$

となる．

まず，実正規行列について，次の定理 16.1 がなりたつ．

定理 16.1

$A \in M_n(\mathbf{R})$ を実正規行列，$\lambda \in \mathbf{C}$ を A の実数ではない固有値，$W(\lambda)$ を固有値 λ に対する A の固有空間，$\{a_1, a_2, \cdots, a_m\}$ を $W(\lambda)$ の正規直交基底とする．このとき，$\bar{\lambda}$ は A の固有値であり，$\{\overline{a_1}, \overline{a_2}, \cdots, \overline{a_m}\}$ は固有値 $\bar{\lambda}$ に対する A の固有空間 $W(\bar{\lambda})$ の正規直交基底である．

証明 まず，$x \in W(\lambda)$ とすると，

$$Ax = \lambda x \tag{16.2}$$

である．A が実行列であることに注意し，(16.2) の両辺の共役をとると，

$$A\bar{x} = \bar{\lambda}\bar{x} \tag{16.3}$$

である.よって,$\bar{\boldsymbol{x}} \in W(\bar{\lambda})$ である.この計算は逆にたどることもできるので,$\boldsymbol{x}$ から $\bar{\boldsymbol{x}}$ への対応は $W(\lambda)$ から $W(\bar{\lambda})$ への全単射を定める[1] (**図 16.1**).さらに,$j, k = 1, 2, \cdots, m$ とすると,$\{\boldsymbol{a}_1, \boldsymbol{a}_2, \cdots, \boldsymbol{a}_m\}$ は $W(\lambda)$ の正規直交基底なので,

$$\langle \overline{\boldsymbol{a}_j}, \overline{\boldsymbol{a}_k} \rangle \overset{\odot \ (13.2)}{=} \overline{\langle \boldsymbol{a}_j, \boldsymbol{a}_k \rangle} \overset{\odot \ \text{定義} 14.1}{=} \overline{\delta_{jk}} = \delta_{jk} \tag{16.4}$$

となる.したがって,$\{\overline{\boldsymbol{a}_1}, \overline{\boldsymbol{a}_2}, \cdots, \overline{\boldsymbol{a}_m}\}$ は $W(\bar{\lambda})$ の正規直交基底となる.◇

- X, Y：空でない集合
- $f : X \to Y$：写像

f：全射 $\underset{\text{def.}}{\Longleftrightarrow}$ 任意の $y \in Y$ に対して,$y = f(x)$ となる $x \in X$ が存在

f：単射 $\underset{\text{def.}}{\Longleftrightarrow}$ $x, x' \in X,\ x \neq x'$ ならば,$f(x) \neq f(x')$

f：全単射 $\underset{\text{def.}}{\Longleftrightarrow}$ f：全射かつ単射

図 16.1 全単射

さらに,実正規行列に対しては,次の定理 16.2 で述べるような対角行列とは限らない標準形を考えることができる.

定理 16.2（重要）

$A \in M_n(\mathbf{R})$ を実正規行列とし,$\lambda_1, \cdots, \lambda_r \in \mathbf{R}$ を A のすべての実数の固有値,$a_1 \pm b_1 i, \cdots, a_s \pm b_s i$ $(a_1, \cdots, a_s, b_1, \cdots, b_s \in \mathbf{R})$ を A のすべての実数ではない固有値とする.このとき,ある直交行列 $P \in M_n(\mathbf{R})$ が存在し,

---

[1] $\boldsymbol{x}$ から $\bar{\boldsymbol{x}}$ への対応が定める写像を $f : W(\lambda) \to W(\bar{\lambda})$ とすると,$f(\boldsymbol{x} + \boldsymbol{y}) = f(\boldsymbol{x}) + f(\boldsymbol{y})$,$f(c\boldsymbol{x}) = \bar{c} f(\boldsymbol{x})$ $(\boldsymbol{x}, \boldsymbol{y} \in W(\lambda),\ c \in \mathbf{C})$ がなりたつ（✍）.このような f を **共役線形写像** という.また,$f : V \to W$ をベクトル空間 V からベクトル空間 W への全単射な線形写像とすると,逆写像 $f^{-1} : W \to V$ は線形写像となる.この f を線形同型写像という $[\Rightarrow$ [藤岡1] **問 17.4** (3)$]$.

$$
P^{-1}AP = \begin{pmatrix}
\lambda_1 & & & & & & & & \\
& \ddots & & & & & \text{\huge 0} & & \\
& & \lambda_r & & & & & & \\
& & & a_1 & -b_1 & & & & \\
& & & b_1 & a_1 & & & & \\
& \text{\huge 0} & & & & \ddots & & & \\
& & & & & & a_s & -b_s \\
& & & & & & b_s & a_s
\end{pmatrix} \tag{16.5}
$$

となる[2].

証明 まず，A は実行列なので，A のすべての実数の固有値 $\lambda_1, \cdots, \lambda_r \in \mathbf{R}$ に対する固有空間の正規直交基底をすべて並べたものとして，実ベクトルからなる $\{\boldsymbol{p}_1, \cdots, \boldsymbol{p}_r\}$ を選ぶことができる．すなわち，$j = 1, \cdots, r$ に対して，

$$
\boldsymbol{p}_j \in \mathbf{R}^n, \qquad A\boldsymbol{p}_j = \lambda_j \boldsymbol{p}_j \tag{16.6}
$$

であり，$j, k = 1, \cdots, r$ に対して，

$$
\langle \boldsymbol{p}_j, \boldsymbol{p}_k \rangle = \delta_{jk} \tag{16.7}
$$

である．ここで，$\boldsymbol{p}_1, \cdots, \boldsymbol{p}_r$ は実ベクトルなので，(16.7) の左辺の標準エルミート内積 $\langle \, , \, \rangle$ は $\mathbf{R}^n$ の標準内積となる．次に，定理 16.1 より，A のすべての実数ではない固有値は $\mu_1, \overline{\mu_1}, \cdots, \mu_s, \overline{\mu_s} \in \mathbf{C}$ と表すことができる．とくに，$l = 1, \cdots, s$ に対して，$\mu_l \neq \overline{\mu_l}$ である．また，これらの固有値に対する固有空間の正規直交基底を並べたものとして，$\{\boldsymbol{u}_1, \overline{\boldsymbol{u}_1}, \cdots, \boldsymbol{u}_s, \overline{\boldsymbol{u}_s}\}$ と表されるものを選ぶことができる．すなわち，$l = 1, \cdots, s$ に対して，

$$
A\boldsymbol{u}_l = \mu_l \boldsymbol{u}_l, \qquad A\overline{\boldsymbol{u}_l} = \overline{\mu_l}\,\overline{\boldsymbol{u}_l} \tag{16.8}
$$

であり，$l, m = 1, \cdots, s$ に対して，

$$
\langle \boldsymbol{u}_l, \boldsymbol{u}_m \rangle = \langle \overline{\boldsymbol{u}_l}, \overline{\boldsymbol{u}_m} \rangle = \delta_{lm}, \qquad \langle \boldsymbol{u}_l, \overline{\boldsymbol{u}_m} \rangle = \langle \overline{\boldsymbol{u}_l}, \boldsymbol{u}_m \rangle = 0 \tag{16.9}
$$

---

[2]　P の求め方を理解するためには証明自体も重要であるが，難しいようであれば，先に例題 16.1 や問題で扱っている具体例について考えるのも良いかもしれない．

である. このとき, A は正規行列なので, $\{\boldsymbol{p}_1, \cdots, \boldsymbol{p}_r, \boldsymbol{u}_1, \overline{\boldsymbol{u}_1}, \cdots, \boldsymbol{u}_s, \overline{\boldsymbol{u}_s}\}$
は $\mathbf{C}^n$ の正規直交基底となり, A はこれらを並べて得られるユニタリ行列によっ
て対角化される [$\Rightarrow$ **15·2**].

ここで, $l = 1, \cdots, s$ に対して,

$$\boldsymbol{q}_{2l-1} = \frac{1}{\sqrt{2}}(\boldsymbol{u}_l + \overline{\boldsymbol{u}_l}), \qquad \boldsymbol{q}_{2l} = \frac{i}{\sqrt{2}}(\boldsymbol{u}_l - \overline{\boldsymbol{u}_l}) \tag{16.10}$$

とおく. このとき, $\boldsymbol{q}_{2l-1}, \boldsymbol{q}_{2l} \in \mathbf{R}^n$ であり, $\alpha, \beta = 1, \cdots, 2s$ とすると,

$$\langle \boldsymbol{q}_\alpha, \boldsymbol{q}_\beta \rangle = \delta_{\alpha\beta} \tag{16.11}$$

である (✐). また, $\boldsymbol{q}_1, \boldsymbol{q}_2, \cdots, \boldsymbol{q}_{2s-1}, \boldsymbol{q}_{2s}$ は実ベクトルなので, (16.11) の左
辺の標準エルミート内積 $\langle\,,\,\rangle$ は $\mathbf{R}^n$ の標準内積となる. よって, $\{\boldsymbol{p}_1, \cdots, \boldsymbol{p}_r,$
$\boldsymbol{q}_1, \boldsymbol{q}_2, \cdots, \boldsymbol{q}_{2s-1}, \boldsymbol{q}_{2s}\}$ は $\mathbf{R}^n$ の正規直交基底であり,

$$P = \begin{pmatrix} \boldsymbol{p}_1 & \cdots & \boldsymbol{p}_r & \boldsymbol{q}_1 & \boldsymbol{q}_2 & \cdots & \boldsymbol{q}_{2s-1} & \boldsymbol{q}_{2s} \end{pmatrix} \tag{16.12}$$

とおくと, P は直交行列である.

さらに, $l = 1, \cdots, s$ に対して,

$$\mu_l = a_l + b_l i \qquad (a_l, b_l \in \mathbf{R}) \tag{16.13}$$

と表しておくと,

$$A\boldsymbol{q}_{2l-1} \overset{\odot\,(16.10)\,\text{第1式}}{=} \frac{1}{\sqrt{2}}A\boldsymbol{u}_l + \frac{1}{\sqrt{2}}A\overline{\boldsymbol{u}_l} \overset{\odot\,(16.8)}{=} \frac{1}{\sqrt{2}}\mu_l\boldsymbol{u}_l + \frac{1}{\sqrt{2}}\overline{\mu_l}\,\overline{\boldsymbol{u}_l}$$

$$\overset{\odot\,(16.13)}{=} \frac{1}{\sqrt{2}}(a_l + b_l i)\boldsymbol{u}_l + \frac{1}{\sqrt{2}}(a_l - b_l i)\overline{\boldsymbol{u}_l}$$

$$= a_l \cdot \frac{1}{\sqrt{2}}(\boldsymbol{u}_l + \overline{\boldsymbol{u}_l}) + b_l \cdot \frac{i}{\sqrt{2}}(\boldsymbol{u}_l - \overline{\boldsymbol{u}_l})$$

$$\overset{\odot\,(16.10)}{=} a_l\boldsymbol{q}_{2l-1} + b_l\boldsymbol{q}_{2l}, \tag{16.14}$$

$$A\boldsymbol{q}_{2l} \overset{\odot\,(16.10)\,\text{第2式}}{=} \frac{i}{\sqrt{2}}A\boldsymbol{u}_l - \frac{i}{\sqrt{2}}A\overline{\boldsymbol{u}_l} \overset{\odot\,(16.8)}{=} \frac{i}{\sqrt{2}}\mu_l\boldsymbol{u}_l - \frac{i}{\sqrt{2}}\overline{\mu_l}\,\overline{\boldsymbol{u}_l}$$

$$\overset{\odot\,(16.13)}{=} \frac{i}{\sqrt{2}}(a_l + b_l i)\boldsymbol{u}_l - \frac{i}{\sqrt{2}}(a_l - b_l i)\overline{\boldsymbol{u}_l}$$

$$= -b_l \cdot \frac{1}{\sqrt{2}}(\boldsymbol{u}_l + \overline{\boldsymbol{u}_l}) + a_l \cdot \frac{i}{\sqrt{2}}(\boldsymbol{u}_l - \overline{\boldsymbol{u}_l})$$

$$\overset{\odot}{=}^{(16.10)} -b_l \boldsymbol{q}_{2l-1} + a_l \boldsymbol{q}_{2l} \tag{16.15}$$

となる．したがって，(16.5) が得られる． ◇

注意 16.1 定理 16.2 において，(16.5) の右辺を実正規行列に対する**標準形**という．定理 16.2 の証明からわかるように，A が実数の固有値をもたないときは，(16.5) の右辺の $\lambda_1, \cdots, \lambda_r$ の部分は現れない．

16・2 対称行列の標準形

実正規行列の例として，対称行列を考えると，次の定理 16.3 がなりたつ [⇨ [藤岡 1] **定理 24.1**]．とくに，対称行列の標準形は対角行列である．

定理 16.3（重要）

$A \in M_n(\mathbf{R})$ とすると，

A は直交行列によって対角化される $\iff$ A は対称行列である

証明 必要性 (⇒) **15・2** の始めに述べた議論と同様である (🖊)．

十分性 (⇐) A が対称行列のとき，A の固有値は実数である [⇨**定理 15.5**]．よって，定理 16.2 より，A は直交行列によって対角化される． ◇

16・3 交代行列の標準形

交代行列は実正規行列であり，その固有値は純虚数である [⇨**定理 15.5**]．よって，定理 16.2 より，交代行列の標準形については，次の定理 16.4 がなりたつ．

定理 16.4（重要）

$A \in M_n(\mathbf{R})$ を交代行列とし，$\pm b_1 i, \cdots, \pm b_s i$ $(b_1, \cdots, b_s \in \mathbf{R})$ を A のすべての 0 ではない固有値とする．このとき，直交行列 $P \in M_n(\mathbf{R})$ が存

在し,

$$P^{-1}AP = \begin{pmatrix} 0 & & & & & & \\ & \ddots & & & & \Huge{0} & \\ & & 0 & & & & \\ & & & 0 & -b_1 & & \\ & & & b_1 & 0 & & \\ & \Huge{0} & & & & \ddots & \\ & & & & & & 0 & -b_s \\ & & & & & & b_s & 0 \end{pmatrix} \tag{16.16}$$

となる.

例題 16.1 3次の交代行列 $A = \begin{pmatrix} 0 & 2 & 1 \\ -2 & 0 & 2 \\ -1 & -2 & 0 \end{pmatrix}$ を考える.

(1) A の固有値を求めよ.

(2) (1) で求めた各固有値に対する A の固有ベクトルをそれぞれ 1 つ求めよ.

(3) $P^{-1}AP$ が標準形となるような直交行列 P を 1 つ求めよ.

解 (1) A の固有多項式 $\phi_A(\lambda)$ は

$$\phi_A(\lambda) = |\lambda E - A| = \begin{vmatrix} \lambda & -2 & -1 \\ 2 & \lambda & -2 \\ 1 & 2 & \lambda \end{vmatrix} = \lambda^3 + 4 - 4 + \lambda + 4\lambda + 4\lambda \tag{16.17}$$

$$(\because \text{サラスの方法}) = \lambda(\lambda^2 + 9)$$

である. よって, 固有方程式 $\phi_A(\lambda) = 0$ を解くと, A の固有値 λ は $\lambda = 0, \pm 3i$ である.

(2) まず，固有値 $\lambda = 0$ に対する A の固有ベクトルを求める．同次連立１次方程式

$$(\lambda E - A)\boldsymbol{x} = \boldsymbol{0} \tag{16.18}$$

において $\lambda = 0$ を代入し，$\boldsymbol{x} = \begin{pmatrix} x_1 \\ x_2 \\ x_3 \end{pmatrix}$ とすると，

$$(0E - A) \begin{pmatrix} x_1 \\ x_2 \\ x_3 \end{pmatrix} = \boldsymbol{0} \tag{16.19}$$

である．すなわち，

$$\begin{pmatrix} 0 & -2 & -1 \\ 2 & 0 & -2 \\ 1 & 2 & 0 \end{pmatrix} \begin{pmatrix} x_1 \\ x_2 \\ x_3 \end{pmatrix} = \begin{pmatrix} 0 \\ 0 \\ 0 \end{pmatrix} \tag{16.20}$$

である．よって，

$$-2x_2 - x_3 = 0, \quad 2x_1 - 2x_3 = 0, \quad x_1 + 2x_2 = 0 \tag{16.21}$$

となり，$c \in \mathbf{C}$ を任意の定数として，$x_2 = -c$ とおくと，解は $x_1 = 2c$，$x_2 = -c$，$x_3 = 2c$ である．したがって，

$$\boldsymbol{x} = \begin{pmatrix} x_1 \\ x_2 \\ x_3 \end{pmatrix} = \begin{pmatrix} 2c \\ -c \\ 2c \end{pmatrix} = c \begin{pmatrix} 2 \\ -1 \\ 2 \end{pmatrix} \tag{16.22}$$

と表されるので，$c = 1$ としたベクトル $\boldsymbol{p}_1' = \begin{pmatrix} 2 \\ -1 \\ 2 \end{pmatrix}$ は固有値 $\lambda = 0$ に対する A の固有ベクトルである．

次に，固有値 $\lambda = 3i$ に対する A の固有ベクトルを求める．(16.18) において $\lambda = 3i$ を代入し，$\boldsymbol{x} = \begin{pmatrix} x_1 \\ x_2 \\ x_3 \end{pmatrix}$ とすると，

$$(3iE - A) \begin{pmatrix} x_1 \\ x_2 \\ x_3 \end{pmatrix} = \mathbf{0} \tag{16.23}$$

である．すなわち，

$$\begin{pmatrix} 3i & -2 & -1 \\ 2 & 3i & -2 \\ 1 & 2 & 3i \end{pmatrix} \begin{pmatrix} x_1 \\ x_2 \\ x_3 \end{pmatrix} = \begin{pmatrix} 0 \\ 0 \\ 0 \end{pmatrix} \tag{16.24}$$

である．ここで，係数行列の行に関する基本変形を行うと，

$$\begin{pmatrix} 3i & -2 & -1 \\ 2 & 3i & -2 \\ 1 & 2 & 3i \end{pmatrix} \begin{array}{c} \text{第1行} - \text{第3行} \times 3i \\ \text{第2行} - \text{第3行} \times 2 \\ \longrightarrow \end{array} \begin{pmatrix} 0 & -2 - 6i & 8 \\ 0 & -4 + 3i & -2 - 6i \\ 1 & 2 & 3i \end{pmatrix}$$

$$\begin{array}{c} \text{第2行} + \text{第1行} \times \frac{1+3i}{4} \\ \longrightarrow \end{array} \begin{pmatrix} 0 & -2 - 6i & 8 \\ 0 & 0 & 0 \\ 1 & 2 & 3i \end{pmatrix}$$

$$\begin{array}{c} \text{第1行} \times \frac{-2+6i}{8} \\ \longrightarrow \end{array} \begin{pmatrix} 0 & 5 & -2 + 6i \\ 0 & 0 & 0 \\ 1 & 2 & 3i \end{pmatrix} \tag{16.25}$$

となる．よって，方程式に戻すと，

$$5x_2 + (-2 + 6i)x_3 = 0, \qquad x_1 + 2x_2 + 3ix_3 = 0 \tag{16.26}$$

である．したがって，$c \in \mathbf{C}$ を任意の定数として，解は $x_1 = -(4 + 3i)c$, $x_2 = (2 - 6i)c$, $x_3 = 5c$ となる．以上より，

$$\boldsymbol{x} = \begin{pmatrix} x_1 \\ x_2 \\ x_3 \end{pmatrix} = \begin{pmatrix} -(4 + 3i)c \\ (2 - 6i)c \\ 5c \end{pmatrix} = c \begin{pmatrix} -4 - 3i \\ 2 - 6i \\ 5 \end{pmatrix} \tag{16.27}$$

と表されるので，$c = 1$ としたベクトル $\boldsymbol{u}_1' = \begin{pmatrix} -4 - 3i \\ 2 - 6i \\ 5 \end{pmatrix}$ は固有値 $\lambda = 3i$ に対する A の固有ベクトルである．

さらに，定理 16.1 より，$\overline{\boldsymbol{u}'_1} = \begin{pmatrix} -4+3i \\ 2+6i \\ 5 \end{pmatrix}$ は固有値 $\lambda = -3i$ に対する A の固有ベクトルである．

(3) まず，(2) で得られたベクトル $\boldsymbol{p}'_1$ を正規化すると，

$$\boldsymbol{p}_1 = \frac{1}{\|\boldsymbol{p}'_1\|}\boldsymbol{p}'_1 = \frac{1}{3}\begin{pmatrix} 2 \\ -1 \\ 2 \end{pmatrix} \tag{16.28}$$

である．また，(2) で得られたベクトル $\boldsymbol{u}'_1$，$\overline{\boldsymbol{u}'_1}$ を正規化すると，

$$\boldsymbol{u}_1 = \frac{1}{\|\boldsymbol{u}'_1\|}\boldsymbol{u}'_1 = \frac{1}{3\sqrt{10}}\begin{pmatrix} -4-3i \\ 2-6i \\ 5 \end{pmatrix}, \qquad \overline{\boldsymbol{u}_1} = \frac{1}{3\sqrt{10}}\begin{pmatrix} -4+3i \\ 2+6i \\ 5 \end{pmatrix} \tag{16.29}$$

である．さらに，

$$\boldsymbol{q}_1 = \frac{1}{\sqrt{2}}(\boldsymbol{u}_1 + \overline{\boldsymbol{u}_1}), \qquad \boldsymbol{q}_2 = \frac{i}{\sqrt{2}}(\boldsymbol{u}_1 - \overline{\boldsymbol{u}_1}) \tag{16.30}$$

とおくと $[\Rightarrow(16.10)]$，

$$\boldsymbol{q}_1 = \frac{1}{3\sqrt{20}}\begin{pmatrix} -8 \\ 4 \\ 10 \end{pmatrix} = \frac{1}{3\sqrt{5}}\begin{pmatrix} -4 \\ 2 \\ 5 \end{pmatrix},$$

$$\boldsymbol{q}_2 = \frac{i}{3\sqrt{20}}\begin{pmatrix} -6i \\ -12i \\ 0 \end{pmatrix} = \frac{1}{\sqrt{5}}\begin{pmatrix} 1 \\ 2 \\ 0 \end{pmatrix} \tag{16.31}$$

である．よって，

$$P = \begin{pmatrix} \boldsymbol{p}_1 & \boldsymbol{q}_1 & \boldsymbol{q}_2 \end{pmatrix} = \begin{pmatrix} \frac{2}{3} & -\frac{4}{3\sqrt{5}} & \frac{1}{\sqrt{5}} \\ -\frac{1}{3} & \frac{2}{3\sqrt{5}} & \frac{2}{\sqrt{5}} \\ \frac{2}{3} & \frac{5}{3\sqrt{5}} & 0 \end{pmatrix} \tag{16.32}$$

とおくと，P は直交行列なので，逆行列 P^{-1} をもつ．さらに，(16.16) より，

$$P^{-1}AP = \begin{pmatrix} 0 & 0 & 0 \\ 0 & 0 & -3 \\ 0 & 3 & 0 \end{pmatrix} \tag{16.33}$$

となり，A の標準形が得られる． $\diamondsuit$

16・4　直交行列の標準形

　直交行列は実正規行列であり，その固有値は絶対値が 1 の複素数である ［⇨ **定理 15.4**］．ここで，z を絶対値が 1 の複素数とすると，z は $\theta \in \mathbf{R}$ を用いて，

$$z = \cos\theta + i\sin\theta \tag{16.34}$$

と表される．よって，定理 16.2 より，直交行列の標準形については，次の定理 16.5 がなりたつ．

定理 16.5（重要）

$A \in M_n(\mathbf{R})$ が直交行列ならば，ある直交行列 $P \in M_n(\mathbf{R})$ が存在し，

$$P^{-1}AP = \begin{pmatrix} \pm 1 & & & & & \\ & \ddots & & & & \mathbf{0} \\ & & \pm 1 & & & \\ & & & R(\theta_1) & & \\ & & & & \ddots & \\ \mathbf{0} & & & & & R(\theta_s) \end{pmatrix} \tag{16.35}$$

と表される．ただし，$\theta \in \mathbf{R}$ に対して，

$$R(\theta) = \begin{pmatrix} \cos\theta & -\sin\theta \\ \sin\theta & \cos\theta \end{pmatrix} \tag{16.36}$$

である [3]．

---

[3]　θ が π の偶数倍，奇数倍のときはそれぞれ $R(\theta) = E$, $R(\theta) = -E$ である．

§16 の問題

確認問題

問 16.1 次の問に答えよ.

(1) 実正規行列の定義を書け.

(2) 実正規行列に対する標準形を書け.　　　　□□□ [⇨ 16·1]

問 16.2 3 次の対称行列 $A = \begin{pmatrix} 2 & 1 & -1 \\ 1 & 2 & 1 \\ -1 & 1 & 2 \end{pmatrix}$ を考える.

(1) A の固有値を求めよ.

(2) $P^{-1}AP$ が対角行列となるような直交行列 P を 1 つ求めよ.

　　　　□□□ [⇨ 16·2]

問 16.3 3 次の交代行列 $A = \begin{pmatrix} 0 & 0 & 3 \\ 0 & 0 & 4 \\ -3 & -4 & 0 \end{pmatrix}$ を考える.

(1) A の固有値を求めよ.

(2) (1) で求めた各固有値に対する A の固有ベクトルをそれぞれ 1 つ求めよ.

(3) $P^{-1}AP$ が標準形となるような直交行列 P を 1 つ求めよ.

　　　　□□□ [⇨ 16·3]

基本問題

問 16.4 3 次の正方行列 $A = \dfrac{1}{3}\begin{pmatrix} 1 & -2 & -2 \\ 2 & -1 & 2 \\ -2 & -2 & 1 \end{pmatrix}$ を考える.

(1) A が直交行列であることを確かめよ.

(2) A の固有値を求めよ.

(3) (1) で求めた各固有値に対する A の固有ベクトルをそれぞれ 1 つ求めよ.

(4) $P^{-1}AP$ が標準形となるような直交行列 P を 1 つ求めよ.

　　　　□□□ [⇨ 16·4]

第5章のまとめ

複素内積空間

○ **C** 上のベクトル空間に対して**エルミート内積**を定めることができる.

○ 実内積空間の場合と同様.

○ **共役対称性**に注意：複素内積空間 $(V, \langle\ ,\ \rangle)$ に対して，

$$\langle \boldsymbol{x}, \boldsymbol{y} \rangle = \overline{\langle \boldsymbol{y}, \boldsymbol{x} \rangle} \qquad (\boldsymbol{x}, \boldsymbol{y} \in V)$$

○ **正規直交基底**についても同様.

○ **グラム–シュミットの直交化法**を用いて構成することができる.

ユニタリ変換

○ $(V, \langle\ ,\ \rangle)$：複素内積空間，$f : V \to V$：線形変換

$$f：ユニタリ変換 \underset{\text{def.}}{\Longleftrightarrow} \langle f(\boldsymbol{x}), f(\boldsymbol{y}) \rangle = \langle \boldsymbol{x}, \boldsymbol{y} \rangle \quad (^{\forall}\boldsymbol{x}, \boldsymbol{y} \in V)^{4)}$$

○ 正規直交基底に関する表現行列は**ユニタリ行列**：$AA^* = A^*A = E$

正規行列

○ A：複素正方行列

$$A：正規行列 \iff AA^* = A^*A$$

○ 例：ユニタリ行列，直交行列（固有値は絶対値が 1 の複素数）

　　　エルミート行列，対称行列（固有値は実数）

　　　歪エルミート行列，交代行列（固有値は純虚数）

正規行列の対角化

○ A：複素正方行列

$$A：ユニタリ行列によって対角化される \iff A：正規行列$$

---

4) 「$\forall$」は「任意の」あるいは「すべての」という意味を表す.

○ 正規行列 A を対角化するユニタリ行列 P は,次の (1)～(5) の手順で求める.

(1) A の固有多項式 $\phi_A(\lambda)$ を計算する.

(2) A の固有方程式 $\phi_A(\lambda) = 0$ を解き,A のすべての互いに異なる固有値 $\lambda_1, \lambda_2, \cdots, \lambda_r$ を求める.

(3) $j = 1, 2, \cdots, r$ とし,グラム–シュミットの直交化法を用いて,固有値 $\lambda = \lambda_j$ に対する A の固有空間 $W(\lambda_j)$ の正規直交基底を求める.

(4) (3) で求めた正規直交基底をすべて並べたものを P とおく.このとき,P はユニタリ行列となる.

(5) A は P によって対角化される.

○ 実正規行列では対角行列とは限らない**標準形**を考えることができる.

2次形式と
2次超曲面

§17　双1次形式

§17のポイント

- **R** 上の2つのベクトル空間の直積で定義され，各成分に関して線形となる実数値関数を**双1次形式**という．
- 有限次元ベクトル空間に対する双1次形式に対しては，基底を選んでおくことにより，**表現行列**が対応する．
- 双1次形式の表現行列の階数は，双1次形式の**階数**を定める．
- ベクトル空間上の双1次形式は**対称形式**と**交代形式**の一意的な和となる．
- 対称形式，交代形式に対して，**非退化性**を定めることができる．

17・1　双1次形式の定義

　R 上のベクトル空間の内積や **C** 上のベクトル空間のエルミート内積はそれぞれ双1次形式，エルミート形式というものへ一般化することができる．以下では，簡単のため，**R** 上のベクトル空間を考えよう．このとき，双1次形式とは2つのベクトル空間の直積で定義され，各成分に関して線形となる実数値関数

のことであるが，次の定義 17.1 のように定める.

定義 17.1

V, W を $\mathbf{R}$ 上のベクトル空間，$b : V \times W \to \mathbf{R}$ を実数値関数とする．任意の $\boldsymbol{x}, \boldsymbol{x}' \in V$, $\boldsymbol{y}, \boldsymbol{y}' \in W$, $c \in \mathbf{R}$ に対して，次の (1)〜(3) がなりたつとき，b を $V \times W$ 上の**双 1 次形式**（または**双線形式**）という．$V = W$ のときは，b を V 上の双 1 次形式（または双線形式）という．

  (1) $b(\boldsymbol{x} + \boldsymbol{x}', \boldsymbol{y}) = b(\boldsymbol{x}, \boldsymbol{y}) + b(\boldsymbol{x}', \boldsymbol{y})$.

  (2) $b(\boldsymbol{x}, \boldsymbol{y} + \boldsymbol{y}') = b(\boldsymbol{x}, \boldsymbol{y}) + b(\boldsymbol{x}, \boldsymbol{y}')$.

  (3) $b(c\boldsymbol{x}, \boldsymbol{y}) = b(\boldsymbol{x}, c\boldsymbol{y}) = cb(\boldsymbol{x}, \boldsymbol{y})$.

例 17.1　m 行 n 列の実行列 A に対して，実数値関数 $b_A : \mathbf{R}^m \times \mathbf{R}^n \to \mathbf{R}$ を

$$b_A(\boldsymbol{x}, \boldsymbol{y}) = {}^t\boldsymbol{x} A \boldsymbol{y} \qquad (\boldsymbol{x} \in \mathbf{R}^m, \ \boldsymbol{y} \in \mathbf{R}^n) \tag{17.1}$$

により定める．このとき，b_A は定義 17.1 の (1)〜(3) の条件をみたし，$\mathbf{R}^m \times \mathbf{R}^n$ 上の双 1 次形式となる（✍）．とくに，$m = n$ のとき，$\mathbf{R}^n$ 上の双 1 次形式 b_E は $\mathbf{R}^n$ の標準内積を表す．　◆

例 17.2　有界閉区間 $[0, 1]$ で定義された実数値連続関数全体の集合を $C[0, 1]$ と表す．このとき，関数の和と関数の実数倍を考えることにより，$C[0, 1]$ は $\mathbf{R}$ 上の無限次元のベクトル空間となる．ここで，実数値関数 $b : C[0, 1] \times C[0, 1] \to \mathbf{R}$ を

$$b(f, g) = \int_0^1 f(t) g(t) \, dt \qquad (f, g \in C[0, 1]) \tag{17.2}$$

により定める．定積分の性質より，b は $C[0, 1]$ の内積となる（✍）．とくに，b は $C[0, 1]$ 上の双 1 次形式である．　◆

17・2　表現行列と階数

実は，$\mathbf{R}$ 上の有限次元のベクトル空間に対する双 1 次形式は基底を選んでお

くことにより，(17.1) のように表すことができる．

　まず，V, W をそれぞれ $\mathbf{R}$ 上の m 次元，n 次元のベクトル空間とし，V の基底 $\{\boldsymbol{a}_1, \boldsymbol{a}_2, \cdots, \boldsymbol{a}_m\}$ および W の基底 $\{\boldsymbol{b}_1, \boldsymbol{b}_2, \cdots, \boldsymbol{b}_n\}$ を選んでおく．次に，$\boldsymbol{x} \in V$ に対して，$x_1, x_2, \cdots, x_m \in \mathbf{R}$ を基底 $\{\boldsymbol{a}_1, \boldsymbol{a}_2, \cdots, \boldsymbol{a}_m\}$ に関する $\boldsymbol{x}$ の成分とする．すなわち，

$$\boldsymbol{x} = x_1 \boldsymbol{a}_1 + x_2 \boldsymbol{a}_2 + \cdots + x_m \boldsymbol{a}_m \tag{17.3}$$

である．同様に，$\boldsymbol{y} \in W$ に対して，$y_1, y_2, \cdots, y_n \in \mathbf{R}$ を基底 $\{\boldsymbol{b}_1, \boldsymbol{b}_2, \cdots, \boldsymbol{b}_n\}$ に関する $\boldsymbol{y}$ の成分とする．さらに，写像 $\varphi : V \to \mathbf{R}^m$ および $\psi : W \to \mathbf{R}^n$ をそれぞれ

$$\varphi(\boldsymbol{x}) = \begin{pmatrix} x_1 \\ x_2 \\ \vdots \\ x_m \end{pmatrix}, \qquad \psi(\boldsymbol{y}) = \begin{pmatrix} y_1 \\ y_2 \\ \vdots \\ y_n \end{pmatrix} \tag{17.4}$$

により定める．このとき，φ および ψ は線形同型写像となる（✍）．

　ここで，$b : V \times W \to \mathbf{R}$ を $V \times W$ 上の双1次形式とし，$b(\boldsymbol{a}_i, \boldsymbol{b}_j)$ を (i, j) 成分[1]とする n 次の実正方行列を A とおく．A を基底 $\{\boldsymbol{a}_1, \boldsymbol{a}_2, \cdots, \boldsymbol{a}_m\}$，$\{\boldsymbol{b}_1, \boldsymbol{b}_2, \cdots, \boldsymbol{b}_n\}$ に関する b の**表現行列**という．このとき，

$$b(\boldsymbol{x}, \boldsymbol{y}) = {}^t\varphi(\boldsymbol{x}) A \psi(\boldsymbol{y}) \qquad (\boldsymbol{x} \in V, \ \boldsymbol{y} \in W) \tag{17.5}$$

がなりたつ．実際，

$$b(\boldsymbol{x}, \boldsymbol{y}) = \sum_{i=1}^{m} \sum_{j=1}^{n} x_i y_j b(\boldsymbol{a}_i, \boldsymbol{b}_j) \quad (\odot \text{ 双1次形式の定義（定義 17.1）})$$

$$= \begin{pmatrix} x_1 & x_2 & \cdots & x_m \end{pmatrix} \begin{pmatrix} b(\boldsymbol{a}_1, \boldsymbol{b}_1) & b(\boldsymbol{a}_1, \boldsymbol{b}_2) & \cdots & b(\boldsymbol{a}_1, \boldsymbol{b}_n) \\ b(\boldsymbol{a}_2, \boldsymbol{b}_1) & b(\boldsymbol{a}_2, \boldsymbol{b}_2) & \cdots & b(\boldsymbol{a}_2, \boldsymbol{b}_n) \\ \vdots & \vdots & \ddots & \vdots \\ b(\boldsymbol{a}_m, \boldsymbol{b}_1) & b(\boldsymbol{a}_m, \boldsymbol{b}_2) & \cdots & b(\boldsymbol{a}_m, \boldsymbol{b}_n) \end{pmatrix} \begin{pmatrix} y_1 \\ y_2 \\ \vdots \\ y_n \end{pmatrix}$$

---

[1]　第6章，第7章では複素数を用いないので，i を添字として用いる．

$$\overset{(17.4)}{\odot =} {}^{t}\varphi(\boldsymbol{x})A\psi(\boldsymbol{y}) \tag{17.6}$$

となるからである。なお，$V = W$，$\{\boldsymbol{a}_1, \boldsymbol{a}_2, \cdots, \boldsymbol{a}_m\} = \{\boldsymbol{b}_1, \boldsymbol{b}_2, \cdots, \boldsymbol{b}_n\}$ のときは，A を基底 $\{\boldsymbol{a}_1, \boldsymbol{a}_2, \cdots, \boldsymbol{a}_m\}$ に関する b の**表現行列**という。

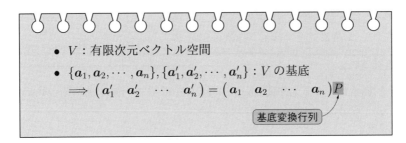

- V：有限次元ベクトル空間
- $\{\boldsymbol{a}_1, \boldsymbol{a}_2, \cdots, \boldsymbol{a}_n\}, \{\boldsymbol{a}'_1, \boldsymbol{a}'_2, \cdots, \boldsymbol{a}'_n\}$：$V$ の基底
  $\Longrightarrow \begin{pmatrix} \boldsymbol{a}'_1 & \boldsymbol{a}'_2 & \cdots & \boldsymbol{a}'_n \end{pmatrix} = \begin{pmatrix} \boldsymbol{a}_1 & \boldsymbol{a}_2 & \cdots & \boldsymbol{a}_n \end{pmatrix}P$

基底変換行列

図 17.1 基底変換行列

また，$\{\boldsymbol{a}'_1, \boldsymbol{a}'_2, \cdots, \boldsymbol{a}'_m\}, \{\boldsymbol{b}'_1, \boldsymbol{b}'_2, \cdots, \boldsymbol{b}'_n\}$ もそれぞれ V, W の基底とし，$P \in M_m(\mathbf{R}), Q \in M_n(\mathbf{R})$ をそれぞれ基底変換 $\{\boldsymbol{a}_1, \boldsymbol{a}_2, \cdots, \boldsymbol{a}_m\} \to \{\boldsymbol{a}'_1, \boldsymbol{a}'_2, \cdots, \boldsymbol{a}'_m\}$，$\{\boldsymbol{b}_1, \boldsymbol{b}_2, \cdots, \boldsymbol{b}_n\} \to \{\boldsymbol{b}'_1, \boldsymbol{b}'_2, \cdots, \boldsymbol{b}'_n\}$ の基底変換行列とする（**図 17.1**）。さらに，$\boldsymbol{x} \in V$ に対して，$x'_1, x'_2, \cdots, x'_m \in \mathbf{R}$ を基底 $\{\boldsymbol{a}'_1, \boldsymbol{a}'_2, \cdots, \boldsymbol{a}'_m\}$ に関する $\boldsymbol{x}$ の成分，$\boldsymbol{y} \in W$ に対して，$y'_1, y'_2, \cdots, y'_n \in \mathbf{R}$ を基底 $\{\boldsymbol{b}'_1, \boldsymbol{b}'_2, \cdots, \boldsymbol{b}'_n\}$ に関する $\boldsymbol{y}$ の成分とすると，

$$\begin{pmatrix} x_1 \\ x_2 \\ \vdots \\ x_m \end{pmatrix} = P \begin{pmatrix} x'_1 \\ x'_2 \\ \vdots \\ x'_m \end{pmatrix}, \quad \begin{pmatrix} y_1 \\ y_2 \\ \vdots \\ y_n \end{pmatrix} = Q \begin{pmatrix} y'_1 \\ y'_2 \\ \vdots \\ y'_n \end{pmatrix} \tag{17.7}$$

がなりたつ [$\Rightarrow$ [藤岡 1] **定理 16.3**]。よって，基底 $\{\boldsymbol{a}'_1, \boldsymbol{a}'_2, \cdots, \boldsymbol{a}'_m\}, \{\boldsymbol{b}'_1, \boldsymbol{b}'_2, \cdots, \boldsymbol{b}'_n\}$ に関する b の表現行列は ${}^{t}PAQ$ である（✍）。したがって，P, Q が正則であることより，表現行列の階数は基底の選び方に依存しない。これを $\operatorname{rank} b$ と表し，b の**階数**という。すなわち，

$$\operatorname{rank} b = \operatorname{rank} A \tag{17.8}$$

であり，階数の定義は well-defined である [$\Rightarrow$ [藤岡 3] **8・3**]。

例 17.3 m 行 n 列の実行列 A に対して，例 17.1 の $\mathbf{R}^m \times \mathbf{R}^n$ 上の双 1 次形式 b_A を考えよう．このとき，$\mathbf{R}^m$ および $\mathbf{R}^n$ の標準基底に関する b_A の表現行列は A である（✍）．よって，b_A の階数は A の階数に一致する．　◆

17・3　対称形式と交代形式

さらに，対称形式と交代形式を次の定義 17.2 のように定める．

定義 17.2

V を $\mathbf{R}$ 上のベクトル空間，$b : V \times V \to \mathbf{R}$ を V 上の双 1 次形式とする．

(1)　任意の $\boldsymbol{x}, \boldsymbol{y} \in V$ に対して，
$$b(\boldsymbol{x}, \boldsymbol{y}) = b(\boldsymbol{y}, \boldsymbol{x}) \tag{17.9}$$
がなりたつとき，b を **対称形式** という．

(2)　任意の $\boldsymbol{x}, \boldsymbol{y} \in V$ に対して，
$$b(\boldsymbol{x}, \boldsymbol{y}) = -b(\boldsymbol{y}, \boldsymbol{x}) \tag{17.10}$$
がなりたつとき，b を **交代形式**（または **反対称形式**）という．

注意 17.1　定義 17.1 において，V を $\mathbf{C}$ 上のベクトル空間とし，$c \in \mathbf{C}$ とする．(1), (2) の条件に加え，次の (3)′ と (4) がなりたつとき，b を V 上の **エルミート形式** という．

(3)′　$b(c\boldsymbol{x}, \boldsymbol{y}) = b(\boldsymbol{x}, \bar{c}\boldsymbol{y}) = cb(\boldsymbol{x}, \boldsymbol{y})$.

(4)　$b(\boldsymbol{x}, \boldsymbol{y}) = \overline{b(\boldsymbol{y}, \boldsymbol{x})}$.

例 17.4　例 17.1 において，$A \in M_n(\mathbf{R})$ とし，$\mathbf{R}^n$ 上の双 1 次形式 b_A を考えよう．b_A が対称形式となるのは，A が対称行列のときである（✍）．また，b_A が交代形式となるのは，A が交代行列のときである（✍）．

また，V を $\mathbf{R}$ 上の有限次元のベクトル空間，b を V 上の双 1 次形式とする．上で述べたことより，1 つの基底を考えると，b が対称形式となるのは，b の表現行列が対称行列のときである．また，b が交代形式となるのは，b の表現行列が交代行列のときである．　◆

交代形式については，次の定理 17.1 がなりたつ ［⇨ 例題 17.1，問 17.1］.

定理 17.1（重要）

V を $\mathbf{R}$ 上のベクトル空間，b を V 上の双 1 次形式とすると，

$\qquad b$ は交代形式である $\iff$ 任意の $\boldsymbol{x} \in V$ に対して，$b(\boldsymbol{x}, \boldsymbol{x}) = 0$

例題 **17.1**　定理 17.1 において，必要性 (⇒) を示せ. □□□ ✍

解　(17.10) において $\boldsymbol{x} = \boldsymbol{y}$ とすると，
$$b(\boldsymbol{x}, \boldsymbol{x}) = -b(\boldsymbol{x}, \boldsymbol{x}) \tag{17.11}$$
である. すなわち，
$$2b(\boldsymbol{x}, \boldsymbol{x}) = 0 \tag{17.12}$$
である. よって，$b(\boldsymbol{x}, \boldsymbol{x}) = 0$ である. ◇

　任意の実正方行列は対称行列と交代行列の和として一意的に表すことができる ［⇨ 例 5.5］. すなわち，$A \in M_n(\mathbf{R})$ に対して，
$$A = A_s + A_a \tag{17.13}$$
をみたす対称行列 A_s，交代行列 A_a は
$$A_s = \frac{1}{2}(A + {}^t A), \qquad A_a = \frac{1}{2}(A - {}^t A) \tag{17.14}$$
によりあたえられる. このことに対応して，次の定理 17.2 がなりたつ.

定理 17.2（重要）

V を $\mathbf{R}$ 上のベクトル空間，b を V 上の双 1 次形式とする. このとき，V 上の対称形式 b_s および交代形式 b_a が一意的に存在し，
$$b = b_s + b_a \tag{17.15}$$
となる.

証明　$\boldsymbol{x}, \boldsymbol{y} \in V$ に対して，

$$b_s(\boldsymbol{x}, \boldsymbol{y}) = \frac{1}{2}\big(b(\boldsymbol{x}, \boldsymbol{y}) + b(\boldsymbol{y}, \boldsymbol{x})\big), \qquad b_a(\boldsymbol{x}, \boldsymbol{y}) = \frac{1}{2}\big(b(\boldsymbol{x}, \boldsymbol{y}) - b(\boldsymbol{y}, \boldsymbol{x})\big)$$

(17.16)

とおけばよい（✍）.   ◇

定理 17.2 において，b_s, b_a をそれぞれ b の**対称部分**，**交代部分**（または**反対称部分**）という.

対称形式について，次の定理 17.3 がなりたつ.

定理 17.3（重要）

V を $\mathbf{R}$ 上の n 次元ベクトル空間，$b : V \times V \to \mathbf{R}$ を V 上の対称形式とする．このとき，V のある基底 $\{\boldsymbol{a}_1, \boldsymbol{a}_2, \cdots, \boldsymbol{a}_n\}$ が存在し，基底 $\{\boldsymbol{a}_1, \boldsymbol{a}_2, \cdots, \boldsymbol{a}_n\}$ に関する b の表現行列は

$$\begin{pmatrix} E_r & O & O \\ O & -E_s & O \\ O & O & O \end{pmatrix}$$

(17.17)

と表される[2]．ただし，E_r, E_s はそれぞれ r 次，s 次の単位行列である.

証明　 Step 1 　V の基底 $\{\boldsymbol{a}_1, \boldsymbol{a}_2, \cdots, \boldsymbol{a}_n\}$ を1つ選んでおく．A を基底 $\{\boldsymbol{a}_1, \boldsymbol{a}_2, \cdots, \boldsymbol{a}_n\}$ に関する b の表現行列とすると，b は対称形式なので，例 17.4 より，A は対称行列である．よって，定理 16.3 より，ある直交行列 $P \in M_n(\mathbf{R})$ が存在し，直交行列に対する条件 ${}^tP = P^{-1}$ を用いて，

$${}^tPAP \overset{\odot \, {}^tP = P^{-1}}{=} P^{-1}AP = \begin{pmatrix} \lambda_1 & & & \mathbf{0} \\ & \lambda_2 & & \\ & & \ddots & \\ \mathbf{0} & & & \lambda_n \end{pmatrix}$$

(17.18)

と表される.

---

[2]　(17.17) において，対角線上に並んでいる E_r, $-E_s$, O については，いずれかが現れないこともある.

Step 2　V の基底 $\{\boldsymbol{b}_1, \boldsymbol{b}_2, \cdots, \boldsymbol{b}_n\}$ を

$$(\boldsymbol{b}_1 \quad \boldsymbol{b}_2 \quad \cdots \quad \boldsymbol{b}_n) = (\boldsymbol{a}_1 \quad \boldsymbol{a}_2 \quad \cdots \quad \boldsymbol{a}_n)P \tag{17.19}$$

により定める. このとき, 17・2 の議論において, $P = Q$ とおくことにより, 基底 $\{\boldsymbol{b}_1, \boldsymbol{b}_2, \cdots, \boldsymbol{b}_n\}$ に関する b の表現行列は (17.18) の対角行列となる.

Step 3　ここで, 必要ならば, P の列ベクトルの順序を入れ替えることにより, A の正, 負の固有値の個数をそれぞれ r, s とし,

$$\lambda_1, \cdots, \lambda_r > 0, \quad \lambda_{r+1}, \cdots, \lambda_{r+s} < 0, \quad \lambda_{r+s+1} = \cdots = \lambda_n = 0 \tag{17.20}$$

としてよい (✎) [3][4]. このとき, V の基底 $\{\boldsymbol{c}_1, \boldsymbol{c}_2, \cdots, \boldsymbol{c}_n\}$ を

$$\boldsymbol{c}_i = \begin{cases} \dfrac{1}{\sqrt{\lambda_i}}\boldsymbol{b}_i & (i = 1, \cdots, r), \\[2mm] \dfrac{1}{\sqrt{-\lambda_i}}\boldsymbol{b}_i & (i = r+1, \cdots, r+s), \\[2mm] \boldsymbol{b}_i & (i = r+s+1, \cdots, n) \end{cases} \tag{17.21}$$

により定めると, 基底 $\{\boldsymbol{c}_1, \boldsymbol{c}_2, \cdots, \boldsymbol{c}_n\}$ に関する b の表現行列は (17.17) となる. ◇

注意 17.2　定理 17.3 において, r, s の値はそれぞれ表現行列の正, 負の固有値の個数であり, これらは基底の選び方に依存しない. この事実を**シルヴェスターの慣性律**という. また, 組 (r, s) を b の**符号数**という [5]. シルヴェスターの慣性律より, 符号数の定義は well-defined である. なお, b の階数は $\mathrm{rank}\, b = r + s$ である.

また, 交代形式について, 次の定理 17.4 がなりたつ. 証明は定理 16.4 を用いて, 定理 17.3 と同様に行えばよい (✎).

---

[3]　正の固有値が存在しない場合は (17.20) の第 1 式は現れない. 負や 0 の固有値が存在しない場合も同様である.

[4]　固有値が固有方程式の重解のときは重複度も込めて個数を数える.

[5]　文献によっては, 符号数を (s, r) と表すものもある.

定理 17.4（重要）

V を $\mathbf{R}$ 上の n 次元ベクトル空間, $b: V \times V \to \mathbf{R}$ を V 上の交代形式とする. このとき, V のある基底 $\{a_1, a_2, \cdots, a_n\}$ が存在し, 基底 $\{a_1, a_2, \cdots, a_n\}$ に関する b の表現行列は

$$\begin{pmatrix} O & E_r & O \\ -E_r & O & O \\ O & O & O \end{pmatrix} \tag{17.22}$$

と表される.

17・4　非退化形式

§17 の最後に, $\mathbf{R}$ 上の有限次元のベクトル空間上の対称形式, 交代形式を考え, その非退化性について定めよう[6].

定義 17.3

V を $\mathbf{R}$ 上の有限次元のベクトル空間, b を V 上の対称形式または交代形式とする. 「任意の $y \in V$ に対して, $b(x, y) = 0 \ (x \in V)$」ならば, $x = 0$ となるとき, b は**非退化**であるという[7].

注意 17.3　定義 17.3 において, 対称形式, 交代形式の定義（定義 17.2）より, 「任意の $x \in V$ に対して, $b(x, y) = 0 \ (y \in V)$」ならば, $y = 0$ となるとき, b は非退化であると定めてもよい.

非退化な交代形式を**シンプレクティック形式**ともいう [⇨ ［藤岡 4］11.5 節].

---

[6]　無限次元の場合も含めた定義は双対空間 [⇨ §21] の概念を用いる必要があるが, 有限次元の場合は定義 17.3 と同値となる.

[7]　b が非退化ではないとき, b は**退化している**という. b が退化しているとは, $x \neq 0$ となる $x \in V$ が存在し, 任意の $y \in V$ に対して, $b(x, y) = 0$ となることをいう.

例 17.5   例 17.1 において，$A \in M_n(\mathbf{R})$ とし，$\mathbf{R}^n$ 上の双 1 次形式 b_A を考えよう．まず，b_A が対称形式，すなわち，A が対称行列のとき [⇨ 例 17.4]，定理 17.3 より，b_A が非退化となるのは，A が正則なときである．また，b_A が交代形式，すなわち，A が交代行列のとき [⇨ 例 17.4]，定理 17.4 より，b_A が非退化となるのは，n が偶数であり，A が正則なときである [8].   ◆

§17 の問題

確認問題

問 17.1   定理 17.1 において，$\boldsymbol{x}, \boldsymbol{y} \in V$ に対して，$b(\boldsymbol{x} + \boldsymbol{y}, \boldsymbol{x} + \boldsymbol{y})$ を計算することにより，十分性 ($\Leftarrow$) を示せ．   ☐☐☐ [⇨ 17·3]

基本問題

問 17.2 $A \in M_n(\mathbf{R})$ に対して，双 1 次形式 $b_A : \mathbf{R}^n \times \mathbf{R}^n \to \mathbf{R}$ を (17.1) により定める．A が次の (1), (2) の行列のとき，b_A の対称部分の符号数および交代部分の階数を求めよ．

(1) $A = \begin{pmatrix} 1 & 4 \\ 0 & 1 \end{pmatrix}$ (2) $A = \begin{pmatrix} 1 & 2 & 0 \\ 0 & 1 & 2 \\ 0 & -2 & 2 \end{pmatrix}$ ☐☐☐ [⇨ 17·3]

---

[8] $A \in M_n(\mathbf{R})$ が正則な交代行列のとき，n が偶数となることは，定理 17.4 を用いずに示すことができる [⇨ [藤岡 1] 問 8.3 (2)]．

§18 2次形式

──────────────── §18のポイント ─

- 対称形式から**2次形式**を定めることができる.
- 2次形式に対して，**表現行列**，**階数**，**符号**を定めることができる.
- 2次形式は**標準形**で表すことができる.
- 2次形式が**正定値**あるいは**負定値**であるかどうかは，対称行列の**主小行列式**を計算することによって判定することができる.

18・1 対称形式から2次形式へ

　ベクトル空間上の対称形式 [⇨**定義17.2**(1)] に対して，2次形式というベクトル空間で定義された関数を定めることができる.

─ **定義18.1** ─────────────────────────

V を $\mathbf{R}$ 上のベクトル空間，$b: V \times V \to \mathbf{R}$ を V 上の対称形式とする. このとき，実数値関数 $q: V \to \mathbf{R}$ を

$$q(\boldsymbol{x}) = b(\boldsymbol{x}, \boldsymbol{x}) \qquad (\boldsymbol{x} \in V) \tag{18.1}$$

により定める. q を b に対する**2次形式**という.

─────────────────────────────────

例 18.1 $A \in M_n(\mathbf{R})$ を対称行列とすると，例 17.1 の $\mathbf{R}^n$ 上の双1次形式 b_A，すなわち，

$$b_A(\boldsymbol{x}, \boldsymbol{y}) = {}^t\boldsymbol{x} A \boldsymbol{y} \qquad (\boldsymbol{x}, \boldsymbol{y} \in \mathbf{R}^n) \tag{18.2}$$

は対称形式となる [⇨**例 17.4**]. q_A を b_A に対する2次形式とすると，(18.1), (18.2) より，

$$q_A(\boldsymbol{x}) = {}^t\boldsymbol{x} A \boldsymbol{x} \qquad (\boldsymbol{x} \in \mathbf{R}^n) \tag{18.3}$$

である[1].

(18.3) において，A の (i, j) 成分を a_{ij} とおくと，A が対称行列であること
より，

$$a_{ij} = a_{ji} \qquad (i, j = 1, 2, \cdots, n) \tag{18.4}$$

である．さらに，

$$\boldsymbol{x} = \begin{pmatrix} x_1 \\ x_2 \\ \vdots \\ x_n \end{pmatrix} \tag{18.5}$$

と表しておくと，

$$q_A(\boldsymbol{x}) = b_A(\boldsymbol{x}, \boldsymbol{x}) = \sum_{i,j=1}^{n} a_{ij} x_i x_j \tag{18.6}$$

となる．例えば，$n = 2$ のとき，$a = a_{11}$, $b = a_{12} = a_{21}$, $c = a_{22}$ とおくと，
(18.6) は

$$q_A(\boldsymbol{x}) = ax_1^2 + 2bx_1x_2 + cx_2^2 \tag{18.7}$$

となる．

逆に，1 次の項や定数項を含まない $x_1, x_2, \cdots, x_n$ の 2 次式は (18.4) をみた
す $a_{ij} \in \mathbf{R}$ を用いて (18.6) のように表すことができる．x_ix_j と x_jx_i は同類項
なので，係数を等しくできることに注意しよう． ◆

例18.2 例 17.2 の $C[0,1]$ 上の双 1 次形式 b，すなわち，

$$b(f, g) = \int_0^1 f(t)g(t)\, dt \qquad (f, g \in C[0,1]) \tag{18.8}$$

は $C[0,1]$ の内積でもあるので，対称形式である．q を b に対する 2 次形式とす
ると，(18.1), (18.8) より，

---

[1] 文献によっては，(18.3) のようにして定められる q_A のことを 2 次形式と定義するも
のもある．

$$q(f) = b(f, f) = \int_0^1 \bigl(f(t)\bigr)^2 dt \qquad (f \in C[0,1]) \tag{18.9}$$

である。 ◆

2次形式について，次の定理 18.1 がなりたつ。

定理 18.1（重要）

V を $\mathbf{R}$ 上のベクトル空間，$b : V \times V \to \mathbf{R}$ を V 上の対称形式，$q : V \to \mathbf{R}$ を b に対する2次形式とする。このとき，次の (1), (2) がなりたつ。

  (1) 任意の $c \in \mathbf{R}$ および任意の $\boldsymbol{x} \in V$ に対して，$q(c\boldsymbol{x}) = c^2 q(\boldsymbol{x})$.

  (2) 任意の $\boldsymbol{x}, \boldsymbol{y} \in V$ に対して，$2b(\boldsymbol{x}, \boldsymbol{y}) = q(\boldsymbol{x} + \boldsymbol{y}) - q(\boldsymbol{x}) - q(\boldsymbol{y})$.

証明 (1)　2次形式の定義（定義 18.1）および双1次形式の定義（定義 17.1）を用いればよい（✐）。

(2)　問 17.1 と対称形式の定義（定義 17.2 (1)）を見よ（✐）。 ◇

注意 18.1　定理 18.1 において，2次形式は対称形式を用いずに，(1) の条件をみたし，(2) により定められる b が対称形式となるような関数 q として定めることもできる。このとき，b を q に対する**対称形式**という。とくに，V 上の2次形式と V 上の対称形式とは1対1に対応する。

18・2　2次形式の標準形

2次形式は双1次形式である対称形式から定められるので，17・2 で定めた双1次形式に対する表現行列，階数や注意 17.2 で定めた対称形式に対する符号数は2次形式に対してもそのまま定めることができる。

例 18.3　$A \in M_n(\mathbf{R})$ を対称行列とし，例 18.1 の $\mathbf{R}^n$ 上の対称形式 b_A に対する2次形式 q_A を考えよう。このとき，$\mathbf{R}^n$ の標準基底に関する q_A の表現行列は A である。また，q_A の階数は A の階数に一致する。さらに，q_A の符号数は b_A の符号数に一致する。 ◆

念のため，もう少し詳しく述べておこう．まず，V を $\mathbf{R}$ 上の n 次元ベクト
ル空間，$b : V \times V \to \mathbf{R}$ を V 上の対称形式，$q : V \to \mathbf{R}$ を b に対する2次形式
とし，V の基底 $\{\boldsymbol{a}_1, \boldsymbol{a}_2, \cdots, \boldsymbol{a}_n\}$ を1つ選んでおく．次に，$\boldsymbol{x} \in V$ に対して，
$x_1, x_2, \cdots, x_n \in \mathbf{R}$ を基底 $\{\boldsymbol{a}_1, \boldsymbol{a}_2, \cdots, \boldsymbol{a}_n\}$ に関する $\boldsymbol{x}$ の成分とする．この
とき，線形同型写像 $\varphi : V \to \mathbf{R}^n$ を

$$\varphi(\boldsymbol{x}) = \begin{pmatrix} x_1 \\ x_2 \\ \vdots \\ x_n \end{pmatrix} \tag{18.10}$$

により定めることができる．さらに，A を基底 $\{\boldsymbol{a}_1, \boldsymbol{a}_2, \cdots, \boldsymbol{a}_n\}$ に関する b
の表現行列とすると，

$$b(\boldsymbol{x}, \boldsymbol{y}) = {}^t\varphi(\boldsymbol{x}) A \varphi(\boldsymbol{y}) \qquad (\boldsymbol{x}, \boldsymbol{y} \in V) \tag{18.11}$$

がなりたつ．(18.1), (18.11) より，

$$q(\boldsymbol{x}) = {}^t\varphi(\boldsymbol{x}) A \varphi(\boldsymbol{x}) \qquad (\boldsymbol{x} \in V) \tag{18.12}$$

である．この A をそのまま基底 $\{\boldsymbol{a}_1, \boldsymbol{a}_2, \cdots, \boldsymbol{a}_n\}$ に関する q の **表現行列** と
いう．

また，$\{\boldsymbol{b}_1, \boldsymbol{b}_2, \cdots, \boldsymbol{b}_n\}$ も V の基底とし，$P \in M_n(\mathbf{R})$ を基底変換 $\{\boldsymbol{a}_1, \boldsymbol{a}_2,$
$\cdots, \boldsymbol{a}_n\} \to \{\boldsymbol{b}_1, \boldsymbol{b}_2, \cdots, \boldsymbol{b}_n\}$ の基底変換行列とする．このとき，基底 $\{\boldsymbol{b}_1, \boldsymbol{b}_2,$
$\cdots, \boldsymbol{b}_n\}$ に関する q の表現行列は ${}^tPAP$ となる．よって，表現行列の階数は基
底の選び方に依存しない．これを $\operatorname{rank} q$ と表し，q の **階数** という．

さらに，定理 17.3, (18.10), (18.12) より，次の定理 18.2 がなりたつ．

定理18.2（重要）

V を $\mathbf{R}$ 上の n 次元ベクトル空間，$q : V \to \mathbf{R}$ を V 上の2次形式とする．
このとき，V のある基底 $\{\boldsymbol{a}_1, \boldsymbol{a}_2, \cdots, \boldsymbol{a}_n\}$ が存在し，基底 $\{\boldsymbol{a}_1, \boldsymbol{a}_2, \cdots,$
$\boldsymbol{a}_n\}$ に関する q の表現行列は

$$\begin{pmatrix} E_r & O & O \\ O & -E_s & O \\ O & O & O \end{pmatrix} \tag{18.13}$$

と表される．すなわち，

$$q(\boldsymbol{x}) = x_1^2 + \cdots + x_r^2 - x_{r+1}^2 - \cdots - x_{r+s}^2 \tag{18.14}$$

となる[2]．

注意 17.2 より，定理 18.2 において，**シルヴェスターの慣性律**がなりたつ．すなわち，r, s の値は基底の選び方に依存しない．また，組 (r, s) を q の**符号数**という．なお，q の階数は $r + s$ である．さらに，(18.14) の右辺を q の**標準形**という．

18・3　定値性

さらに，対称形式および2次形式について，次の定義 18.2 のように定める．

定義 18.2

V を $\mathbf{R}$ 上のベクトル空間，$b : V \times V \to \mathbf{R}$ を V 上の対称形式，$q : V \to \mathbf{R}$ を b に対する2次形式とする．

(1) 任意の $\boldsymbol{x} \in V \setminus \{\boldsymbol{0}\}$ に対して，$b(\boldsymbol{x}, \boldsymbol{x}) > 0$，すなわち，$q(\boldsymbol{x}) > 0$ となるとき，b, q は**正定値**であるという．

(2) 任意の $\boldsymbol{x} \in V \setminus \{\boldsymbol{0}\}$ に対して，$b(\boldsymbol{x}, \boldsymbol{x}) < 0$，すなわち，$q(\boldsymbol{x}) < 0$ となるとき，b, q は**負定値**であるという．

(3) 任意の $\boldsymbol{x} \in V \setminus \{\boldsymbol{0}\}$ に対して，$b(\boldsymbol{x}, \boldsymbol{x}) \geq 0$，すなわち，$q(\boldsymbol{x}) \geq 0$ となるとき，b, q は**半正定値**（または**非負定値**）であるという．

---

[2]　注意 18.1 で述べたように，q に対する2次形式 b を考えると，(18.14) の (r, s) は定理 17.3 に現れる b の符号数 (r, s) と同じである．

> (4)　任意の $x \in V \setminus \{0\}$ に対して，$b(x, x) \leq 0$，すなわち，$q(x) \leq 0$
> となるとき，b, q は**半負定値**（または**非正定値**）であるという．

注意 18.2　定義 18.2 において，双 1 次形式，2 次形式の定義（定義 17.1，定義 18.1）より，$b(0, 0) = q(0) = 0$ である．

対称行列は (18.2) や (18.3) のように定められる対称形式，2 次形式が正定値，負定値，半正定値，半負定値のとき，それぞれ**正定値**，**負定値**，**半正定値**，**半負定値**であるという．

例 18.4　$\mathbf{R}$ 上のベクトル空間に対する内積とは，正定値な対称形式のことに他ならない．内積の定義を思い出そう（**図 18.1**）．　　　　　　　　　　◆

- $V : \mathbf{R}$ 上のベクトル空間
- $\langle\ ,\ \rangle : V \times V \to \mathbf{R}$

　　　　$\langle\ ,\ \rangle :$ 内積 $\underset{\text{def.}}{\Longleftrightarrow}$ 次の (1)〜(4) をみたす．

(1) $\langle x, y \rangle = \langle y, x \rangle$.

(2) $\langle x + y, z \rangle = \langle x, z \rangle + \langle y, z \rangle$.

(3) $\langle cx, y \rangle = c\langle y, x \rangle$.

(4) $\langle x, x \rangle \geq 0$ かつ「$\langle x, x \rangle = 0 \Longrightarrow x = 0$」.

　　　　　　　　　　　　　　　　　　$(x, y, z \in V,\ c \in \mathbf{R})$

図 18.1　内積

ベクトル空間が有限次元の場合には，2 次形式の標準形 $[\Rightarrow (18.14)]$ を考えることにより，次の定理 18.3 がなりたつ．

定理 18.3（重要）

V を $\mathbf{R}$ 上の n 次元ベクトル空間，$b : V \times V \to \mathbf{R}$ を V 上の対称形式，

$q : V \to \mathbf{R}$ を b に対する 2 次形式とする. このとき, 次の (1)〜(4) がなり
たつ.

 (1) b, q は正定値 $\Longleftrightarrow b, q$ の符号数は $(n, 0)$.

 (2) b, q は負定値 $\Longleftrightarrow b, q$ の符号数は $(0, n)$.

 (3) b, q は半正定値 $\Longleftrightarrow b, q$ の符号数は $(r, 0)$ $(0 \le r \le n)$.

 (4) b, q は半負定値 $\Longleftrightarrow b, q$ の符号数は $(0, s)$ $(0 \le s \le n)$.

18・4　正定値性と負定値性の判定

定理 18.3 によれば, 有限次元のベクトル空間上の対称形式や 2 次形式が正定
値あるいは負定値であるかどうかは, 対称行列の固有値の符号を調べることに
帰着されるが, 次の定理 18.4 を用いて判定することもできる.

定理 18.4（重要）

$A \in M_n(\mathbf{R})$ を対称行列とする. A の (i, j) 成分を a_{ij} とおき,

$$
D_k = \begin{vmatrix} a_{11} & a_{12} & \cdots & a_{1k} \\ a_{21} & a_{22} & \cdots & a_{2k} \\ \vdots & \vdots & \ddots & \vdots \\ a_{k1} & a_{k2} & \cdots & a_{kk} \end{vmatrix} \quad (k = 1, 2, \cdots, n) \tag{18.15}
$$

とおくと, 次の (1), (2) がなりたつ.

 (1) A は正定値 $\Longleftrightarrow$ 任意の $k = 1, 2, \cdots, n$ に対して, $D_k > 0$.

 (2) A は負定値 $\Longleftrightarrow$ 任意の $k = 1, 2, \cdots, n$ に対して, $(-1)^k D_k > 0$.

証明　(1)　**必要性 $(\Rightarrow)$**　$\mathbf{R}^k$ 上の 2 次形式 $q_k : \mathbf{R}^k \to \mathbf{R}$ を

$$
q_k(\boldsymbol{x}) = \sum_{i,j=1}^{k} a_{ij} x_i x_j \qquad \left(\boldsymbol{x} = \begin{pmatrix} x_1 \\ x_2 \\ \vdots \\ x_k \end{pmatrix} \in \mathbf{R}^k \right) \tag{18.16}
$$

により定める $[\Rightarrow \boxed{例18.1}]$. A は正定値なので, q_k は正定値である. よって, 定理 18.3 の (1) より, $a_{ij}\ (i, j = 1, 2, \cdots, k)$ を (i, j) 成分とする k 次の対称行列の固有値はすべて正である. したがって, $D_k > 0$ である.

十分性 $(\Leftarrow)$　問 18.6 とする.

(2) A が負定値であることと $-A$ が正定値であることは同値である. よって, (1) より, (2) がなりたつ.　　　　　　　　　　　　　　　　　　　　　　$\diamondsuit$

定理 18.4 において, D_k を A の k 次の**主小行列式**という.

例題 18.1　$a \in \mathbf{R}$ とし, 3次の対称行列 $A = \begin{pmatrix} a & 1 & 0 \\ 1 & a & 1 \\ 0 & 1 & a \end{pmatrix}$ を考える.

(1)　A が正定値となるための a の条件を求めよ.

(2)　A が負定値となるための a の条件を求めよ.

解　主小行列式を計算すると,

$$D_1 = a, \qquad D_2 = \begin{vmatrix} a & 1 \\ 1 & a \end{vmatrix} = a^2 - 1, \tag{18.17}$$

$$D_3 = \begin{vmatrix} a & 1 & 0 \\ 1 & a & 1 \\ 0 & 1 & a \end{vmatrix} = a^3 - a - a\ (\because \text{サラスの方法}) = a(a^2 - 2) \tag{18.18}$$

である.

(1)　定理 18.4 の (1) より, $D_1 > 0,\ D_2 > 0,\ D_3 > 0$ を解く. 求める条件は (18.17), (18.18) より, $a > \sqrt{2}$ である.

(2)　定理 18.4 の (2) より, $D_1 < 0,\ D_2 > 0,\ D_3 < 0$ を解く. 求める条件は (18.17), (18.18) より, $a < -\sqrt{2}$ である.　　　　　　　　　　　　$\diamondsuit$

§18 の問題

確認問題

問 18.1 $\mathbf{R}^3$ 上の2次形式 q を次の (1), (2) のように定める. ただし, $\boldsymbol{x} = \begin{pmatrix} x_1 \\ x_2 \\ x_3 \end{pmatrix} \in \mathbf{R}^3$ である. 対称行列 $A \in M_3(\mathbf{R})$ を用いて, q を

$$q(\boldsymbol{x}) = {}^t\!\boldsymbol{x} A \boldsymbol{x} \qquad (\boldsymbol{x} \in \mathbf{R}^3)$$

と表したときの A を求めよ. さらに, q の符号数および階数を答えよ.

(1) $q(\boldsymbol{x}) = x_1^2 + x_2^2 - x_3^2$ (2) $q(\boldsymbol{x}) = -x_1^2 - x_2^2$

☐☐☐ [⇨ **18·2**]

問 18.2 V を $\mathbf{R}$ 上のベクトル空間, $b : V \times V \to \mathbf{R}$ を V 上の双1次形式とする.

(1) b がみたす条件を書け.

(2) b が対称形式であることの定義を書け.

(3) b が交代形式であることの定義を書け.

(4) b を対称形式とする. b に対する2次形式の定義を書け.

(5) b を対称形式とする. b が正定値であることの定義を書け.

(6) b を対称形式とする. b が負定値であることの定義を書け.

☐☐☐ [⇨ **18·3**]

問 18.3 対称行列に対する主小行列式の定義を書け.

☐☐☐ [⇨ **18·4**]

問 18.4 $a \in \mathbf{R}$ とし, 3次の対称行列 $A = \begin{pmatrix} a & 2 & 1 \\ 2 & a & 0 \\ 1 & 0 & a \end{pmatrix}$ を考える.

(1) A の主小行列式をすべて求めよ.

(2) A が正定値となるための a の条件を求めよ.

(3) A が負定値となるための a の条件を求めよ.

$\square\square\square$ [⇨ **18 · 4**]

基本問題

問 18.5 $a \in \mathbf{R}$ とし, $\mathbf{R}^3$ 上の 2 次形式 q を

$$q(\boldsymbol{x}) = x_1^2 + x_2^2 + x_3^2 + 2a(x_1x_2 + x_2x_3 + x_3x_1) \quad \left(\boldsymbol{x} = \begin{pmatrix} x_1 \\ x_2 \\ x_3 \end{pmatrix} \in \mathbf{R}^3 \right)$$

により定める. q の符号数が $(1, 2)$ となるための a の条件を求めよ.

$\square\square\square$ [⇨ **18 · 2**]

チャレンジ問題

問 18.6 次の $\boxed{}$ をうめることにより, 定理 18.4 の (1) において, 十分性 ($\Leftarrow$) を示せ.

n に関する数学的帰納法により示す. A に対して, (18.6) の 2 次形式 q_A, すなわち,

$$q_A(\boldsymbol{x}) = \sum_{i,j=1}^{n} a_{ij}x_ix_j$$

を考える.

● $n = 1$ のとき, $q_A(\boldsymbol{x}) = \boxed{①}$ である. ここで, $D_1 = \boxed{②} > 0$ なので, q_A は正定値である.

● $n = l$ のとき, $k = 1, 2, \cdots, l$ に対して, $D_k > 0$ ならば, q_A は正定値であると仮定する. $n = l + 1$ とし, $i, j = 1, 2, \cdots, l$ に対して,

$$b_{i+1,j+1} = a_{11}a_{i+1,j+1} - a_{1,i+1}a_{1,j+1}$$

とおく. (i, j) 成分が $b_{i+1,j+1}$ の l 次の正方行列を B とおくと, A が $\boxed{③}$ 行

列であることより，B は $\boxed{③}$ 行列となる．よって，$\mathbf{R}^l$ 上の 2 次形式 q_B を

$$q_B(\boldsymbol{x}') = \sum_{i,j=2}^{l+1} b_{ij} x_i x_j$$

により定めることができる．このとき，

$$\left(\sum_{i=1}^{l+1} a_{1i} x_i \right)^2 + q_B(\boldsymbol{x}') = \boxed{④} \, q_A(\boldsymbol{x})$$

となる．ここで，$k = 1, 2, \cdots, l$ に対して，A の $(k+1)$ 次の主小行列式を D_{k+1}，B の k 次の主小行列式を D_k' とすると，B の定義より，

$$\boxed{⑤} \, D_{k+1} = a_{11} D_k'$$

となる．さらに，$k = 1, 2, \cdots, l+1$ に対して，$D_k > 0$ ならば，$k = 1, 2, \cdots, l$ に対して，$D_k' > \boxed{⑥}$ となり，帰納法の仮定より，q_B は正定値である．したがって，q_A は正定値となる．

 $[\Rightarrow \boxed{18 \cdot 4}]$

§19のポイント

- 実数を係数とする複数の未知変数についての2次方程式は **2次超曲面**を表す.
- 楕円, 双曲線, 放物線は **2次曲線**, 球面は **2次曲面**の例である.
- ユークリッド空間の**等長変換**は**ユークリッド距離**を保つ.
- ユークリッド空間の等長変換は回転や**鏡映**の合成からなる直交行列とベクトルによる平行移動を用いて表される.

19・1 2次超曲面の定義と例

実数を係数とする未知変数 x についての2次方程式は

$$ax^2 + 2bx + c = 0 \tag{19.1}$$

と表すことができる. ただし, $a, b, c \in \mathbf{R}, a \neq 0$ である. $b^2 - ac < 0$ のとき, (19.1) の解は複素数の範囲で考えなければ存在しないが, $b^2 - ac \geq 0$ のとき, (19.1) の実数解は

$$x = \frac{-b \pm \sqrt{b^2 - ac}}{a} \tag{19.2}$$

と具体的に求めることができる. しかし, 未知変数の個数が増えると, 2次方程式の解を具体的に表すことは困難となる. §19 , §20 では, 未知変数が n 個の2次方程式を $\mathbf{R}^n$ 内の図形とみなすことによって調べていこう.

実数を係数とする未知変数 $x_1, x_2, \cdots, x_n$ についての2次方程式は

$$\sum_{i,j=1}^{n} a_{ij} x_i x_j + 2 \sum_{i=1}^{n} b_i x_i + c = 0 \tag{19.3}$$

と表すことができる. ただし,

$$a_{ij}, b_i, c \in \mathbf{R}, \quad a_{ij} = a_{ji} \quad (i, j = 1, 2, \cdots, n) \tag{19.4}$$

であり，$a_{11}, a_{12}, \cdots, a_{nn}$ の内の少なくとも1つは0ではない．$x_i x_j = x_j x_i$ なので，(19.4) の第2式のように仮定してもよいことに注意しよう [⇨ **例18.1**]．

このとき，零行列ではない対称行列 $A \in M_n(\mathbf{R})$ および $\boldsymbol{b}, \boldsymbol{x} \in \mathbf{R}^n$ を

$$A = \begin{pmatrix} a_{11} & a_{12} & \cdots & a_{1n} \\ a_{21} & a_{22} & \cdots & a_{2n} \\ \vdots & \vdots & \ddots & \vdots \\ a_{n1} & a_{n2} & \cdots & a_{nn} \end{pmatrix}, \quad \boldsymbol{b} = \begin{pmatrix} b_1 \\ b_2 \\ \vdots \\ b_n \end{pmatrix}, \quad \boldsymbol{x} = \begin{pmatrix} x_1 \\ x_2 \\ \vdots \\ x_n \end{pmatrix} \tag{19.5}$$

により定めることができる．よって，(19.3) は

$$^t\boldsymbol{x}A\boldsymbol{x} + 2{}^t\boldsymbol{b}\boldsymbol{x} + c = 0 \tag{19.6}$$

と表すことができる．

そこで，(19.6) をみたす $\boldsymbol{x} \in \mathbf{R}^n$ 全体の集合

$$\{\boldsymbol{x} \in \mathbf{R}^n \mid {}^t\boldsymbol{x}A\boldsymbol{x} + 2{}^t\boldsymbol{b}\boldsymbol{x} + c = 0\} \tag{19.7}$$

を考えよう．集合 (19.7) を **2次超曲面** という．また，2次方程式 (19.6) 自身のことも2次超曲面という．なお，(19.6), (19.7) において，$n=2$ のときの2次超曲面を **2次曲線**，$n=3$ のときの2次超曲面を **2次曲面** という．

例 19.1（楕円） $a, b > 0$ とすると，未知変数 x, y についての2次方程式

$$\frac{x^2}{a^2} + \frac{y^2}{b^2} = 1 \tag{19.8}$$

は楕円を表す2次曲線である[1]（**図 19.1** (a)）．　　　　　　　◆

例 19.2（双曲線） $a, b > 0$ とすると，未知変数 x, y についての2次方程式

$$\frac{x^2}{a^2} - \frac{y^2}{b^2} = 1 \tag{19.9}$$

は双曲線を表す2次曲線である（**図 19.1** (b)）．　　　　　　　◆

---

[1]　(19.8) は右辺が0となっていないが，定数項を移項して，このようにして表すことが多い．以下の例についても同様である．

例 19.3（放物線） $a > 0$ とすると，未知変数 x, y についての2次方程式

$$x^2 = 2ay \qquad (19.10)$$

は放物線を表す2次曲線である（**図 19.1** (c)）．◆

例 19.4（球面） $r > 0$ とすると，未知変数 x, y, z についての2次方程式

$$x^2 + y^2 + z^2 = r^2 \qquad (19.11)$$

は球面を表す2次曲面である（**図 19.1** (d)）．◆

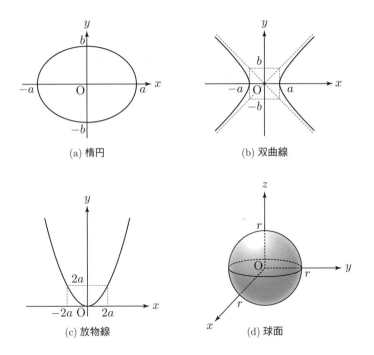

(a) 楕円　　　　　(b) 双曲線

(c) 放物線　　　　(d) 球面

図 19.1　2次曲線と2次曲面の例

19・2　ユークリッド空間の等長変換

2次超曲面がユークリッド空間内のどのような図形であるのかを理解するための準備として，19・2 では，ユークリッド空間の等長変換について述べよう．

まず，$\mathbf{R}^n$ の標準内積 $\langle\,,\,\rangle$ を考え，$\langle\,,\,\rangle$ から定められる $\mathbf{R}^n$ のノルムを $\|\ \|$ とする．すなわち，

$$\|\boldsymbol{x}\| = \sqrt{x_1^2 + x_2^2 + \cdots + x_n^2} \qquad \left(\boldsymbol{x} = \begin{pmatrix} x_1 \\ x_2 \\ \vdots \\ x_n \end{pmatrix} \in \mathbf{R}^n\right) \qquad (19.12)$$

である．このとき，実数値関数 $d : \mathbf{R}^n \times \mathbf{R}^n \to \mathbf{R}$ を

$$d(\boldsymbol{x}, \boldsymbol{y}) = \|\boldsymbol{x} - \boldsymbol{y}\| \qquad \left(\boldsymbol{x} = \begin{pmatrix} x_1 \\ x_2 \\ \vdots \\ x_n \end{pmatrix}, \boldsymbol{y} = \begin{pmatrix} y_1 \\ y_2 \\ \vdots \\ y_n \end{pmatrix} \in \mathbf{R}^n\right) \qquad (19.13)$$

により定める．d を $\mathbf{R}^n$ の**ユークリッド距離**，$d(\boldsymbol{x}, \boldsymbol{y})$ を $\boldsymbol{x}$ と $\boldsymbol{y}$ の**ユークリッド距離**という．$n = 2, 3$ のとき，$d(\boldsymbol{x}, \boldsymbol{y})$ は三平方の定理を用いて得られる $\boldsymbol{x}$ と $\boldsymbol{y}$ の距離に一致することは，すでにまなんでいることであろう．

ユークリッド距離を用いて，ユークリッド空間の等長変換を次の定義 19.1 のように定める．

定義 19.1

$f : \mathbf{R}^n \to \mathbf{R}^n$ を写像とする．f が全単射であり[2)]，ユークリッド距離を保つ，すなわち，任意の $\boldsymbol{x}, \boldsymbol{y} \in \mathbf{R}^n$ に対して，等式

$$d\big(f(\boldsymbol{x}), f(\boldsymbol{y})\big) = d(\boldsymbol{x}, \boldsymbol{y}) \qquad (19.14)$$

[2)]　定理 19.1 の証明からわかるように，全単射という条件は必要ない．しかし，ユークリッド空間を一般化した距離空間 [⇨ ［藤岡 3］第 5 章] に対する等長変換の場合は，この条件は必要となる．

がなりたつとき，f を $\mathbf{R}^n$ の**等長変換**（または**合同変換**）という．

　実は，ユークリッド空間の等長変換は次の定理 19.1 のように具体的に表すことができる．

定理 19.1（重要）

等長変換 $f : \mathbf{R}^n \to \mathbf{R}^n$ は直交行列 $A \in M_n(\mathbf{R})$ と $\boldsymbol{b} \in \mathbf{R}^n$ を用いて，
$$f(\boldsymbol{x}) = A\boldsymbol{x} + \boldsymbol{b} \qquad (\boldsymbol{x} \in \mathbf{R}^n) \tag{19.15}$$
と表される．

証明　まず，(19.15) のように表される写像 $f : \mathbf{R}^n \to \mathbf{R}^n$ は等長変換である（✍）．逆に，$f : \mathbf{R}^n \to \mathbf{R}^n$ を等長変換とする．f が (19.15) のように表されることは，次の (1)～(5) の手順のように，問 14.2，問 14.3 と同様の議論を行えばよい（✍）．

(1)　写像 $g : \mathbf{R}^n \to \mathbf{R}^n$ を
$$g(\boldsymbol{x}) = f(\boldsymbol{x}) - f(\boldsymbol{0}) \qquad (\boldsymbol{x} \in \mathbf{R}^n) \tag{19.16}$$
　　により定める．このとき，g は等長変換である．

(2)　g がノルム $\|\ \|$ を保つことを示す．

(3)　g が標準内積 $\langle\,,\,\rangle$ を保つことを示す．

(4)　g が線形変換であることを示す．よって，ある $A \in M_n(\mathbf{R})$ が存在し，
$$g(\boldsymbol{x}) = A\boldsymbol{x} \qquad (\boldsymbol{x} \in \mathbf{R}^n) \tag{19.17}$$
　　となる．

(5)　A は直交行列であり，$\boldsymbol{b} = f(\boldsymbol{0})$ とおくと，(19.15) がなりたつ．

◇

19・3　等長変換の幾何学的意味

　$\mathbf{R}^n$ の等長変換を表す (19.15) に現れた直交行列 A およびベクトル $\boldsymbol{b}$ の幾何学的意味について考えていこう．

まず，$\boldsymbol{x} \in \mathbf{R}^n$ から $\boldsymbol{x} + \boldsymbol{b} \in \mathbf{R}^n$ への対応は $\boldsymbol{x}$ を $\boldsymbol{b}$ だけ平行移動することを意味する．

次に，$\boldsymbol{x} \in \mathbf{R}^n$ から $A\boldsymbol{x} \in \mathbf{R}^n$ への対応について考えよう．定理 19.1 において，$\boldsymbol{b} = \boldsymbol{0}$ とする．すなわち，$A \in M_n(\mathbf{R})$ を直交行列とし，等長変換 $f : \mathbf{R}^n \to \mathbf{R}^n$ を

$$f(\boldsymbol{x}) = A\boldsymbol{x} \qquad (\boldsymbol{x} \in \mathbf{R}^n) \tag{19.18}$$

により定める．なお，直交行列の行列式は 1 または -1 であることに注意しよう ［⇨ ［藤岡 1］ 問 8.7 ］．

$n = 1$ とすると，$A = \pm 1$ である（✍）．よって，$A = 1$ のとき，f は恒等変換である．また，$A = -1$ のとき，f は原点に関する対称移動を表す．

$n = 2$ とすると，ある $\theta \in [0, 2\pi)$ が存在し，

$$A = \begin{cases} \begin{pmatrix} \cos\theta & -\sin\theta \\ \sin\theta & \cos\theta \end{pmatrix} & (|A| = 1), \\[4mm] \begin{pmatrix} \cos\theta & \sin\theta \\ \sin\theta & -\cos\theta \end{pmatrix} & (|A| = -1) \end{cases} \tag{19.19}$$

となる（✍）．よって，$|A| = 1$ のとき，f は原点を中心とする角 θ の回転を表す（**図 19.2 左**）．また，$|A| = -1$ のとき，f は原点を通る直線

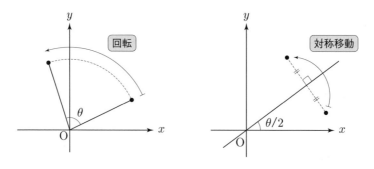

図 19.2　回転と直線に関する対称移動

$$x_2 \cos \frac{\theta}{2} = x_1 \sin \frac{\theta}{2} \tag{19.20}$$

に関する対称移動を表す（**図 19.2 右**）.

一般の n に対しては，定理 16.5 より，ある直交行列 $P \in M_n(\mathbf{R})$ が存在し，

$$P^{-1}AP = \begin{pmatrix} E_q & & & & \text{\Large 0} \\ & -E_r & & & \\ & & R(\theta_1) & & \\ & & & \ddots & \\ \text{\Large 0} & & & & R(\theta_s) \end{pmatrix} \tag{19.21}$$

と表される. ただし，E_q, E_r はそれぞれ q 次，r 次の単位行列であり，$\theta \in \mathbf{R}$ に対して，

$$R(\theta) = \begin{pmatrix} \cos\theta & -\sin\theta \\ \sin\theta & \cos\theta \end{pmatrix} \tag{19.22}$$

である.

例えば，$n=2$, $|A|=1$ のときは，$P=E$ とおくことにより，(19.21) は (19.19) の $|A|=1$ の場合となる. $n=2$, $|A|=-1$ のときは，(19.21) の $P^{-1}AP$ は次の例題 19.1 のような計算となる.

例題 19.1　$\theta \in \mathbf{R}$ とする. 次の計算をせよ.

$$\begin{pmatrix} \cos\frac{\theta}{2} & -\sin\frac{\theta}{2} \\ \sin\frac{\theta}{2} & \cos\frac{\theta}{2} \end{pmatrix}^{-1} \begin{pmatrix} \cos\theta & \sin\theta \\ \sin\theta & -\cos\theta \end{pmatrix} \begin{pmatrix} \cos\frac{\theta}{2} & -\sin\frac{\theta}{2} \\ \sin\frac{\theta}{2} & \cos\frac{\theta}{2} \end{pmatrix} \tag{19.23}$$

解　(与式) $= \dfrac{1}{\cos^2\frac{\theta}{2} + \sin^2\frac{\theta}{2}} \begin{pmatrix} \cos\frac{\theta}{2} & \sin\frac{\theta}{2} \\ -\sin\frac{\theta}{2} & \cos\frac{\theta}{2} \end{pmatrix}$

$\times \begin{pmatrix} \cos\theta\cos\frac{\theta}{2} + \sin\theta\sin\frac{\theta}{2} & -\cos\theta\sin\frac{\theta}{2} + \sin\theta\cos\frac{\theta}{2} \\ \sin\theta\cos\frac{\theta}{2} - \cos\theta\sin\frac{\theta}{2} & -\sin\theta\sin\frac{\theta}{2} - \cos\theta\cos\frac{\theta}{2} \end{pmatrix}$

$$\overset{\text{加法定理}}{=} \begin{pmatrix} \cos\frac{\theta}{2} & \sin\frac{\theta}{2} \\ -\sin\frac{\theta}{2} & \cos\frac{\theta}{2} \end{pmatrix} \begin{pmatrix} \cos\left(\theta-\frac{\theta}{2}\right) & \sin\left(\theta-\frac{\theta}{2}\right) \\ \sin\left(\theta-\frac{\theta}{2}\right) & -\cos\left(\theta-\frac{\theta}{2}\right) \end{pmatrix}$$

$$= \begin{pmatrix} \cos\frac{\theta}{2} & \sin\frac{\theta}{2} \\ -\sin\frac{\theta}{2} & \cos\frac{\theta}{2} \end{pmatrix} \begin{pmatrix} \cos\frac{\theta}{2} & \sin\frac{\theta}{2} \\ \sin\frac{\theta}{2} & -\cos\frac{\theta}{2} \end{pmatrix}$$

$$= \begin{pmatrix} \cos^2\frac{\theta}{2}+\sin^2\frac{\theta}{2} & 0 \\ 0 & -\left(\cos^2\frac{\theta}{2}+\sin^2\frac{\theta}{2}\right) \end{pmatrix} = \begin{pmatrix} 1 & 0 \\ 0 & -1 \end{pmatrix} \tag{19.24}$$

である. $\diamondsuit$

また, $n=3$ とすると, (19.21) は

$$P^{-1}AP = \begin{pmatrix} \pm 1 & 0 & 0 \\ 0 & \cos\theta & -\sin\theta \\ 0 & \sin\theta & \cos\theta \end{pmatrix} \tag{19.25}$$

となる.

よって, P を

$$P = \begin{pmatrix} \boldsymbol{p}_1 & \boldsymbol{p}_2 & \boldsymbol{p}_3 \end{pmatrix} \tag{19.26}$$

と列ベクトルに分割しておくと, P が直交行列であることより, $\{\boldsymbol{p}_1, \boldsymbol{p}_2, \boldsymbol{p}_3\}$ は $\mathbf{R}^3$ の正規直交基底であり,

$$A\boldsymbol{p}_1 = \begin{cases} \boldsymbol{p}_1 & (|A|=1), \\ -\boldsymbol{p}_1 & (|A|=-1) \end{cases} \tag{19.27}$$

$$A\begin{pmatrix} \boldsymbol{p}_2 & \boldsymbol{p}_3 \end{pmatrix} = \begin{pmatrix} \boldsymbol{p}_2 & \boldsymbol{p}_3 \end{pmatrix} \begin{pmatrix} \cos\theta & -\sin\theta \\ \sin\theta & \cos\theta \end{pmatrix} \tag{19.28}$$

となる. したがって, $|A|=1$ のとき, f は原点を通る $\boldsymbol{p}_1$ 方向の直線を回転軸とする角 θ の回転を表す (**図 19.3 左**). また, $|A|=-1$ のとき, f は $\boldsymbol{p}_2$ と $\boldsymbol{p}_3$ により生成される平面に関する対称移動と原点を通る $\boldsymbol{p}_1$ 方向の直線を回転軸とする角 θ の回転の合成を表す (**図 19.3 右**).

同様に, 一般の n に対しても f の幾何学的意味を考えることができる. まず, $|A|=1$ のとき, 行列式の性質より, (19.21) において, r は偶数となる (✍).

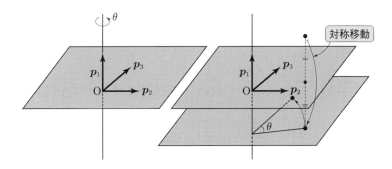

図 19.3 3次の直交行列の幾何学的意味

ここで,

$$-E_2 = R(\pi) \tag{19.29}$$

であることに注意すると, f は原点を中心とする回転のいくつかの合成を表す.
このことから, 行列式が1の直交行列を**回転行列**ともいう. また, $|A| = -1$ の
とき, f は原点を通る超平面, すなわち, $\mathbf{R}^n$ の $(n-1)$ 次元部分空間に関する
対称移動と原点を中心とする回転のいくつかの合成を表す. なお, ユークリッ
ド空間内の超平面[3]に関する対称移動を**鏡映**という.

19・4 2次超曲面の変換

$\mathbf{R}^n$ の等長変換は (19.15) のように表されるので, 2次超曲面を等長変換で写
すと, ふたたび2次超曲面が得られることは明らかである. しかし, §20 で
2次超曲面を分類するための準備もかねて, 19・4 では具体的に計算をしてお
こう.

零行列ではない対称行列 $A \in M_n(\mathbf{R})$ および $\boldsymbol{b} \in \mathbf{R}^n$, $c \in \mathbf{R}$ に対して, 2次
超曲面 (19.6) を考える. また, $f : \mathbf{R}^n \to \mathbf{R}^n$ を等長変換とする. 等長変換の定
義 (定義 19.1) より, f の逆写像 $f^{-1} : \mathbf{R}^n \to \mathbf{R}^n$ も等長変換である[4]. よって,

---

[3]　原点を通る必要はなく, 部分空間を平行移動したものでもよい.

[4]　(19.15) より, $\boldsymbol{x} = A^{-1} f(\boldsymbol{x}) - A^{-1} \boldsymbol{b}$ となることからも示すことができる (✍).

定理 19.1 より，ある直交行列 $P \in M_n(\mathbf{R})$ および $\boldsymbol{q} \in \mathbf{R}^n$ が存在し，

$$f^{-1}(\boldsymbol{y}) = P\boldsymbol{y} + \boldsymbol{q} \qquad (\boldsymbol{y} \in \mathbf{R}^n) \tag{19.30}$$

となる．$\boldsymbol{x} = f^{-1}(\boldsymbol{y})$ を (19.6) に代入すると，

$$0 \overset{\odot\,(19.30)}{=} {}^t(P\boldsymbol{y} + \boldsymbol{q})A(P\boldsymbol{y} + \boldsymbol{q}) + 2\,{}^t\boldsymbol{b}(P\boldsymbol{y} + \boldsymbol{q}) + c$$

$$= ({}^t\boldsymbol{y}\,{}^tP + {}^t\boldsymbol{q})(AP\boldsymbol{y} + A\boldsymbol{q}) + 2\,{}^t\boldsymbol{b}P\boldsymbol{y} + 2\,{}^t\boldsymbol{b}\boldsymbol{q} + c$$

$$= {}^t\boldsymbol{y}({}^tPAP)\boldsymbol{y} + {}^t\boldsymbol{y}\,{}^tPA\boldsymbol{q} + {}^t\boldsymbol{q}AP\boldsymbol{y} + {}^t\boldsymbol{q}A\boldsymbol{q} + 2\,{}^t\boldsymbol{b}P\boldsymbol{y} + 2\,{}^t\boldsymbol{b}\boldsymbol{q} + c$$

$$= {}^t\boldsymbol{y}({}^tPAP)\boldsymbol{y} + {}^t({}^t\boldsymbol{y}\,{}^tPA\boldsymbol{q}) + {}^t\boldsymbol{q}AP\boldsymbol{y} + {}^t\boldsymbol{q}A\boldsymbol{q} + 2\,{}^t\boldsymbol{b}P\boldsymbol{y} + 2\,{}^t\boldsymbol{b}\boldsymbol{q} + c$$

（$\odot$ 1 次行列は転置をとっても不変）

$$\overset{\odot\,{}^tA = A}{=} {}^t\boldsymbol{y}({}^tPAP)\boldsymbol{y} + 2\,{}^t\boldsymbol{q}\,{}^tAP\boldsymbol{y} + 2\,{}^t\boldsymbol{b}P\boldsymbol{y} + {}^t\boldsymbol{q}A\boldsymbol{q} + 2\,{}^t\boldsymbol{b}\boldsymbol{q} + c$$

$$= {}^t\boldsymbol{y}({}^tPAP)\boldsymbol{y} + 2\,{}^t(A\boldsymbol{q} + \boldsymbol{b})P\boldsymbol{y} + {}^t\boldsymbol{q}A\boldsymbol{q} + 2\,{}^t\boldsymbol{b}\boldsymbol{q} + c \tag{19.31}$$

となる．すなわち，

$$ {}^t\boldsymbol{y}({}^tPAP)\boldsymbol{y} + 2\,{}^t(A\boldsymbol{q} + \boldsymbol{b})P\boldsymbol{y} + {}^t\boldsymbol{q}A\boldsymbol{q} + 2\,{}^t\boldsymbol{b}\boldsymbol{q} + c = 0 \tag{19.32}$$

である．ここで，A は零行列ではない対称行列であり，P は直交行列であることに注意すると，${}^tPAP$ は零行列ではない対称行列となる．よって，(19.6) を等長変換 f によって写したものは 2 次超曲面 (19.32) となることがわかった．

§19 の問題

確認問題

問 19.1　次の (1), (2) の 2 次曲線を対称行列 $A \in M_2(\mathbf{R})$ および $\boldsymbol{b} \in \mathbf{R}^2$ を用いて

$$ {}^t\boldsymbol{x}A\boldsymbol{x} + 2\,{}^t\boldsymbol{b}\boldsymbol{x} + c = 0 \qquad \left(\boldsymbol{x} = \begin{pmatrix} x \\ y \end{pmatrix} \right)$$

と表す．このとき，$A, \boldsymbol{b}$ を求めよ．ただし，$a, b, c \in \mathbf{R}, a \neq 0$ である．

(1)　$y = ax^2 + bx + c$　　(2)　$xy = c$　　　□□□ [⇨ **19・1**]

問 19.2　次の □ をうめることにより，文章を完成させよ.

$\theta, \varphi \in \mathbf{R}$ とすると，等式

$$\begin{pmatrix} \cos\theta & \sin\theta \\ \sin\theta & -\cos\theta \end{pmatrix} \begin{pmatrix} \cos\varphi & \sin\varphi \\ \sin\varphi & -\cos\varphi \end{pmatrix} = \begin{pmatrix} \cos\left(\boxed{①}\right) & -\sin\left(\boxed{①}\right) \\ \sin\left(\boxed{①}\right) & \cos\left(\boxed{①}\right) \end{pmatrix}$$

がなりたつ. とくに，$\mathbf{R}^2$ の原点を中心とする回転は原点を通る直線に関する 2 個の □② の合成として表される. さらに，直交行列の標準形を考えると，原点を原点へ写す $\mathbf{R}^n$ の等長変換は原点を通る □③ に関する □④ 個以下の □② の合成として表される.

□□□ [⇨ **19・3**]

基本問題

問 19.3　$f : \mathbf{R}^n \to \mathbf{R}^n$ を等長変換とする. $f(\mathbf{0}) \neq \mathbf{0}$ ならば，ある鏡映 $g : \mathbf{R}^n \to \mathbf{R}^n$ が存在し，$(g \circ f)(\mathbf{0}) = \mathbf{0}$ となることを示せ. とくに，問 19.2 より，$\mathbf{R}^n$ の等長変換は $(n+1)$ 個以下の鏡映の合成として表される.

□□□ [⇨ **19・3**]

チャレンジ問題

問 19.4　正則な対称行列 $A \in M_n(\mathbf{R})$ および $\boldsymbol{b} \in \mathbf{R}^n$, $c \in \mathbf{R}$ に対して，2 次超曲面 (19.6) を考える. このとき，ある直交行列 $P \in M_n(\mathbf{R})$ および $\boldsymbol{q} \in \mathbf{R}^n$ が存在し，

$$\boldsymbol{x} = P\boldsymbol{y} + \boldsymbol{q}$$

とおくと，

$$\lambda_1 y_1^2 + \lambda_2 y_2^2 + \cdots + \lambda_n y_n^2 + \frac{|\tilde{A}|}{|A|} = 0$$

となることを示せ. ただし, $\lambda_1, \lambda_2, \cdots, \lambda_n \in \mathbf{R}$ は A のすべての固有値であり,

$$
\boldsymbol{y} = \begin{pmatrix} y_1 \\ y_2 \\ \vdots \\ y_n \end{pmatrix}, \qquad \tilde{A} = \begin{pmatrix} A & \boldsymbol{b} \\ {}^t\boldsymbol{b} & c \end{pmatrix}
$$

である.  [⇨ 19・4]

§20 2 次超曲面の標準形

- **中心をもつ 2 次超曲面は有心**であるという.
- 中心をもたない 2 次超曲面は**無心**であるという.
- 2 次超曲面は等長変換で写すことによって, **標準形**で表すことができる.
- 2 次超曲面の定義式に現れる係数から定められる行列の階数を用いて, **固有**なものを考えることができる.

20・1 2 次超曲面の中心

§20 では, 2 次超曲面

$$^t\boldsymbol{x}A\boldsymbol{x} + 2\,^t\boldsymbol{b}\boldsymbol{x} + c = 0 \tag{20.1}$$

を $\mathbf{R}^n$ の等長変換で写すことによって, 標準形というもので表そう. ただし, $A \in M_n(\mathbf{R})$ は零行列ではない対称行列であり, $\boldsymbol{b}, \boldsymbol{x} \in \mathbf{R}^n$, $c \in \mathbf{R}$ である.

まず, 19・4 で述べたことを思い出そう. 等長変換 $f : \mathbf{R}^n \to \mathbf{R}^n$ に対して, f^{-1} を直交行列 $P \in M_n(\mathbf{R})$ および $\boldsymbol{q} \in \mathbf{R}^n$ を用いて,

$$f^{-1}(\boldsymbol{y}) = P\boldsymbol{y} + \boldsymbol{q} \qquad (\boldsymbol{y} \in \mathbf{R}^n) \tag{20.2}$$

と表しておく. このとき, $\boldsymbol{x} = f^{-1}(\boldsymbol{y})$ を (20.1) に代入すると, 2 次超曲面

$$^t\boldsymbol{y}(^tPAP)\boldsymbol{y} + 2\,^t(A\boldsymbol{q} + \boldsymbol{b})P\boldsymbol{y} + {}^t\boldsymbol{q}A\boldsymbol{q} + 2\,^t\boldsymbol{b}\boldsymbol{q} + c = 0 \tag{20.3}$$

が得られるのであった. そこで, (20.3) の左辺の第 2 項に注目し, 次の定義 20.1 のように定める.

定義 20.1

2 次超曲面 (20.1) を考える. ある $\boldsymbol{q} \in \mathbf{R}^n$ が存在し,

$$A\boldsymbol{q} + \boldsymbol{b} = \boldsymbol{0} \tag{20.4}$$

となるとき, (20.1) は**有心**であるという. このとき, $\boldsymbol{q}$ を (20.1) の**中心**と

いう. (20.1) が有心でないとき, (20.1) は**無心**であるという.

2 次超曲面 (20.1) が有心な場合, (20.4) がなりたつように $\boldsymbol{q} \in \mathbf{R}^n$ を選んでおくと, (20.3) は

$$^t\boldsymbol{y}(^tPAP)\boldsymbol{y} + {}^t\boldsymbol{q}A\boldsymbol{q} + 2{}^t\boldsymbol{b}\boldsymbol{q} + c = 0 \qquad (20.5)$$

となる. よって, $\boldsymbol{y} \in \mathbf{R}^n$ が (20.5) の解ならば, $-\boldsymbol{y}$ も (20.5) の解である. すなわち, (20.5) が表す $\mathbf{R}^n$ の部分集合としての 2 次超曲面は原点に関して対称である. したがって, (20.1) が表す $\mathbf{R}^n$ の部分集合としての 2 次超曲面は点 $\boldsymbol{q}$ に関して対称である. これが「有心」という言葉の意味である.

[例 20.1] 2 次超曲面 (20.1) において, A が正則であるとする [⇨ 問 19.4]. このとき, (20.1) は有心である. 実際, (20.4) をみたす $\boldsymbol{q}$ は $\boldsymbol{q} = -A^{-1}\boldsymbol{b}$ によってあたえられるからである. ◆

20・2 2 次曲線と 2 次曲面の場合の例

まず, 有心または無心な 2 次曲線の例を挙げておこう.

[例 20.2] 例 19.1, 例 19.2 で述べた楕円, 双曲線は有心である [⇨ (19.8), (19.9)]. 一方, 例 19.3 で述べた放物線は無心である [⇨ (19.10)]. ◆

[例題 20.1] 2 次曲線

$$3x^2 + 10xy + 3y^2 + 2x + 14y - 5 = 0 \qquad (20.6)$$

は有心であることを示せ. さらに, その中心を求めよ. □□□ ✍

[解] 対称行列 $A \in M_2(\mathbf{R})$ および $\boldsymbol{b} \in \mathbf{R}^2$, $c \in \mathbf{R}$ を

$$A = \begin{pmatrix} 3 & 5 \\ 5 & 3 \end{pmatrix}, \quad \boldsymbol{b} = \begin{pmatrix} 1 \\ 7 \end{pmatrix}, \quad c = -5 \tag{20.7}$$

により定めると，(20.1) は (20.6) となる．ここで，

$$|A| = 3 \cdot 3 - 5 \cdot 5 = -16 \neq 0 \tag{20.8}$$

なので，A は正則である．よって，(20.6) は有心である [⇨ **例 20.1**]．さらに，中心 $\boldsymbol{q} \in \mathbf{R}^2$ は

$$\boldsymbol{q} \overset{\odot (20.4)}{=} -A^{-1}\boldsymbol{b} \overset{\odot (20.7)\, \text{第1式, 第2式}}{=} -\begin{pmatrix} 3 & 5 \\ 5 & 3 \end{pmatrix}^{-1} \begin{pmatrix} 1 \\ 7 \end{pmatrix}$$

$$\overset{\odot (20.8)}{=} -\frac{1}{-16} \begin{pmatrix} 3 & -5 \\ -5 & 3 \end{pmatrix} \begin{pmatrix} 1 \\ 7 \end{pmatrix} = \begin{pmatrix} -2 \\ 1 \end{pmatrix} \tag{20.9}$$

となる． ◇

注意 20.1 例題 20.1 において，(20.6) は

$$(x + 3y - 1)(3x + y + 5) = 0 \tag{20.10}$$

と同値である．さらに，(20.6) は $\boldsymbol{q}$ で交わる 2 直線

$$x + 3y - 1 = 0, \qquad 3x + y + 5 = 0 \tag{20.11}$$

を表す．

次に，有心または無心な 2 次曲面の例を挙げておこう．

例 20.3（楕円面） $a, b, c > 0$ とすると，2 次曲面

$$\frac{x^2}{a^2} + \frac{y^2}{b^2} + \frac{z^2}{c^2} = 1 \tag{20.12}$$

は有心である．これを**楕円面**という（**図 20.1** (a)）．とくに，例 19.4 で述べた球面は楕円面であり，有心である． ◆

例 20.4（一葉双曲面） $a, b, c > 0$ とすると，2 次曲面

$$\frac{x^2}{a^2} + \frac{y^2}{b^2} - \frac{z^2}{c^2} = 1 \tag{20.13}$$

は有心である．これを**一葉双曲面**という（**図 20.1** (b))． ◆

例 20.5（二葉双曲面） $a, b, c > 0$ とすると，2 次曲面

$$\frac{x^2}{a^2} + \frac{y^2}{b^2} - \frac{z^2}{c^2} = -1 \qquad (20.14)$$

は有心である．これを**二葉双曲面**という（**図 20.1** (c))． ◆

例 20.6（楕円放物面） $a, b > 0$ とすると，2 次曲面

$$z = \frac{x^2}{a^2} + \frac{y^2}{b^2} \qquad (20.15)$$

は無心である．これを**楕円放物面**という（**図 20.1** (d))． ◆

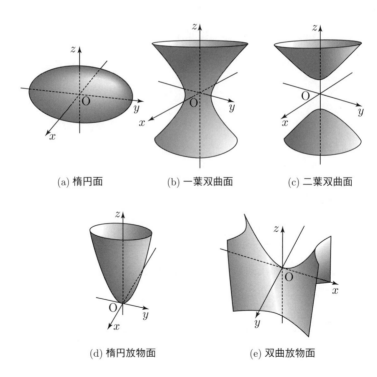

(a) 楕円面　　　　　(b) 一葉双曲面　　　　　(c) 二葉双曲面

(d) 楕円放物面　　　　　(e) 双曲放物面

図 20.1　有心または無心な 2 次曲面の例

例 20.7（双曲放物面） $a, b > 0$ とすると，2次曲面

$$z = \frac{x^2}{a^2} - \frac{y^2}{b^2} \tag{20.16}$$

は無心である．これを**双曲放物面**という（**図 20.1** (e)）． ◆

20・3 有心 2 次超曲面の標準形

20・3 では，有心 2 次超曲面を標準形というもので表そう．まず，2次超曲面 (20.1) を等長変換で写すことによって，2次超曲面 (20.3) が得られる．ここで，A は対称行列なので，A のすべての固有値を $\lambda_1, \cdots, \lambda_n$ とすると，これらは実数である．さらに，$A \neq O$ なので，$r = \operatorname{rank} A$ とおくと，$1 \leq r \leq n$ である．このとき，必要ならば，$\lambda_1, \cdots, \lambda_n$ の順序を入れ替えることにより，

$$\lambda_1, \cdots, \lambda_r \neq 0, \qquad \lambda_{r+1} = \cdots = \lambda_n = 0 \tag{20.17}$$

としてよい．よって，定理 16.3 より，P を

$$
{}^{t}PAP = \left(
\begin{array}{ccc:c}
\lambda_1 & & \text{\Large 0} & \\
& \ddots & & O \\
\text{\Large 0} & & \lambda_r & \\
\hdashline
& O & & O
\end{array}
\right) \tag{20.18}
$$

となるように選んでおくことができる．このとき，(20.3) は

$$\lambda_1 y_1^2 + \cdots + \lambda_r y_r^2 + 2\,{}^{t}(A\boldsymbol{q} + \boldsymbol{b})P\boldsymbol{y} + {}^{t}\boldsymbol{q}A\boldsymbol{q} + 2\,{}^{t}\boldsymbol{b}\boldsymbol{q} + c = 0 \tag{20.19}$$

となる．ただし，

$$\boldsymbol{y} = \begin{pmatrix} y_1 \\ \vdots \\ y_n \end{pmatrix} \tag{20.20}$$

である．

ここで，(20.1) が有心であるとしよう．このとき，$\boldsymbol{q} \in \mathbf{R}^n$ を (20.4) をみたすように選んでおくことができる．よって，(20.19) は

$$\lambda_1 y_1^2 + \cdots + \lambda_r y_r^2 + d = 0 \tag{20.21}$$

となる. ただし,

$$d = {}^t\boldsymbol{q}A\boldsymbol{q} + 2{}^t\boldsymbol{b}\boldsymbol{q} + c \tag{20.22}$$

である. (20.21) を有心 2 次超曲面の**標準形**という.

20・4 無心 2 次超曲面の標準形

20・4 では, 無心 2 次超曲面を標準形というもので表そう. まず, (20.1) を無心 2 次超曲面とし, 20・3 と同じ記号を用いることにする. このとき, $r < n$ である. 実際, $r = n$ とすると, A は正則となるので, (20.1) は有心となってしまうからである [⇒ 例 20.1].

次に, (20.1) を等長変換で写すことによって, (20.19) が得られる. すなわち,

$$\begin{pmatrix} b_1' & \cdots & b_n' \end{pmatrix} = {}^t(A\boldsymbol{q} + \boldsymbol{b})P \tag{20.23}$$

とおくと,

$$\lambda_1 y_1^2 + \cdots + \lambda_r y_r^2 + 2(b_1' y_1 + \cdots + b_n' y_n) + d = 0 \tag{20.24}$$

である. さらに,

$$d' = d - \frac{\left(b_1'\right)^2}{\lambda_1} - \cdots - \frac{\left(b_r'\right)^2}{\lambda_r} \tag{20.25}$$

とおくと,

$$\begin{aligned}
\lambda_1 \left(y_1 + \frac{b_1'}{\lambda_1}\right)^2 + \cdots + \lambda_r \left(y_r + \frac{b_r'}{\lambda_r}\right)^2 \\
+ 2\left(b_{r+1}' y_{r+1} + \cdots + b_n' y_n\right) + d' = 0
\end{aligned} \tag{20.26}$$

となる. よって,

$$\boldsymbol{z} = \begin{pmatrix} z_1 \\ \vdots \\ z_n \end{pmatrix} = g_1(\boldsymbol{y}) = g_1\left(\begin{pmatrix} y_1 \\ \vdots \\ y_n \end{pmatrix}\right), \tag{20.27}$$

$$z_i = y_i + \frac{b_i'}{\lambda_i} \ (i = 1, \cdots, r), \qquad z_i = y_i \ (i = r+1, \cdots, n) \qquad (20.28)$$

とおくと，g_1 は $\mathbf{R}^n$ の等長変換を定め，(20.26) は

$$\lambda_1 z_1^2 + \cdots + \lambda_r z_r^2 + 2\left(b_{r+1}' z_{r+1} + \cdots + b_n' z_n\right) + d' = 0 \qquad (20.29)$$

となる．

　ここで，(20.1) は無心であるとしているので，(20.29) より，$b_{r+1}', \cdots, b_n'$ の内の少なくとも 1 つは 0 ではない．よって，

$$p = \sqrt{\left(b_{r+1}'\right)^2 + \cdots + \left(b_n'\right)^2} \qquad (20.30)$$

とおくと，$p > 0$ である．このとき，ある $(n-r)$ 次の直交行列 $P' \in M_{n-r}(\mathbf{R})$ が存在し，

$$P' \begin{pmatrix} b_{r+1}' \\ b_{r+2}' \\ \vdots \\ b_n' \end{pmatrix} = \begin{pmatrix} p \\ 0 \\ \vdots \\ 0 \end{pmatrix} \qquad (20.31)$$

となる（✍）．すなわち，

$$\begin{pmatrix} b_{r+1}' & b_{r+2}' & \cdots & b_n' \end{pmatrix} = \begin{pmatrix} p & 0 & \cdots & 0 \end{pmatrix} P' \qquad (20.32)$$

である（✍）．また，

$$P'' = \begin{pmatrix} E & O \\ O & P' \end{pmatrix} \qquad (20.33)$$

とおくと，P'' は n 次の直交行列である．さらに，

$$\boldsymbol{u} = \begin{pmatrix} u_1 \\ \vdots \\ u_n \end{pmatrix} = g_2(\boldsymbol{z}) = P'' \boldsymbol{z} \qquad (20.34)$$

とおくと，g_2 は $\mathbf{R}^n$ の等長変換を定め，(20.32)～(20.34) より，(20.29) は

$$\lambda_1 u_1^2 + \cdots + \lambda_r u_r^2 + 2p u_{r+1} + d' = 0 \qquad (20.35)$$

となる．

最後に,

$$\boldsymbol{v} = \begin{pmatrix} v_1 \\ \vdots \\ v_n \end{pmatrix} = g_3(\boldsymbol{u}), \quad v_i = u_i \ (i \neq r+1), \quad v_{r+1} = u_{r+1} + \frac{d'}{2p} \quad (20.36)$$

とおくと, g_3 は $\mathbf{R}^n$ の等長変換を定め, (20.35) は

$$\lambda_1 v_1^2 + \cdots + \lambda_r v_r^2 + 2p v_{r+1} = 0 \quad (20.37)$$

となる. (20.37) を無心 2 次超曲面の**標準形**という.

注意 20.2　　20・3 , 20・4 の式変形において, 等長変換を表すときに用いる直交行列の行列式は, 必要ならば列のいずれかを -1 倍することにより, すべて 1 とすることができる. よって, 2 次超曲面は鏡映を用いずに, 回転と平行移動の合成のみで標準形に写すことができる [$\Rightarrow$ 19・3].

20・5　　固有な 2 次超曲面

2 次超曲面 (20.1) に対して, $\tilde{A} \in M_{n+1}(\mathbf{R})$ を

$$\tilde{A} = \begin{pmatrix} A & \boldsymbol{b} \\ {}^t\boldsymbol{b} & c \end{pmatrix} \quad (20.38)$$

により定める [$\Rightarrow$ 問 19.4]. (20.1) を等長変換で写すと, 2 次超曲面 (20.3) が得られ, (20.38) に対応する行列は

$$\begin{pmatrix} {}^tPAP & {}^tP(A\boldsymbol{q} + \boldsymbol{b}) \\ {}^t(A\boldsymbol{q} + \boldsymbol{b})P & {}^t\boldsymbol{q}A\boldsymbol{q} + 2{}^t\boldsymbol{b}\boldsymbol{q} + c \end{pmatrix} \quad (20.39)$$

へと変わる. このとき, (20.38) と (20.39) の階数は一致する. 実際, 行列 $\begin{pmatrix} P & \boldsymbol{q} \\ \boldsymbol{0} & 1 \end{pmatrix}$ は正則であり,

$${}^t\begin{pmatrix} P & \boldsymbol{q} \\ \boldsymbol{0} & 1 \end{pmatrix} \begin{pmatrix} A & \boldsymbol{b} \\ {}^t\boldsymbol{b} & c \end{pmatrix} \begin{pmatrix} P & \boldsymbol{q} \\ \boldsymbol{0} & 1 \end{pmatrix} = \begin{pmatrix} {}^tP & \boldsymbol{0} \\ {}^t\boldsymbol{q} & 1 \end{pmatrix} \begin{pmatrix} A & \boldsymbol{b} \\ {}^t\boldsymbol{b} & c \end{pmatrix} \begin{pmatrix} P & \boldsymbol{q} \\ \boldsymbol{0} & 1 \end{pmatrix}$$

$$
= \begin{pmatrix} {}^t P & \mathbf{0} \\ {}^t \boldsymbol{q} & 1 \end{pmatrix} \begin{pmatrix} AP & A\boldsymbol{q} + \boldsymbol{b} \\ {}^t \boldsymbol{b} P & {}^t \boldsymbol{b} \boldsymbol{q} + c \end{pmatrix}
$$

$$
= \begin{pmatrix} {}^t PAP & {}^t P(A\boldsymbol{q} + \boldsymbol{b}) \\ {}^t (A\boldsymbol{q} + \boldsymbol{b})P & {}^t \boldsymbol{q} A\boldsymbol{q} + 2{}^t \boldsymbol{b} \boldsymbol{q} + c \end{pmatrix} \tag{20.40}
$$

となるからである. そこで, 次の定義 20.2 のように定める.

定義 20.2

2 次超曲面 (20.1) に対して, $\tilde{A} \in M_{n+1}(\mathbf{R})$ を (20.38) のように定める.
$\operatorname{rank} \tilde{A} = n + 1$ となるとき, (20.1) は **固有** であるという.

固有な 2 次超曲面の標準形について, 次の定理 20.1 がなりたつ [⇨ 問 20.2 , 問 20.3].

定理 20.1 (重要)

2 次超曲面 (20.1) が固有であるとする.

  (1) (20.1) が有心のとき, (20.1) の標準形は
$$
\lambda_1 x_1^2 + \cdots + \lambda_n x_n^2 + d = 0 \tag{20.41}
$$
  と表される. ただし, $\lambda_1, \cdots, \lambda_n, d \in \mathbf{R} \setminus \{0\}$ である.

  (2) (20.1) が無心のとき, (20.1) の標準形は
$$
\lambda_1 x_1^2 + \cdots + \lambda_{n-1} x_{n-1}^2 + 2p x_n = 0 \tag{20.42}
$$
  と表される. ただし, $\lambda_1, \cdots, \lambda_{n-1} \in \mathbf{R} \setminus \{0\}, p > 0$ である.

例 20.8 2 次曲線について考えよう. まず, 固有な 2 次曲線は空集合, 楕円, 双曲線, 放物線のいずれかである [⇨ 問 20.4 (1)]. また, 固有でない 2 次曲線は有心であり, 空集合, 1 点, 交わる 2 直線, 平行な 2 直線, 重なった 2 直線のいずれかである [⇨ 問 20.4 (2)]. ◆

例 20.9 固有な 2 次曲面は空集合, 楕円面, 一葉双曲面, 二葉双曲面, 楕円放物面, 双曲放物面のいずれかである [⇨ 問 20.5]. ◆

§20 の問題

確認問題

問 20.1　2 次曲線

$$x^2 + 4xy + 4y^2 - 6x - 12y + 5 = 0$$

は有心であることを示せ. さらに, その中心を求めよ.

[⇨ **20・2**]

基本問題

問 20.2　次の □ をうめることにより, 固有な有心 2 次超曲面の標準形を求めよ.

　有心 2 次超曲面の標準形を考える. すなわち, (20.21) より, $\lambda_1, \cdots, \lambda_r \in \mathbf{R} \setminus \{0\}$ $(1 \le r \le n)$, $d \in \mathbf{R}$ に対して,

$$\lambda_1 x_1^2 + \cdots + \lambda_r x_r^2 + d = 0$$

である [1]. このとき, (20.38) の $\tilde{A}$ の階数は

$$\operatorname{rank} \tilde{A} = \operatorname{rank} \begin{pmatrix} \lambda_1 & & \mathbf{0} & \vdots & 0 \\ & \ddots & & O & \vdots \\ \mathbf{0} & & \lambda_r & \vdots & 0 \\ \hdashline & O & & \vdots & O & \mathbf{0} \\ \hdashline 0 & \cdots & 0 & \mathbf{0} & \boxed{①} \end{pmatrix} = \begin{cases} \boxed{②} & (\boxed{①} \ne 0), \\ \boxed{③} & (\boxed{①} = 0) \end{cases}$$

である. よって, $\operatorname{rank} \tilde{A} = n + 1$ となるのは $r = \boxed{④}$, $\boxed{①} \ne 0$ のときである. したがって, 上の標準形は固有なとき,

---

[1]　途中の変数変換を省略しているので, 変数は (20.21) の $y_1, y_2, \cdots, y_r$ を用いずに, $x_1, x_2, \cdots, x_r$ を用いている.

$$\boxed{⑤} + d = 0$$

となる．ただし，$\boxed{⑥} \in \mathbf{R} \setminus \{0\}$ である．

$$\square\square\square\ [\Rightarrow \boxed{20 \cdot 5}]$$

問 20.3 次の $\boxed{}$ をうめることにより，固有な無心 2 次超曲面の標準形を求めよ．

　　無心 2 次超曲面の標準形を考える．すなわち，(20.37) より，$\lambda_1, \cdots, \lambda_r \in \mathbf{R} \setminus \{0\}$ $(1 \le r \le n-1)$, $p > 0$ に対して，

$$\lambda_1 x_1^2 + \cdots + \lambda_r x_r^2 + 2p x_{r+1} = 0$$

である[2]．このとき，(20.38) の $\tilde{A}$ の階数は

$$\operatorname{rank} \tilde{A} = \operatorname{rank} \begin{pmatrix} \lambda_1 & & \mathbf{0} & & O & & 0 \\ & \ddots & & & & & \vdots \\ \mathbf{0} & & \lambda_r & & & & 0 \\ \hline & & & & & & \boxed{①} \\ & O & & & O & & 0 \\ & & & & & & \vdots \\ & & & & & & 0 \\ \hline 0 & \cdots & 0 & & \boxed{①}\ 0\ \cdots\ 0 & & 0 \end{pmatrix} = \boxed{②}$$

である．よって，$\operatorname{rank} \tilde{A} = n+1$ となるのは $r = \boxed{③}$ のときである．したがって，上の標準形は固有なとき，

$$\boxed{④} + 2p \boxed{⑤} = 0$$

となる．ただし，$\boxed{⑥} \in \mathbf{R} \setminus \{0\}$, $p > 0$ である．

$$\square\square\square\ [\Rightarrow \boxed{20 \cdot 5}]$$

---

[2]　途中の変数変換を省略しているので，変数は (20.37) の $v_1, v_2, \cdots, v_{r+1}$ を用いずに，$x_1, x_2, \cdots, x_{r+1}$ を用いている．

問 20.4　次の問に答えよ.

(1)　固有な2次曲線は空集合, 楕円, 双曲線, 放物線のいずれかであることを示せ.

(2)　固有でない2次曲線は有心であり, 空集合, 1点, 交わる2直線, 平行な2直線, 重なった2直線のいずれかであることを示せ.

□□□ [⇨ 20・5]

問 20.5　次の □ をうめることにより, 固有な2次曲面を分類せよ.

まず, 問 20.2 より, 固有な有心2次曲面の標準形は

$$\lambda x^2 + \mu y^2 + \nu z^2 + d = 0 \tag{$*$}$$

と表される. ただし, $\lambda, \mu, \nu, d \in \mathbf{R} \setminus \{0\}$ である. λ, μ, ν, d の符号がすべて同じとき, $(*)$ をみたす $x, y, z \in \mathbf{R}$ は存在しない. すなわち, $(*)$ は ① 集合を表す. λ, μ, ν の符号がすべて同じであり, d の符号が λ, μ, ν の符号と異なるとき, $(*)$ は ② 面を表す. λ, μ, ν の符号の内の2つが d の符号と同じであり, 残りの1つの符号が異なるとき, $(*)$ は ③ 面を表す. λ, μ, ν の符号の内の2つが d および残りの1つと符号が異なるとき, $(*)$ は ④ 面を表す.

次に, 問 20.3 より, 固有な無心2次曲面の標準形は

$$\lambda x^2 + \mu y^2 + 2pz = 0 \tag{$**$}$$

と表される. ただし, $\lambda, \mu \in \mathbf{R} \setminus \{0\}, p > 0$ である. λ, μ の符号が同じとき, $(**)$ は ⑤ 面を表す. λ, μ の符号が異なるとき, $(**)$ は ⑥ 面を表す.

よって, 固有2次曲面は ① 集合, ② 面, ③ 面, ④ 面, ⑤ 面, ⑥ 面のいずれかである.

□□□ [⇨ 20・5]

第 6 章のまとめ

双 1 次形式

○ V：$\mathbf{R}$ 上のベクトル空間

$$b : V \times V \to \mathbf{R} : \text{双 1 次形式} \underset{\text{def.}}{\Longleftrightarrow} \quad b : \text{各成分に関して線形}$$

○ V が有限次元のときは基底を選んでおくことにより，

$$b(\boldsymbol{x}, \boldsymbol{y}) = {}^t\varphi(\boldsymbol{x}) A \varphi(\boldsymbol{y}) \qquad (\boldsymbol{x}, \boldsymbol{y} \in V)$$

と表すことができる．

ただし，$\varphi : V \to \mathbf{R}^n$：成分を対応させる線形同型写像，$A$：**表現行列**

A の階数を b の**階数**という．

- **対称形式**：$b(\boldsymbol{x}, \boldsymbol{y}) = b(\boldsymbol{y}, \boldsymbol{x}) \; (^\forall \boldsymbol{x}, \boldsymbol{y} \in V)$

  V が有限次元のときは符号数 (r, s) が定められる．

  ただし，r：A の正の固有値の個数，s：A の負の固有値の個数

- **交代形式**：$b(\boldsymbol{x}, \boldsymbol{y}) = -b(\boldsymbol{y}, \boldsymbol{x}) \; (^\forall \boldsymbol{x}, \boldsymbol{y} \in V)$

- **非退化形式**：「$b(\boldsymbol{x}, \boldsymbol{y}) = 0 \; (^\forall \boldsymbol{y} \in V) \Longrightarrow \boldsymbol{x} = \boldsymbol{0}$」となる対称形式

  　　　　　　　または交代形式

2 次形式

○ 対称形式 $b : V \times V \to \mathbf{R}$ に対して，

$$q(\boldsymbol{x}) = b(\boldsymbol{x}, \boldsymbol{x}) \qquad (\boldsymbol{x} \in V)$$

と定める．

○ V が有限次元のときは**表現行列**，**階数**，**符号数**を定めることができる．

双 1 次形式や対称形式の場合と同様．

- **標準形**：

$$q(\boldsymbol{x}) = x_1^2 + \cdots + x_r^2 - x_{r+1}^2 - \cdots - x_{r+s}^2 \qquad ((r, s) \text{ は符号数})$$

- **正定値**：$^\forall \boldsymbol{x} \in V \setminus \{\boldsymbol{0}\}$, $q(\boldsymbol{x}) > 0$　● **負定値**：$^\forall \boldsymbol{x} \in V \setminus \{\boldsymbol{0}\}$, $q(\boldsymbol{x}) < 0$
  対称形式，対称行列に対しても同様に定めることができる.
- 対称行列の正定値性と負定値性の判定

  A：対称行列，D_k：k 次の**主小行列式**

  　A：正定値 $\Longleftrightarrow$ $^\forall k = 1, \cdots, n$, $D_k > 0$

  　A：負定値 $\Longleftrightarrow$ $^\forall k = 1, \cdots, n$, $(-1)^k D_k > 0$

ユークリッド空間の等長変換

$$f : \mathbf{R}^n \to \mathbf{R}^n : \text{等長変換} \underset{\text{def.}}{\Longleftrightarrow} f : \text{ユークリッド距離を保つ}$$

直交行列 $A \in M_n(\mathbf{R})$ および $\boldsymbol{b} \in \mathbf{R}^n$ を用いて

$$f(\boldsymbol{x}) = A\boldsymbol{x} + \boldsymbol{b} \qquad (\boldsymbol{x} \in \mathbf{R}^n)$$

と表すことができる.

- $|A| = 1$ のとき，A は回転のいくつかの合成を表す.
- $|A| = -1$ のとき，A は回転と**鏡映**のいくつかの合成を表す.

2次超曲面

○ $\boldsymbol{x} \in \mathbf{R}^n$ についての方程式

$$^t\boldsymbol{x}A\boldsymbol{x} + 2\,^t\boldsymbol{b}\boldsymbol{x} + c = 0$$

を $\mathbf{R}^n$ 内の図形とみなす.

ただし，$A \in M_n(\mathbf{R})$：対称行列，$A \neq O$, $\boldsymbol{b} \in \mathbf{R}^n$, $c \in \mathbf{R}$

- $n = 2$ のとき **2次曲線**という.
- $n = 3$ のとき **2次曲面**という.
- **中心**をもつとき**有心**であるという.
- 中心をもたないとき**無心**であるという.

　　楕円，双曲線は有心2次曲線，**放物線**は無心2次曲線.

楕円面，一葉双曲面，二葉双曲面は有心 2 次曲面.

楕円放物面，双曲放物面は無心 2 次曲面.

○ $\mathbf{R}^n$ の等長変換で写すことにより 2 次超曲面を**標準形**で表すことができる.

いろいろな
ベクトル空間

双対空間

―― §21のポイント ――

- **R** 上のベクトル空間から **R** への線形写像を **1 次形式**という.
- **双対空間**は 1 次形式全体からなるベクトル空間である.
- 有限次元ベクトル空間の基底から双対空間の**双対基底**が定められる.
- 有限次元ベクトル空間と双対空間は次元が等しい.
- 有限次元ベクトル空間と**第 2 双対空間**は自然に同一視できる.
- ベクトル空間の間の線形写像から双対空間の間の**双対写像**が定められる.
- 双対基底を考えると, 双対写像の表現行列はもとの線形写像の表現行列の転置行列となる.

21・1 1 次形式と双対空間

　第 7 章では, あたえられたベクトル空間から新たなベクトル空間を構成することについて述べていこう. まず, §21 では, ベクトル空間の双対空間を扱う. 以下では, 簡単のため, **R** 上のベクトル空間を考える.

　V を $\mathbf{R}$ 上のベクトル空間とする．このとき，$\mathbf{R}$ 自身は $\mathbf{R}$ 上のベクトル空間なので，V から $\mathbf{R}$ への線形写像を考えることができる．これを V 上の **1 次形式**（**線形形式**または**線形汎関数**）という．

　V 上の 1 次形式全体の集合を V^*（または $\mathrm{Hom}\,(V, \mathbf{R})$）と表す．すなわち，

$$V^* = \mathrm{Hom}\,(V, \mathbf{R}) = \{f : V \to \mathbf{R} \mid f \text{ は線形写像}\} \tag{21.1}$$

である．このとき，V^* は $\mathbf{R}$ 上のベクトル空間となる．まず，次の例題 21.1 を考えよう．

例題 21.1 $f, g \in V^*$ に対して，実数値関数 $f + g : V \to \mathbf{R}$ を

$$(f + g)(\boldsymbol{x}) = f(\boldsymbol{x}) + g(\boldsymbol{x}) \qquad (\boldsymbol{x} \in V) \tag{21.2}$$

により定める．$f + g \in V^*$ であることを示せ． □□□ ✐

解　1 次形式の定義より，$f + g$ が線形写像の条件をみたすことを確かめればよい．すなわち，任意の $\boldsymbol{x}, \boldsymbol{y} \in V$ および任意の $c \in \mathbf{R}$ に対して，

$$(f + g)(\boldsymbol{x} + \boldsymbol{y}) = (f + g)(\boldsymbol{x}) + (f + g)(\boldsymbol{y}), \tag{21.3}$$

$$(f + g)(c\boldsymbol{x}) = c(f + g)(\boldsymbol{x}) \tag{21.4}$$

がなりたつことを示せばよい．

　まず，

$$(f + g)(\boldsymbol{x} + \boldsymbol{y}) \overset{\odot\,(21.2)}{=} f(\boldsymbol{x} + \boldsymbol{y}) + g(\boldsymbol{x} + \boldsymbol{y}) = f(\boldsymbol{x}) + f(\boldsymbol{y}) + g(\boldsymbol{x}) + g(\boldsymbol{y})$$
$$(\odot\ f, g \text{ は線形写像})$$

$$= f(\boldsymbol{x}) + g(\boldsymbol{x}) + f(\boldsymbol{y}) + g(\boldsymbol{y})$$

$$\overset{\odot\,(21.2)}{=} (f + g)(\boldsymbol{x}) + (f + g)(\boldsymbol{y}) \tag{21.5}$$

である．よって，(21.3) がなりたつ．

　次に，

$$(f + g)(c\boldsymbol{x}) \overset{\odot\,(21.2)}{=} f(c\boldsymbol{x}) + g(c\boldsymbol{x}) = cf(\boldsymbol{x}) + cg(\boldsymbol{x}) \quad (\odot\ f, g \text{ は線形写像})$$

$$= c\big(f(\boldsymbol{x}) + g(\boldsymbol{x})\big) \overset{\odot (21.2)}{=} c(f+g)(\boldsymbol{x}) \tag{21.6}$$

である．よって，(21.4) がなりたつ． ◇

例題 21.1 より，$f, g \in V^*$ に対して，f と g の和 $f + g \in V^*$ を定めることができる．また，$f \in V^*$ および $c \in \mathbf{R}$ に対して，実数値関数 $cf : V \to \mathbf{R}$ を

$$(cf)(\boldsymbol{x}) = cf(\boldsymbol{x}) \qquad (\boldsymbol{x} \in V) \tag{21.7}$$

により定めると，$cf \in V^*$ である $[\Rightarrow \boxed{問 21.1}]$．よって，$f \in V^*$ および $c \in \mathbf{R}$ に対して，f の c によるスカラー倍 $cf \in V^*$ を定めることができる．

さらに，このように定めた和とスカラー倍に関して，V^* は $\mathbf{R}$ 上のベクトル空間となる．実際，次の (1)〜(8) がなりたつからである $[\Rightarrow [藤岡 1] \boxed{問 17.6} (2)]$．ただし，$f, g, h \in V^*$, $c, d \in \mathbf{R}$ である．

(1)　$f + g = g + f$.

(2)　$(f + g) + h = f + (g + h)$.

(3)　$\mathbf{0}_{V^*} : V^* \to \mathbf{R}$ を零写像とすると，$f + \mathbf{0}_{V^*} = \mathbf{0}_{V^*} + f = f$.

(4)　$c(df) = (cd)f$.

(5)　$(c + d)f = cf + df$.

(6)　$c(f + g) = cf + cg$.

(7)　$1f = f$.

(8)　$0f = \mathbf{0}_{V^*}$.

V^* を V の**双対空間**（または**双対ベクトル空間**）という[1]．

21・2　双対基底

ベクトル空間が有限次元の場合は，選んでおいた基底に対して，双対基底という双対空間の基底を考えることができる．V を $\mathbf{R}$ 上の n 次元ベクトル

---

[1]　双対空間に代表されるような関数からなるベクトル空間は有限次元であるとは限らない．このようなベクトル空間について考えることは，位相空間に関する議論を必要とし，「無限次元の線形代数」ともよばれる関数解析へとつながっていく $[\Rightarrow [黒田]]$．

空間, $\{\boldsymbol{a}_1, \boldsymbol{a}_2, \cdots, \boldsymbol{a}_n\}$ を V の基底とする. V^* の元は線形写像なので, $i = 1, 2, \cdots, n$ に対して, $f_i \in V^*$ を

$$f_i(\boldsymbol{a}_j) = \delta_{ij} \qquad (j = 1, 2, \cdots, n) \tag{21.8}$$

により定めることができる. このとき, 次の定理 21.1 がなりたつ.

定理 21.1（重要）

$\{f_1, f_2, \cdots, f_n\}$ は V^* の基底である. とくに,

$$\dim V = \dim V^* (= n) \tag{21.9}$$

である.

[証明]　まず, $f_1, f_2, \cdots, f_n$ の 1 次関係

$$c_1 f_1 + c_2 f_2 + \cdots + c_n f_n = \boldsymbol{0}_{V^*} \qquad (c_1, c_2, \cdots, c_n \in \mathbf{R}) \tag{21.10}$$

を考える. このとき, $j = 1, 2, \cdots, n$ とすると,

$$\begin{aligned}
0 = \boldsymbol{0}_{V^*}(\boldsymbol{a}_j) &= (c_1 f_1 + c_2 f_2 + \cdots + c_n f_n)(\boldsymbol{a}_j) \\
&= c_1 f_1(\boldsymbol{a}_j) + c_2 f_2(\boldsymbol{a}_j) + \cdots + c_n f_n(\boldsymbol{a}_n) \\
&\overset{\odot\,(21.8)}{=} c_1 \delta_{1j} + c_2 \delta_{2j} + \cdots + c_n \delta_{nj} = c_j
\end{aligned} \tag{21.11}$$

となる. よって,

$$c_1 = c_2 = \cdots = c_n = 0 \tag{21.12}$$

である. したがって, $f_1, f_2, \cdots, f_n$ は 1 次独立である.

次に, $j = 1, 2, \cdots, n$ とすると, (21.11) と同様の計算により, 任意の $f \in V^*$ に対して,

$$(f(\boldsymbol{a}_1)f_1 + f(\boldsymbol{a}_2)f_2 + \cdots + f(\boldsymbol{a}_n)f_n)(\boldsymbol{a}_j) = f(\boldsymbol{a}_j) \tag{21.13}$$

となる (✍). ここで, $\{\boldsymbol{a}_1, \boldsymbol{a}_2, \cdots, \boldsymbol{a}_n\}$ は V の基底なので,

$$f = f(\boldsymbol{a}_1)f_1 + f(\boldsymbol{a}_2)f_2 + \cdots + f(\boldsymbol{a}_n)f_n \tag{21.14}$$

となる. よって, V^* は $f_1, f_2, \cdots, f_n$ で生成される.

以上より, $\{f_1, f_2, \cdots, f_n\}$ は V^* の基底である.　　　　$\diamondsuit$

定理 21.1 において, $\{f_1, f_2, \cdots, f_n\}$ を $\{\boldsymbol{a}_1, \boldsymbol{a}_2, \cdots, \boldsymbol{a}_n\}$ の**双対基底**という.

21・3   第2双対空間

ベクトル空間の双対空間はベクトル空間なので，さらに，その双対空間を考えることができる．すなわち，V を $\mathbf{R}$ 上のベクトル空間とすると，21・1 で述べたことより，V の双対空間 V^* が得られ，さらに，V^* の双対空間 $(V^*)^*$ が得られる．$(V^*)^*$ を V の**第2双対空間**という．

$\boldsymbol{x} \in V$ に対して，写像 $\iota(\boldsymbol{x}) : V^* \to \mathbf{R}$ を

$$\bigl(\iota(\boldsymbol{x})\bigr)(f) = f(\boldsymbol{x}) \qquad (f \in V^*) \tag{21.15}$$

により定める．このとき，V^* における和とスカラー倍の定義より，

$$\bigl(\iota(\boldsymbol{x})\bigr)(f + g) = \bigl(\iota(\boldsymbol{x})\bigr)(f) + \bigl(\iota(\boldsymbol{x})\bigr)(g) \qquad (f, g \in V^*), \tag{21.16}$$

$$\bigl(\iota(\boldsymbol{x})\bigr)(cf) = c\bigl(\iota(\boldsymbol{x})\bigr)(f) \qquad (c \in \mathbf{R}, \ f \in V^*) \tag{21.17}$$

がなりたつ（✐）．よって，$\iota(\boldsymbol{x})$ は V^* 上の1次形式となる．すなわち，$\iota(\boldsymbol{x}) \in (V^*)^*$ である．したがって，$\iota(\boldsymbol{x})$ は写像 $\iota : V \to (V^*)^*$ を定める．

さらに，V^* の元は線形写像なので，(21.15) より，

$$\iota(\boldsymbol{x} + \boldsymbol{y}) = \iota(\boldsymbol{x}) + \iota(\boldsymbol{y}) \qquad (\boldsymbol{x}, \boldsymbol{y} \in V), \tag{21.18}$$

$$\iota(c\boldsymbol{x}) = c\iota(\boldsymbol{x}) \qquad (c \in \mathbf{R}, \ \boldsymbol{x} \in V) \tag{21.19}$$

がなりたつ（✐）．よって，ι は線形写像である．

V が有限次元の場合は，次の定理 21.2 がなりたつ．

定理 21.2（重要）

V が有限次元ならば，(21.15) により定められた線形写像 $\iota : V \to (V^*)^*$ は線形同型写像である[2]．

証明 $\dim V = n$ とし，$\{\boldsymbol{a}_1, \boldsymbol{a}_2, \cdots, \boldsymbol{a}_n\}$ を V の基底，$\{f_1, f_2, \cdots, f_n\}$ を $\{\boldsymbol{a}_1, \boldsymbol{a}_2, \cdots, \boldsymbol{a}_n\}$ の双対基底とする．このとき，$i, j = 1, 2, \cdots, n$ に対して，

---

[2] V が無限次元の場合は，ι は線形同型写像であるとは限らない［⇨［黒田］第8章 問題 3］．

$$\big(\iota(\boldsymbol{a}_i)\big)(f_j) \overset{\smiley\,(21.15)}{=} f_j(\boldsymbol{a}_i) \overset{\smiley\,(21.8)}{=} \delta_{ji} \tag{21.20}$$

である．よって，$\{\iota(\boldsymbol{a}_1), \iota(\boldsymbol{a}_2), \cdots, \iota(\boldsymbol{a}_n)\}$ は $\{f_1, f_2, \cdots, f_n\}$ の双対基底となる．したがって，ι は全単射となるので，線形同型写像である．　　　◇

注意 21.1　定理 21.2 は V と $(V^*)^*$ が同型である $(V \cong (V^*)^*)$ という主張であり，標語的に言うと，**双対空間 V^* の双対空間は V 自身である**ということになる．このように，V が有限次元の場合は，$\boldsymbol{x} \in V$ から $\iota(\boldsymbol{x}) \in (V^*)^*$ への対応を考えることによって，V と $(V^*)^*$ は自然に同一視することができる．これが「双対」という言葉の意味である．一方，基底の構成元から双対基底の構成元への対応を考えることによって，V と V^* も同一視することはできるが，この同一視は基底の選びかたに依存するため，自然なものとは言えない．

21・4　双対写像

　ベクトル空間の間の線形写像があたえられると，双対空間の間の線形写像を定めることができる．V, W を $\mathbf{R}$ 上のベクトル空間，$\varphi : V \to W$ を線形写像とする．$f \in W^*$, $\boldsymbol{x} \in V$ に対して，

$$\big(\varphi^*(f)\big)(\boldsymbol{x}) = f(\varphi(\boldsymbol{x})) \tag{21.21}$$

とおく．φ および f は線形写像 $\varphi : V \to W$, $f : W \to \mathbf{R}$ なので，

$$\big(\varphi^*(f)\big)(\boldsymbol{x} + \boldsymbol{y}) = \big(\varphi^*(f)\big)(\boldsymbol{x}) + \big(\varphi^*(f)\big)(\boldsymbol{y}) \qquad (\boldsymbol{x}, \boldsymbol{y} \in V), \tag{21.22}$$

$$\big(\varphi^*(f)\big)(c\boldsymbol{x}) = c\big(\varphi^*(f)\big)(\boldsymbol{x}) \qquad (c \in \mathbf{R},\ \boldsymbol{x} \in V) \tag{21.23}$$

がなりたつ（✍）．よって，$\varphi^*(f)$ は線形写像 $\varphi^*(f) : V \to \mathbf{R}$ となり，V 上の 1 次形式である．すなわち，$\varphi^*(f) \in V^*$ である．

　さらに，V^*, W^* における和とスカラー倍の定義より，

$$\varphi^*(f + g) = \varphi^*(f) + \varphi^*(g) \qquad (f, g \in W^*), \tag{21.24}$$

$$\varphi^*(cf) = c\varphi^*(f) \qquad (c \in \mathbf{R},\ f \in W^*) \tag{21.25}$$

がなりたつ（✍）．よって，$\varphi^*(f)$ は線形写像 $\varphi^* : W^* \to V^*$ を定める．(21.21)

によって定められる φ^* を φ の**双対写像**（または**転置写像**）という（図 **21.1**）.

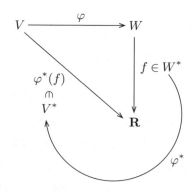

図 21.1　双対写像 φ^*

　上の $V,\ W$ が有限次元の場合は，それぞれの基底を選んでおくことによって，φ の表現行列を考えることができる．このとき，双対基底に関する φ^* の表現行列について，次の定理 21.3 がなりたつ.

定理 21.3（重要）

次のように記号を定める.

- $V,\ W$：$\mathbf{R}$ 上の有限次元ベクトル空間
- $\varphi:V \to W$：線形写像
- $\{\boldsymbol{a}_1,\ \boldsymbol{a}_2,\ \cdots,\ \boldsymbol{a}_n\}$：$V$ の基底 $(n = \dim V)$
- $\{\boldsymbol{b}_1,\ \boldsymbol{b}_2,\ \cdots,\ \boldsymbol{b}_m\}$：$W$ の基底 $(m = \dim W)$
- A：基底 $\{\boldsymbol{a}_1,\ \boldsymbol{a}_2,\ \cdots,\ \boldsymbol{a}_n\},\ \{\boldsymbol{b}_1,\ \boldsymbol{b}_2,\ \cdots,\ \boldsymbol{b}_m\}$ に関する φ の表現行列
- $\{f_1,\ f_2,\ \cdots,\ f_n\}$：$\{\boldsymbol{a}_1,\ \boldsymbol{a}_2,\ \cdots,\ \boldsymbol{a}_n\}$ の双対基底
- $\{g_1,\ g_2,\ \cdots,\ g_m\}$：$\{\boldsymbol{b}_1,\ \boldsymbol{b}_2,\ \cdots,\ \boldsymbol{b}_m\}$ の双対基底
- $\varphi^*:W^* \to V^*$：φ の双対写像

このとき，基底 $\{g_1,\ g_2,\ \cdots,\ g_m\},\ \{f_1,\ f_2,\ \cdots,\ f_n\}$ に関する φ^* の表現行列は $^t A$ である.

証明　A の (i, j) 成分を a_{ij} とすると, 表現行列の定義 [⇨ [藤岡 1] (18.1)] より,

$$(\varphi(\boldsymbol{a}_1) \quad \varphi(\boldsymbol{a}_2) \quad \cdots \quad \varphi(\boldsymbol{a}_n)) = (\boldsymbol{b}_1 \quad \boldsymbol{b}_2 \quad \cdots \quad \boldsymbol{b}_m)A \qquad (21.26)$$

なので,

$$\varphi(\boldsymbol{a}_j) = \sum_{i=1}^{m} a_{ij}\boldsymbol{b}_i \qquad (j = 1, 2, \cdots, n) \qquad (21.27)$$

である. また, 基底 $\{g_1, g_2, \cdots, g_m\}, \{f_1, f_2, \cdots, f_n\}$ に関する φ^* の表現行列を B とすると, (21.26) と同様に,

$$(\varphi^*(g_1) \quad \varphi^*(g_2) \quad \cdots \quad \varphi^*(g_m)) = (f_1 \quad f_2 \quad \cdots \quad f_n)B \qquad (21.28)$$

である. さらに, B の (k, l) 成分を b_{kl} とすると,

$$\varphi^*(g_l) = \sum_{k=1}^{n} b_{kl}f_k \qquad (l = 1, 2, \cdots, m) \qquad (21.29)$$

である. ここで, $j = 1, 2, \cdots, n$ とすると,

$$(\varphi^*(g_l))(\boldsymbol{a}_j) \overset{(21.21)}{=} g_l\big(\varphi(\boldsymbol{a}_j)\big) \overset{(21.27)}{=} g_l\left(\sum_{i=1}^{m} a_{ij}\boldsymbol{b}_i \right) \overset{g_l \in W^*}{=} \sum_{i=1}^{m} a_{ij}g_l(\boldsymbol{b}_i)$$

$$\overset{(21.8)}{=} \sum_{i=1}^{m} a_{ij}\delta_{li} = a_{lj} \qquad (21.30)$$

である. 一方,

$$\left(\sum_{k=1}^{n} b_{kl}f_k \right)(\boldsymbol{a}_j) = \sum_{k=1}^{n} b_{kl}f_k(\boldsymbol{a}_j) \overset{(21.8)}{=} \sum_{k=1}^{n} b_{kl}\delta_{kj} = b_{jl} \qquad (21.31)$$

である. (21.29)〜(21.31) より, $a_{lj} = b_{jl}$ である. すなわち, $B = {}^tA$ である.

§21 の問題

確認問題

問 21.1　V を $\mathbf{R}$ 上のベクトル空間とし，$f \in V^*$ および $c \in \mathbf{R}$ に対して，実数値関数 $cf : V \to \mathbf{R}$ を

$$(cf)(\boldsymbol{x}) = cf(\boldsymbol{x}) \qquad (\boldsymbol{x} \in V)$$

により定める．$cf \in V^*$ であることを示せ．　□□□ [⇨ 21・1]

基本問題

問 21.2　$\mathbf{R}^2$ のベクトル $\boldsymbol{a}_1, \boldsymbol{a}_2$ を

$$\boldsymbol{a}_1 = \begin{pmatrix} 1 \\ 0 \end{pmatrix}, \qquad \boldsymbol{a}_2 = \begin{pmatrix} 1 \\ 1 \end{pmatrix}$$

により定めると，$\{\boldsymbol{a}_1, \boldsymbol{a}_2\}$ は $\mathbf{R}^2$ の基底となる．さらに，$\{f_1, f_2\}$ を基底 $\{\boldsymbol{a}_1, \boldsymbol{a}_2\}$ の双対基底とすると，f_1, f_2 は $a, b, c, d \in \mathbf{R}$ を用いて，

$$f_1(\boldsymbol{x}) = ax_1 + bx_2, \quad f_2(\boldsymbol{x}) = cx_1 + dx_2 \quad \left(\boldsymbol{x} = \begin{pmatrix} x_1 \\ x_2 \end{pmatrix} \right)$$

と表すことができる．a, b, c, d の値を求めよ．　□□□ [⇨ 21・2]

チャレンジ問題

問 21.3　V を $\mathbf{R}$ 上のベクトル空間とし，V の空でない部分集合 A に対して，

$$A^\perp = \{ f \in V^* \mid 任意の \boldsymbol{x} \in A に対して，f(\boldsymbol{x}) = 0 \}$$

とおく[3]．

---

[3]　$f(\boldsymbol{x}) = 0$ の 0 は実数の 0 である．

(1)　$A^\perp$ は V^* の部分空間であることを示せ. $A^\perp$ を A の**零化空間**という（**図 21.2**）.

(2)　$A \subset B \subset V$ ならば, $B^\perp \subset A^\perp$ であることを示せ.

(3)　W_1, W_2 が V の部分空間ならば,

$$(W_1 + W_2)^\perp = W_1^\perp \cap W_2^\perp$$

であることを示せ $[\Rightarrow \boxed{5 \cdot 1}]$.

(4)　V が有限次元のとき, W が V の部分空間ならば,

$$\dim W^\perp = \dim V - \dim W$$

であることを示せ.

$\square\square\square$ $[\Rightarrow \boxed{21 \cdot 2}]$

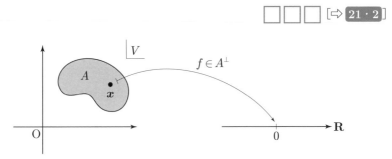

図 21.2　零化空間 $A^\perp$

§22 同値関係と商空間

§22のポイント

- 同値関係は反射律，対称律，推移律をみたす**二項関係**である．
- **商集合**は同値類全体の集合である．
- ベクトル空間の部分空間があたえられると，**商空間**というベクトル空間が定められる．
- 有限次元ベクトル空間から得られる**商空間の次元**はもとのベクトル空間の次元と部分空間の次元の差となる．

22・1 同値関係

ベクトル空間とその部分空間から商空間というベクトル空間を構成することができる．[22・1] と [22・2] では，準備として，同値関係や商集合について述べよう[1]．

数学では元々は異なるものを，ある規則をみたす場合に限って同じものとみなして議論を進めることが多い．まず，次の例 22.1 から始めよう．

例 22.1（有理数） 有理数とは整数と 0 でない整数の比として表される数である．すなわち，r を有理数とすると，r は整数 m および 0 でない整数 n を用いて，$r = \frac{m}{n}$ と表される．ただし，整数 m' および 0 でない整数 n' が $mn' = nm'$ をみたすならば，r は $r = \frac{m'}{n'}$ と表すこともできる．例えば，有理数 $-\frac{2}{3}$ は

$$-\frac{2}{3} = \frac{-2}{3} = \frac{2}{-3} = \frac{-4}{6} = \frac{4}{-6} \tag{22.1}$$

などと表すことができる． ◆

そこで，次の定義 22.1 のように定める．

---

[1] 例えば，[藤岡3] §7 , §8 が後で述べる well-definedness の説明も含め，詳しい．

定義 22.1

X を空でない集合とする.

(1) 任意の $(a, b) \in X \times X$ に対して，みたすかみたさないかを判定できる規則 R があたえられているとする．このとき，R を X 上の**二項関係**という．$(a, b) \in X \times X$ が R をみたすとき，aRb と表す．

(2) $\sim$ を X 上の二項関係とする．次の (a)〜(c) がなりたつとき，$\sim$ を**同値関係**という．

    (a) 任意の $a \in X$ に対して，$a \sim a$ である．**（反射律）**

    (b) 任意の $a, b \in X$ に対して，$a \sim b$ ならば，$b \sim a$ である．**（対称律）**

    (c) 任意の $a, b, c \in X$ に対して，$a \sim b$ かつ $b \sim c$ ならば，$a \sim c$ である．**（推移律）**

このとき，$a \sim b$ となる $a, b \in X$ に対して，a と b は**同値**であるという．

同値関係の例をいくつか挙げておこう.

例 22.2（自明な同値関係） X を空でない集合とし，任意の $a, b \in X$ に対して，$a \sim b$ であると定める．このとき，$\sim$ は X 上の同値関係である（✍）[2]．これを**自明な**同値関係という． ◆

例 22.3（相等関係） X を空でない集合とし，$a, b \in X$ に対して，$a = b$ のとき，$a \sim b$ であると定める．このとき，$\sim$ は X 上の同値関係である（✍）．これを**相等関係**という． ◆

例 22.4 例 22.1 を定義 22.1 の (2) にそって考えてみよう．まず，整数全体の集合を $\mathbf{Z}$ と表す．さらに，集合 X を

---

[2]　慣れてくればほとんど明らかであるが，はじめのうちはきちんと紙に書いたりして，二項関係 $\sim$ が同値関係の条件 (a)〜(c) をみたすことを確かめよう．

$$X = \mathbf{Z} \times (\mathbf{Z} \setminus \{0\}) \tag{22.2}$$

により定める. そこで, $(m,n), (m',n') \in X$ に対して, 等式 $mn' = nm'$ がなりたつとき, $(m,n) \sim (m',n')$ であると定める. このとき, $\sim$ は X 上の同値関係となる [⇨ 例題 22.1 , 問 22.1]. ◆

例題 22.1　例 22.4 の $\sim$ は反射律および対称律をみたすことを示せ.

☐ ☐ ☐ ✍

解　**反射律**　$(m,n) \in X$ とする. このとき, $mn = nm$ なので, $\sim$ の定義より, $(m,n) \sim (m,n)$ である. よって, $\sim$ は反射律をみたす.

対称律　$(m,n), (m',n') \in X, (m,n) \sim (m',n')$ とする. このとき, $\sim$ の定義より, $mn' = nm'$ である. よって, $m'n = n'm$ となり, $\sim$ の定義より, $(m',n') \sim (m,n)$ である. したがって, $\sim$ は対称律をみたす. ◇

22・2　商集合

同値関係のあたえられた集合から商集合という新たな集合を構成することができる. X を空でない集合, $\sim$ を X 上の同値関係とする. このとき, $a \in X$ に対して, $C(a) \subset X$ を

$$C(a) = \{x \in X \mid a \sim x\} \tag{22.3}$$

により定める. $C(a)$ を $\sim$ による a の**同値類**, $C(a)$ の各元 x を $C(a)$ の**代表** (または**代表元**) という. $C(a)$ は $[a]$ という記号で表すこともある. 同値類に関して, 次の定理 22.1 がなりたつ.

定理 22.1（重要）

X を空でない集合, $\sim$ を X 上の同値関係とすると, 次の (1), (2) がなり

たつ.

> (1)　任意の $a \in X$ に対して，$a \in C(a)$ である．とくに，$C(a)$ は空では
> ない.
>
> (2)　$a, b \in X$ とすると，次の (a)〜(c) は互いに同値である.
>
> 　　　(a)　$a \sim b$　　(b)　$C(a) = C(b)$　　(c)　$C(a) \cap C(b) \neq \emptyset$

証明　(1)　反射律より，$a \sim a$ である．よって，$x = a$ は同値類の定義 (22.3) の条件をみたし，$a \in C(a)$ となる.

(2)　(a) $\Rightarrow$ (b)，(b) $\Rightarrow$ (c)，(c) $\Rightarrow$ (a) の順に示す.

(a) $\Rightarrow$ (b)　$C(a) \subset C(b)$ および $C(b) \subset C(a)$ を示せばよい.

　まず，$x \in C(a)$ とする．このとき，同値類の定義より，$a \sim x$ である．また，(a) および対称律より，$b \sim a$ である．よって，推移律より，$b \sim x$ となり，同値類の定義より，$x \in C(b)$ である．したがって，$C(a) \subset C(b)$ である.

　次に，$x \in C(b)$ とする．このとき，同値類の定義より，$b \sim x$ である．よって，(a) および推移律より，$a \sim x$ となり，同値類の定義より，$x \in C(a)$ である．したがって，$C(b) \subset C(a)$ である.

(b) $\Rightarrow$ (c)　(b) および (1) より，明らかに (c) がなりたつ.

(c) $\Rightarrow$ (a)　(c) より，ある $c \in C(a) \cap C(b)$ が存在する．このとき，$c \in C(a)$ なので，同値類の定義より，$a \sim c$ である．また，$c \in C(b)$ なので，同値類の定義より，$b \sim c$ である．さらに，対称律より，$c \sim b$ である．よって，推移律より，(a) がなりたつ.　　　　　　　　　　　　　　　　　$\diamondsuit$

　X を空でない集合，$\sim$ を X 上の同値関係とする．このとき，定理 22.1 の (2) より，$\sim$ による同値類全体は X を互いに素な部分集合の和に分解する（**図 22.1**）．そこで，$\sim$ による同値類全体の集合を $X/\sim$ と表し，$\sim$ による X の**商集合**という．このとき，X から $X/\sim$ への写像 $\pi : X \to X/\sim$ を

$$\pi(x) = C(x) \qquad (x \in X) \tag{22.4}$$

により定めると，π は全射である（✐）．π を**自然な射影**という.

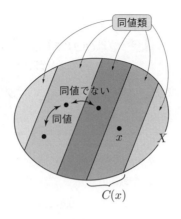

図 22.1　同値類による X の分解

例 22.2〜例 22.4 の各同値関係から得られる商集合について考えてみよう.

例 **22.5**　例 22.2 の自明な同値関係を考える. このとき, 自然な射影 π は

$$\pi(x) = X \qquad (x \in X) \tag{22.5}$$

により定められる. よって, $X/\sim = \{X\}$, すなわち, $X/\sim$ は X という 1 つの集合を元とする集合である. ◆

例 **22.6**　例 22.3 の相等関係を考える. このとき, 自然な射影 π は

$$\pi(x) = \{x\} \qquad (x \in X) \tag{22.6}$$

により定められる. よって,

$$X/\sim = \big\{\, \{x\} \,\big|\, x \in X \,\big\} \tag{22.7}$$

であり, $X/\sim$ は π によって X 自身とみなすことができる. ◆

例 **22.7**　例 22.4 において, $X/\sim$ は有理数全体の集合である [3]. この場合, $(m, n) \in X$ に対して, 同値類 $C((m,n))$ は $\frac{m}{n}$ と表す. また, $X/\sim$ の元の代表としては既約分数を選ぶことが多い. ◆

---

[3]　有理数全体の集合を **Q** と表す. また, 自然数全体の集合を **N** と表す.

22・3 部分空間による商空間

ベクトル空間の部分空間があたえられると，それをもとに同値関係を定めることができる．さらに，同値関係による商集合はベクトル空間となる．以下では，簡単のため，$\mathbf{R}$ 上のベクトル空間を考えよう．

V を $\mathbf{R}$ 上のベクトル空間，W を V の部分空間とする．$\boldsymbol{x}, \boldsymbol{y} \in V$ に対して，$\boldsymbol{x} - \boldsymbol{y} \in W$ となるとき，$\boldsymbol{x} \sim \boldsymbol{y}$ であると定める．まず，次の定理 22.2 を示そう．

定理 22.2（重要）

$\sim$ は V 上の同値関係である．

[証明] **反射律** $\boldsymbol{x} \in V$ とする．W は V の部分空間なので，

$$\boldsymbol{x} - \boldsymbol{x} = \mathbf{0} \in W, \tag{22.8}$$

すなわち，$\boldsymbol{x} - \boldsymbol{x} \in W$ である．よって，$\boldsymbol{x} \sim \boldsymbol{x}$ となり，$\sim$ は反射律をみたす．

対称律 $\boldsymbol{x}, \boldsymbol{y} \in V$, $\boldsymbol{x} \sim \boldsymbol{y}$ とする．このとき，$\boldsymbol{x} - \boldsymbol{y} \in W$ であり，W は V の部分空間なので，

$$\boldsymbol{y} - \boldsymbol{x} = -(\boldsymbol{x} - \boldsymbol{y}) \in W, \tag{22.9}$$

すなわち，$\boldsymbol{y} - \boldsymbol{x} \in W$ である．よって，$\boldsymbol{y} \sim \boldsymbol{x}$ となり，$\sim$ は対称律をみたす．

推移律 $\boldsymbol{x}, \boldsymbol{y}, \boldsymbol{z} \in V$, $\boldsymbol{x} \sim \boldsymbol{y}$, $\boldsymbol{y} \sim \boldsymbol{z}$ とする．このとき，$\boldsymbol{x} - \boldsymbol{y}, \boldsymbol{y} - \boldsymbol{z} \in W$ であり，W は V の部分空間なので，

$$\boldsymbol{x} - \boldsymbol{z} = (\boldsymbol{x} - \boldsymbol{y}) + (\boldsymbol{y} - \boldsymbol{z}) \in W, \tag{22.10}$$

すなわち，$\boldsymbol{x} - \boldsymbol{z} \in W$ である．よって，$\boldsymbol{x} \sim \boldsymbol{z}$ となり，$\sim$ は推移律をみたす．

したがって，$\sim$ は V 上の同値関係である．　　　　　　　　　　$\diamondsuit$

V 上の同値関係 $\sim$ による $\boldsymbol{x} \in V$ の同値類を $[\boldsymbol{x}]$ と表し [$\Rightarrow$ **22・2**]，$\sim$ による V の商集合を V/W と表す．V/W がベクトル空間となることを示すために，まず，次の定理 22.3 を示そう．

定理 22.3（重要）

次の (1), (2) がなりたつ．

> (1)　$\boldsymbol{x}, \boldsymbol{y}, \boldsymbol{x}', \boldsymbol{y}' \in V$, $\boldsymbol{x} \sim \boldsymbol{x}'$, $\boldsymbol{y} \sim \boldsymbol{y}'$ とすると, $\boldsymbol{x} + \boldsymbol{y} \sim \boldsymbol{x}' + \boldsymbol{y}'$ である.
>
> (2)　$\boldsymbol{x}, \boldsymbol{x}' \in V$, $\boldsymbol{x} \sim \boldsymbol{x}'$, $c \in \mathbf{R}$ とすると, $c\boldsymbol{x} \sim c\boldsymbol{x}'$ である.

証明　(1)　$\sim$ の定義より, $\boldsymbol{x} - \boldsymbol{x}', \boldsymbol{y} - \boldsymbol{y}' \in W$ である. さらに, W は V の部分空間なので,

$$(\boldsymbol{x} + \boldsymbol{y}) - (\boldsymbol{x}' + \boldsymbol{y}') = (\boldsymbol{x} - \boldsymbol{x}') + (\boldsymbol{y} - \boldsymbol{y}') \in W, \tag{22.11}$$

すなわち, $(\boldsymbol{x} + \boldsymbol{y}) - (\boldsymbol{x}' + \boldsymbol{y}') \in W$ である. よって, $\sim$ の定義より, $\boldsymbol{x} + \boldsymbol{y} \sim \boldsymbol{x}' + \boldsymbol{y}'$ である.

(2)　$\sim$ の定義より, $\boldsymbol{x} - \boldsymbol{x}' \in W$ である. さらに, W は V の部分空間なので,

$$c\boldsymbol{x} - c\boldsymbol{x}' = c(\boldsymbol{x} - \boldsymbol{x}') \in W, \tag{22.12}$$

すなわち, $c\boldsymbol{x} - c\boldsymbol{x}' \in W$ である. よって, $\sim$ の定義より, $c\boldsymbol{x} \sim c\boldsymbol{x}'$ である. ◇

定理 22.3 の (1) より, $[\boldsymbol{x}], [\boldsymbol{y}] \in V/W$ に対して, $[\boldsymbol{x}]$ と $[\boldsymbol{y}]$ の和 $[\boldsymbol{x}] + [\boldsymbol{y}] \in V/W$ を

$$[\boldsymbol{x}] + [\boldsymbol{y}] = [\boldsymbol{x} + \boldsymbol{y}] \tag{22.13}$$

により定めることができる. すなわち, (22.13) の右辺は代表 $\boldsymbol{x}$, $\boldsymbol{y}$ の選び方に依存しない. このことを和の定義は **well-defined** であるという [⇨ [藤岡 3] **問 8.4**]. また, 定理 22.3 の (2) より, $[\boldsymbol{x}] \in V/W$ および $c \in \mathbf{R}$ に対して, $[\boldsymbol{x}]$ の c によるスカラー倍 $c[\boldsymbol{x}] \in V/W$ を

$$c[\boldsymbol{x}] = [c\boldsymbol{x}] \tag{22.14}$$

により定めることができる. すなわち, (22.14) の右辺は代表 $\boldsymbol{x}$ の選び方に依存せず, スカラー倍の定義は well-defined である.

さらに, このように定めた和とスカラー倍に関して, V/W は $\mathbf{R}$ 上のベクトル空間となる. 実際, 次の (1)〜(8) がなりたつからである (✍). ただし, $[\boldsymbol{x}], [\boldsymbol{y}], [\boldsymbol{z}] \in V/W$, $c, d \in \mathbf{R}$ である.

(1) $[\boldsymbol{x}] + [\boldsymbol{y}] = [\boldsymbol{y}] + [\boldsymbol{x}]$.

(2) $([\boldsymbol{x}] + [\boldsymbol{y}]) + [\boldsymbol{z}] = [\boldsymbol{x}] + ([\boldsymbol{y}] + [\boldsymbol{z}])$.

(3) $[\boldsymbol{x}] + [\boldsymbol{0}] = [\boldsymbol{0}] + [\boldsymbol{x}] = [\boldsymbol{x}]$.

(4) $c(d[\boldsymbol{x}]) = (cd)[\boldsymbol{x}]$.

(5) $(c+d)[\boldsymbol{x}] = c[\boldsymbol{x}] + d[\boldsymbol{x}]$.

(6) $c([\boldsymbol{x}] + [\boldsymbol{y}]) = c[\boldsymbol{x}] + c[\boldsymbol{y}]$.

(7) $1[\boldsymbol{x}] = [\boldsymbol{x}]$.

(8) $0[\boldsymbol{x}] = [\boldsymbol{0}]$.

V/W を W による V の**商空間**(または**商ベクトル空間**) という. なお, (22.13), (22.14) より, 自然な射影 $\pi : V \to V/W$ は線形写像となる.

例 22.8 上のように定めた商空間 V/W について, $W = V$ の場合を考える. このとき, 任意の $\boldsymbol{x}, \boldsymbol{y} \in V$ に対して, $\boldsymbol{x} - \boldsymbol{y} \in W$, すなわち, $\boldsymbol{x} \sim \boldsymbol{y}$ である. よって, $\sim$ は V 上の自明な同値関係である [⇨ **例 22.2**]. したがって, V/W は 1 つの元からなる [⇨ **例 22.5**]. すなわち, V/W は零空間である. ◆

例 22.9 上のように定めた商空間 V/W について, $W = \{\boldsymbol{0}\}$ の場合を考える. このとき, $\boldsymbol{x}, \boldsymbol{y} \in V$ とすると, $\boldsymbol{x} \sim \boldsymbol{y}$ となるのは $\boldsymbol{x} - \boldsymbol{y} = \boldsymbol{0}$ のとき, すなわち, $\boldsymbol{x} = \boldsymbol{y}$ のときである. よって, $\sim$ は V 上の相等関係である [⇨ **例 22.3**]. したがって, V/W は V 自身とみなすことができる [⇨ **例 22.6**]. ◆

22・4 商空間の次元

もとのベクトル空間が有限次元の場合は, 商空間の次元について, 次の定理 22.4 がなりたつ.

― **定理 22.4 (重要)** ―――――――――――――――――

V を **R** 上の有限次元ベクトル空間, W を V の部分空間とすると,
$$\dim V/W = \dim V - \dim W \tag{22.15}$$
である.

証明　$\dim W = 0$ のとき　$W = \{\mathbf{0}\}$ である．このとき，例 22.9 より，V/W は V 自身とみなすことができる．よって，(22.15) がなりたつ．

$\dim W = \dim V$ のとき　$W = V$ である．このとき，例 22.8 より，V/W は零空間なので，$\dim V/W = 0$ となる．よって，(22.15) がなりたつ．

$0 < \dim W < \dim V$ のとき　W の基底 $\{\boldsymbol{a}_1, \cdots, \boldsymbol{a}_m\}$ を選んでおく．ただし，$0 < m < \dim V$ である．次に，$\boldsymbol{a}_{m+1}, \cdots, \boldsymbol{a}_n \in V$ を $\{\boldsymbol{a}_1, \cdots, \boldsymbol{a}_n\}$ が V の基底となるように選んでおく．

ここで，V/W の零ベクトルは $[\mathbf{0}]$ であることに注意し，$[\boldsymbol{a}_{m+1}], \cdots, [\boldsymbol{a}_n]$ の 1 次関係

$$c_{m+1}[\boldsymbol{a}_{m+1}] + \cdots + c_n[\boldsymbol{a}_n] = [\mathbf{0}] \qquad (c_{m+1}, \cdots, c_n \in \mathbf{R}) \qquad (22.16)$$

を考える．このとき，V/W の和およびスカラー倍の定義 (22.13), (22.14) より，

$$[c_{m+1}\boldsymbol{a}_{m+1} + \cdots + c_n\boldsymbol{a}_n] = [\mathbf{0}] \qquad (22.17)$$

となるので，

$$c_{m+1}\boldsymbol{a}_{m+1} + \cdots + c_n\boldsymbol{a}_n \in W \qquad (22.18)$$

である．さらに，$\{\boldsymbol{a}_1, \cdots, \boldsymbol{a}_m\}$ は W の基底なので，ある $c_1, \cdots, c_m \in \mathbf{R}$ が存在し，

$$c_{m+1}\boldsymbol{a}_{m+1} + \cdots + c_n\boldsymbol{a}_n = c_1\boldsymbol{a}_1 + \cdots + c_m\boldsymbol{a}_m \qquad (22.19)$$

となる．すなわち，

$$c_1\boldsymbol{a}_1 + \cdots + c_m\boldsymbol{a}_m - c_{m+1}\boldsymbol{a}_{m+1} - \cdots - c_n\boldsymbol{a}_n = \mathbf{0} \qquad (22.20)$$

である．ここで，$\{\boldsymbol{a}_1, \cdots, \boldsymbol{a}_n\}$ は V の基底なので，

$$c_1 = \cdots = c_n = 0 \qquad (22.21)$$

となる．とくに，

$$c_{m+1} = \cdots = c_n = 0 \qquad (22.22)$$

である．よって，$[\boldsymbol{a}_{m+1}], \cdots, [\boldsymbol{a}_n]$ は 1 次独立である．

次に，$[\boldsymbol{x}] \in V/W$ $(\boldsymbol{x} \in V)$ とする．このとき，$\{\boldsymbol{a}_1, \cdots, \boldsymbol{a}_n\}$ は V の基底であることより，ある $d_1, \cdots, d_n \in \mathbf{R}$ が存在し，

$$\boldsymbol{x} = d_1 \boldsymbol{a}_1 + \cdots + d_n \boldsymbol{a}_n \tag{22.23}$$

となる．ここで，$\{\boldsymbol{a}_1, \cdots, \boldsymbol{a}_m\}$ は W の基底なので，

$$\boldsymbol{x} - (d_{m+1}\boldsymbol{a}_{m+1} + \cdots + d_n \boldsymbol{a}_m) = d_1 \boldsymbol{a}_1 + \cdots + d_m \boldsymbol{a}_m \in W \tag{22.24}$$

となる．よって，

$$\boldsymbol{x} \sim d_{m+1}\boldsymbol{a}_{m+1} + \cdots + d_n \boldsymbol{a}_n \tag{22.25}$$

となり，V/W の和およびスカラー倍の定義より，

$$[\boldsymbol{x}] = d_{m+1}[\boldsymbol{a}_{m+1}] + \cdots + d_n[\boldsymbol{a}_n] \tag{22.26}$$

である．したがって，V/W は $[\boldsymbol{a}_{m+1}], \cdots, [\boldsymbol{a}_n]$ で生成される．

以上より，$\{[\boldsymbol{a}_{m+1}], \cdots, [\boldsymbol{a}_n]\}$ は V/W の基底であり，(22.15) がなりたつ．

$\diamondsuit$

§22 の問題

確認問題

問 22.1　例 22.4 の $\sim$ は推移律をみたすことを示せ．☐☐☐ [⇨ **22・1**]

基本問題

問 22.2　V, V' を $\mathbf{R}$ 上のベクトル空間，W, W' をそれぞれ V, V' の部分空間とし，**22・3** で述べた V 上の同値関係 $\sim$ を考える．また，同様に定められる V' 上の同値関係も $\sim$ と表す．さらに，$f : V \to V'$ を $f(W) \subset W'$ となる線形写像とする[4].

---

4)　$f(W)$ は f による W の像，すなわち，$f(W) = \{ f(\boldsymbol{x}) \mid \boldsymbol{x} \in W \}$ である．

(1)　次の $\boxed{}$ をうめることにより，次の文章を完成させよ．

　　　$\boldsymbol{x}, \boldsymbol{y} \in V$, $\boldsymbol{x} \sim \boldsymbol{y}$ とすると，$\boxed{①} \in W$ であることより，

$$f(\boldsymbol{x}) - f(\boldsymbol{y}) = f\left(\boxed{①} \right) \in W',$$

　　　すなわち，$f(\boldsymbol{x}) \boxed{②} f(\boldsymbol{y})$ となる．よって，写像 $[f] : V/W \to V'/W'$
　　　を

$$[f]([\boldsymbol{x}]) = \boxed{\boxed{③}} \qquad ([\boldsymbol{x}] \in V/W)$$

　　　により定めることができる．

(2)　$[f]$ は線形写像であることを示せ．

(3)　線形写像 $f|_W : W \to W'$ を

$$f|_W(\boldsymbol{x}) = f(\boldsymbol{x}) \qquad (\boldsymbol{x} \in W)$$

　　　により定める．また，V, V' が有限次元であり，$0 < \dim W < \dim V$,
　　　$0 < \dim W' < \dim V'$ とする．さらに，次のように記号を定める．

- $\{\boldsymbol{a}_1, \cdots, \boldsymbol{a}_n\}$：$V$ の基底　　• $\{\boldsymbol{b}_1, \cdots, \boldsymbol{b}_m\}$：$V'$ の基底
- $\{\boldsymbol{a}_1, \cdots, \boldsymbol{a}_l\}$：$W$ の基底　　• $\{\boldsymbol{b}_1, \cdots, \boldsymbol{b}_k\}$：$W'$ の基底
- B：基底 $\{\boldsymbol{a}_1, \cdots, \boldsymbol{a}_l\}$, $\{\boldsymbol{b}_1, \cdots, \boldsymbol{b}_k\}$ に関する $f|_W$ の表現行列
  （図 **22.2**）
- C：基底 $\{[\boldsymbol{a}_{l+1}], \cdots, [\boldsymbol{a}_n]\}$, $\{[\boldsymbol{b}_{k+1}], \cdots, [\boldsymbol{b}_m]\}$ に関する $[f]$ の
  表現行列

　　　このとき，基底 $\{\boldsymbol{a}_1, \cdots, \boldsymbol{a}_n\}$, $\{\boldsymbol{b}_1, \cdots, \boldsymbol{b}_m\}$ に関する f の表現行列は
　　　$\begin{pmatrix} B & * \\ O & C \end{pmatrix}$ と表されることを示せ．

$\boxed{}\boxed{}\boxed{}$ [⇨ **22・4**]

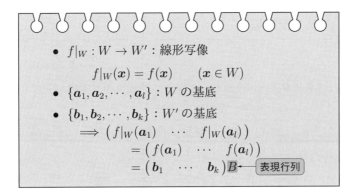

図 22.2　$f|_W$ の表現行列

チャレンジ問題

問 22.3　V を $\mathbf{R}$ 上のベクトル空間, W を V の部分空間, $\pi : V \to V/W$ を自然な射影とする. このとき, 双対写像 $\pi^* : (V/W)^* \to V^*$ $[\Rightarrow \boxed{21 \cdot 4}]$ は $(V/W)^*$ から $W^\perp$ $[\Rightarrow \boxed{問 21.3}]$ への線形同型写像 $[\Rightarrow$ **定理 16.1 の証明の脚注**$]$ を定めることを示せ[5]. とくに, V が有限次元のときは, 問 21.3 (4) とあわせると, 定理 22.4 が得られる.　　　　$\square\square\square$ $[\Rightarrow \boxed{22 \cdot 4}]$

---

[5]　すなわち, $(V/W)^* \cong W^\perp$ となる.

§23　テンソル積

§23 のポイント

- 2 つのベクトル空間の直積からベクトル空間への写像で，各成分に関して線形となるものを**双 1 次写像**という．
- 双 1 次写像を線形化すると，**テンソル積**が得られる．
- テンソル積は**普遍性**によって特徴付けられる．
- テンソル積は双対空間や商空間の概念を用いて定めることができる．
- ベクトル空間の間の 2 つの線形写像に対して，**テンソル積**が定められる．
- ベクトル空間の間の線形写像に対するテンソル積の表現行列は，**クロネッカー積**を用いて表すことができる．

23・1　双 1 次写像とテンソル積

　2 つのベクトル空間からテンソル積というベクトル空間を構成することができる．テンソル積は双 1 次形式［⇨**定義 17.1**］の一般化である双 1 次写像というものと関係が深い．以下では，簡単のため，$\mathbf{R}$ 上のベクトル空間を考えよう．双 1 次写像とは 2 つのベクトル空間の直積からベクトル空間への写像で，各成分に関して線形となるもののことである．より詳しくは，次の定義 23.1 のように定める．

定義 23.1

V, W, U を $\mathbf{R}$ 上のベクトル空間，$\Phi : V \times W \to U$ を写像とする．任意の $\boldsymbol{x}, \boldsymbol{x}' \in V, \boldsymbol{y}, \boldsymbol{y}' \in W, c \in \mathbf{R}$ に対して，次の (1)~(3) がなりたつとき，Φ を**双 1 次写像**（または**双線形写像**）という．

(1)　$\Phi(\boldsymbol{x} + \boldsymbol{x}', \boldsymbol{y}) = \Phi(\boldsymbol{x}, \boldsymbol{y}) + \Phi(\boldsymbol{x}', \boldsymbol{y})$.

(2)　$\Phi(\boldsymbol{x}, \boldsymbol{y} + \boldsymbol{y}') = \Phi(\boldsymbol{x}, \boldsymbol{y}) + \Phi(\boldsymbol{x}, \boldsymbol{y}')$.

(3)　$\Phi(c\boldsymbol{x}, \boldsymbol{y}) = \Phi(\boldsymbol{x}, c\boldsymbol{y}) = c\Phi(\boldsymbol{x}, \boldsymbol{y})$.

例 23.1 定義 23.1 において，$U = \mathbf{R}$ とすると，Φ は双 1 次形式となる [⇨ **定義 17.1**]．すなわち，双 1 次写像は双 1 次形式の一般化である． ◆

例 23.2 m 行 n 列の実行列全体の集合を $M_{m,n}(\mathbf{R})$ と表すと，$M_{m,n}(\mathbf{R})$ は行列としての和およびスカラー倍により，$\mathbf{R}$ 上のベクトル空間となる．そこで，写像 $\Phi : M_{l,m}(\mathbf{R}) \times M_{m,n}(\mathbf{R}) \to M_{l,n}(\mathbf{R})$ を

$$\Phi(X, Y) = XY \qquad \big(X \in M_{l,m}(\mathbf{R}),\ Y \in M_{m,n}(\mathbf{R})\big) \tag{23.1}$$

により定める．このとき，Φ は定義 23.1 の (1)〜(3) の条件をみたし，双 1 次写像となる（✍）． ◆

まず，$\mathbf{R}$ 上の有限次元のベクトル空間どうしのテンソル積を以下に述べるように定めよう．V, W をそれぞれ $\mathbf{R}$ 上の m 次元，n 次元のベクトル空間，$\{\boldsymbol{a}_1, \boldsymbol{a}_2, \cdots, \boldsymbol{a}_m\}$，$\{\boldsymbol{b}_1, \boldsymbol{b}_2, \cdots, \boldsymbol{b}_n\}$ をそれぞれ V, W の基底とする．また，$\boldsymbol{x} \in V$ に対して，$x_1, x_2, \cdots, x_m \in \mathbf{R}$ を基底 $\{\boldsymbol{a}_1, \boldsymbol{a}_2, \cdots, \boldsymbol{a}_m\}$ に関する $\boldsymbol{x}$ の成分，$\boldsymbol{y} \in W$ に対して，$y_1, y_2, \cdots, y_n \in \mathbf{R}$ を基底 $\{\boldsymbol{b}_1, \boldsymbol{b}_2, \cdots, \boldsymbol{b}_n\}$ に関する $\boldsymbol{y}$ の成分とする．さらに，U を $\mathbf{R}$ 上のベクトル空間，$\Phi : V \times W \to U$ を双 1 次写像とする．このとき，双 1 次写像の定義（定義 23.1 (1)〜(3)）より，

$$\Phi(\boldsymbol{x}, \boldsymbol{y}) = \sum_{i=1}^{m} \sum_{j=1}^{n} x_i y_j \Phi(\boldsymbol{a}_i, \boldsymbol{b}_j) \tag{23.2}$$

となる．よって，$i = 1, 2, \cdots, m$，$j = 1, 2, \cdots, n$ に対して，$\Phi(\boldsymbol{a}_i, \boldsymbol{b}_j) \in U$ があたえられていれば，双 1 次写像 $\Phi : V \times W \to U$ を定めることができる．

そこで，$i = 1, 2, \cdots, m$，$j = 1, 2, \cdots, n$ に対して，$\boldsymbol{a}_i \otimes \boldsymbol{b}_j$ というものを考える．さらに，上の $\boldsymbol{x}, \boldsymbol{y}$ に対して，

$$\boldsymbol{x} \otimes \boldsymbol{y} = \sum_{i=1}^{m} \sum_{j=1}^{n} x_i y_j \boldsymbol{a}_i \otimes \boldsymbol{b}_j \tag{23.3}$$

とおき，これを $\boldsymbol{x}$ と $\boldsymbol{y}$ の**テンソル積**という [⇨ **問 23.2**]．このとき，mn 個の元で構成される $\{\boldsymbol{a}_i \otimes \boldsymbol{b}_j\}_{1 \leq i \leq m,\, 1 \leq j \leq n}$ を基底とする $\mathbf{R}$ 上の mn 次元のベ

クトル空間を考えることができる．これを $V \otimes W$ と表し，V と W の**テンソル積**という．テンソル積の定義より，次の定理 23.1 がなりたつ．

定理 23.1（重要）

V, W を $\mathbf{R}$ 上の有限次元ベクトル空間とすると，任意の $\boldsymbol{x}, \boldsymbol{x}' \in V$, $\boldsymbol{y}, \boldsymbol{y}' \in W$, $c \in \mathbf{R}$ に対して，次の (1)〜(3) がなりたつ．

(1)　$(\boldsymbol{x} + \boldsymbol{x}') \otimes \boldsymbol{y} = \boldsymbol{x} \otimes \boldsymbol{y} + \boldsymbol{x}' \otimes \boldsymbol{y}$.

(2)　$\boldsymbol{x} \otimes (\boldsymbol{y} + \boldsymbol{y}') = \boldsymbol{x} \otimes \boldsymbol{y} + \boldsymbol{x} \otimes \boldsymbol{y}'$.

(3)　$(c\boldsymbol{x}) \otimes \boldsymbol{y} = \boldsymbol{x} \otimes (c\boldsymbol{y}) = c(\boldsymbol{x} \otimes \boldsymbol{y})$.

23・2　普遍性

テンソル積は普遍性という性質を用いて特徴付けることができる．23・2 では，その概略を述べることにしよう[1]．

ベクトル空間のテンソル積とは，次の定理 23.2 のような意味で，双 1 次写像を「線形化」する特別なベクトル空間であるということができる．

定理 23.2（重要）

V, W を $\mathbf{R}$ 上のベクトル空間とすると，次の条件をみたす $\mathbf{R}$ 上のベクトル空間 U_0 および双 1 次写像 $\iota : V \times W \to U_0$ が存在する．

> U を $\mathbf{R}$ 上のベクトル空間，$\Phi : V \times W \to U$ を双 1 次写像とすると，ある線形写像 $F : U_0 \to U$ が一意的に存在し，$\Phi = F \circ \iota$ となる（**図 23.1**）．

このとき，「U_0 と $\iota : V \times W \to U_0$」および「$U_0'$ と $\iota' : V \times W \to U_0'$」を上の条件をみたすベクトル空間と双 1 次写像とすると，ある線形同型写像

---

[1]　詳しくは，例えば，［杉横］テンソル空間と外積代数，第 1 章 §1.3 を見よ．

$F_0 : U_0 \to U_0'$ が存在し，$F_0 \circ \iota = \iota'$ となる.

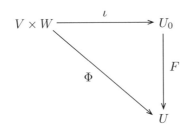

図 23.1　$\Phi = F \circ \iota$

定理 23.2 より，次の定義 23.2 のように定める.

定義 23.2

定理 23.2 と同じ記号を用いる.

(1)　$U_0 = V \otimes W$ と表し，これを V と W の**テンソル積**という.

(2)　$\iota(\boldsymbol{x}, \boldsymbol{y}) = \boldsymbol{x} \otimes \boldsymbol{y}$ と表し，これを $\boldsymbol{x}$ と $\boldsymbol{y}$ の**テンソル積**という.
また，ι を $V \otimes W$ の**標準写像**という.

(3)　定理 23.2 の条件をテンソル積の**普遍性**という.

注意 23.1　定理 23.2 より，$V \otimes W$ は線形同型を除いて一意的に存在する.
とくに，V, W が有限次元の場合は，$V \otimes W$ は ⟨23·1⟩ で定めたものと線形同型となる.

また，標準写像が双 1 次写像であることより，ベクトルどうしのテンソル積は定理 23.1 の (1)〜(3) と同様の式をみたす.

例 23.3　V, W を $\mathbf{R}$ 上のベクトル空間とし，V から W への線形写像全体の集合を $\mathrm{Hom}\,(V, W)$ と表す[2]. このとき，$\varphi, \psi \in \mathrm{Hom}\,(V, W), c \in \mathbf{R}$ に対して，φ と ψ の和および φ の c によるスカラー倍 $\varphi + \psi, c\varphi : V \to W$ をそれぞれ

---

[2]　$W = \mathbf{R}$ のときは，$\mathrm{Hom}\,(V, W) = \mathrm{Hom}\,(V, \mathbf{R}) = V^*$ である $[\Rightarrow (21.1)]$.

$$(\varphi + \psi)(\boldsymbol{x}) = \varphi(\boldsymbol{x}) + \psi(\boldsymbol{x}), \quad (c\varphi)(\boldsymbol{x}) = c\varphi(\boldsymbol{x}) \quad (\boldsymbol{x} \in V) \qquad (23.4)$$

により定めることができる. さらに, $\mathrm{Hom}\,(V, W)$ はこのように定めた和およびスカラー倍により, $\mathbf{R}$ 上のベクトル空間となる (✍).

ここで, $f \in V^*$, $\boldsymbol{y} \in W$ とし, $\boldsymbol{x} \in V$ に対して, $(\Phi(f, \boldsymbol{y}))(\boldsymbol{x}) \in W$ を

$$((\Phi(f, \boldsymbol{y}))(\boldsymbol{x}) = f(\boldsymbol{x})\boldsymbol{y} \qquad (23.5)$$

により定める. このとき, f は線形写像であることより, $((\Phi(f, \boldsymbol{y}))(\boldsymbol{x})$ は $\Phi(f, \boldsymbol{y}) \in \mathrm{Hom}\,(V, W)$ を定める (✍). さらに, V^* の和の定義 (21.2) および W はベクトル空間であることより, $\Phi(f, \boldsymbol{y})$ は双 1 次写像 $\Phi : V^* \times W \to \mathrm{Hom}\,(V, W)$ を定める (✍). よって, 定理 23.2 より, ある線形写像 $F : V^* \otimes W \to \mathrm{Hom}\,(V, W)$ が存在し, $\Phi = F \circ \iota$ となる. ただし, $\iota : V^* \times W \to V^* \otimes W$ は $V^* \otimes W$ の標準写像である. このとき, 次の (1), (2) がなりたつ [⇨ [杉横] テンソル空間と外積代数, 命題 1.11].

(1)　F は単射である.

(2)　V, W が有限次元ならば, F は全射である [3].

よって, V, W が有限次元ならば, F は線形同型写像となる. したがって,

$$V^* \otimes W = \mathrm{Hom}\,(V, W) \qquad (23.6)$$

と定めることができる.　　　　　　　　　　　　　　　　　　　　　　◆

23・3　双対空間とテンソル積

有限次元ベクトル空間どうしのテンソル積は双 1 次形式 [⇨ §17] および双対空間 [⇨ §21] の概念を用いて定めることができる. まず, V, W を $\mathbf{R}$ 上のベクトル空間とし, $V^* \times W^*$ 上の双 1 次形式全体の集合を $\overset{\text{エル}}{\mathcal{L}}(V^*, W^*; \mathbf{R})$ [4] と

---

[3]　23・4 で述べるテンソル積の構成法より, ベクトル空間のテンソル積の元は有限個のベクトルのテンソル積の和として表される. よって, (23.5) より, V が無限次元のときも, $\mathrm{Im}\,F$ は有限次元となる.

[4]　アルファベットの筆記体については, 裏見返しを参考にするとよい.

表す. このとき, 関数の和と関数の実数倍を考えることにより, $\mathcal{L}(V^*, W^*; \mathbf{R})$ は $\mathbf{R}$ 上のベクトル空間となる. ここで, $\boldsymbol{x} \in V$, $\boldsymbol{y} \in W$, $f \in V^*$, $g \in W^*$ に対して,

$$(\iota(\boldsymbol{x}, \boldsymbol{y}))(f, g) = f(\boldsymbol{x})g(\boldsymbol{y}) \tag{23.7}$$

とおくと, これは $V^* \times W^*$ 上の双 1 次形式 $\iota(\boldsymbol{x}, \boldsymbol{y})$ を定める [⇨ 例題 23.1, 問 23.1]. よって, $\iota(\boldsymbol{x}, \boldsymbol{y})$ は写像 $\iota : V \times W \to \mathcal{L}(V^*, W^*; \mathbf{R})$ を定める. さらに, ι は双 1 次写像となる (✍).

例題 23.1 $\boldsymbol{x} \in V$, $\boldsymbol{y} \in W$, $f, f' \in V^*$, $g \in W^*$ のとき,

$$(\iota(\boldsymbol{x}, \boldsymbol{y}))(f + f', g) = (\iota(\boldsymbol{x}, \boldsymbol{y}))(f, g) + (\iota(\boldsymbol{x}, \boldsymbol{y}))(f', g) \tag{23.8}$$

がなりたつことを示せ[5]. ☐☐☐ ✍

解 $(\iota(\boldsymbol{x}, \boldsymbol{y}))(f + f', g) \overset{\odot (23.7)}{=} (f + f')(\boldsymbol{x})g(\boldsymbol{y}) = (f(\boldsymbol{x}) + f'(\boldsymbol{x}))g(\boldsymbol{y})$

$$(\odot \ V^* \text{ の和の定義 } (21.2))$$

$$= f(\boldsymbol{x})g(\boldsymbol{y}) + f'(\boldsymbol{x})g(\boldsymbol{y})$$

$$\overset{\odot (23.7)}{=} (\iota(\boldsymbol{x}, \boldsymbol{y}))(f, g) + (\iota(\boldsymbol{x}, \boldsymbol{y}))(f', g) \tag{23.9}$$

である. よって, (23.8) がなりたつ.　　　　　　　　　　　　◇

V, W が有限次元のときは, 次の定理 23.3 がなりたつ.

定理 23.3 (重要) ───────────────────────

V, W を $\mathbf{R}$ 上の有限次元ベクトル空間とすると, $\mathcal{L}(V^*, W^*; \mathbf{R})$ と $\iota : V \times W \to \mathcal{L}(V^*, W^*; \mathbf{R})$ は普遍性をみたす. とくに,

---

[5] 同様に, $\boldsymbol{x} \in V$, $\boldsymbol{y} \in W$, $f \in V^*$, $g, g' \in W^*$ のとき, $(\iota(\boldsymbol{x}, \boldsymbol{y}))(f, g + g') = (\iota(\boldsymbol{x}, \boldsymbol{y}))(f, g) + (\iota(\boldsymbol{x}, \boldsymbol{y}))(f, g')$ がなりたつ.

$$V \otimes W = \mathcal{L}(V^*, W^*; \mathbf{R}) \tag{23.10}$$

と定めることができる.

証明 証明の方針のみ述べる [6]. $m = \dim V$, $n = \dim W$ とし, V, W の基底 $\{\boldsymbol{a}_1, \boldsymbol{a}_2, \cdots, \boldsymbol{a}_m\}$, $\{\boldsymbol{b}_1, \boldsymbol{b}_2, \cdots, \boldsymbol{b}_n\}$ をそれぞれ選んでおく. さらに, $\{f_1, f_2, \cdots, f_m\}$, $\{g_1, g_2, \cdots, g_n\}$ をそれぞれ $\{\boldsymbol{a}_1, \boldsymbol{a}_2, \cdots, \boldsymbol{a}_m\}$, $\{\boldsymbol{b}_1, \boldsymbol{b}_2, \cdots, \boldsymbol{b}_n\}$ の双対基底とする [⇨ **21・2**]. ここで, $i = 1, 2, \cdots, m$, $j = 1, 2, \cdots, n$ に対して, $\Phi_{ij} \in \mathcal{L}(V^*, W^*; \mathbf{R})$ を

$$\Phi_{ij}(f_k, g_l) = \delta_{ik}\delta_{jl} \qquad (k = 1, 2, \cdots, m, \ l = 1, 2, \cdots, n) \tag{23.11}$$

により定める. このとき,

$$\iota(f_i, g_j) = \Phi_{ij} \tag{23.12}$$

となることより, $\mathcal{L}(V^*, W^*; \mathbf{R})$ と ι は普遍性をみたす. ◇

23・4 商空間とテンソル積

有限次元とは限らないベクトル空間どうしのテンソル積は商空間 [⇨ **22・3**] の概念を用いて定めることができる. まず, V, W を $\mathbf{R}$ 上のベクトル空間とし, $V \times W$ で定義された実数値関数で, 有限個の元を除いて値が 0 となるもの全体の集合を $\mathcal{F}_0(V, W; \mathbf{R})$ [7] と表す. すなわち,

$$\mathcal{F}_0(V, W; \mathbf{R}) = \left\{ f : V \times W \to \mathbf{R} \ \middle| \ \begin{array}{l} f(\boldsymbol{x}, \boldsymbol{y}) \neq 0 \text{ となる } (\boldsymbol{x}, \boldsymbol{y}) \\ \in V \times W \text{ は有限個} \end{array} \right\} \tag{23.13}$$

である. このとき, 関数の和と関数の実数倍を考えることにより, $\mathcal{F}_0(V, W; \mathbf{R})$ は $\mathbf{R}$ 上のベクトル空間となる.

次に, $\boldsymbol{x} \in V$, $\boldsymbol{y} \in W$ に対して,

---

[6] 詳しくは, 例えば, [杉横] テンソル空間と外積代数, 第1章 §1.4 を見よ.

[7] アルファベットの筆記体については, 裏見返しを参考にするとよい.

$$e_{\boldsymbol{x},\boldsymbol{y}}(\boldsymbol{x}',\boldsymbol{y}') = \begin{cases} 1 & \big((\boldsymbol{x}',\boldsymbol{y}') = (\boldsymbol{x},\boldsymbol{y})\big), \\ 0 & \big((\boldsymbol{x}',\boldsymbol{y}') \neq (\boldsymbol{x},\boldsymbol{y})\big) \end{cases} \tag{23.14}$$

とおくと，これは $\mathcal{F}_0(V,W;\mathbf{R})$ の元 $e_{\boldsymbol{x},\boldsymbol{y}}$ を定める．よって，$e_{\boldsymbol{x},\boldsymbol{y}}$ は写像 $e:$ $V \times W \to \mathcal{F}_0(V,W;\mathbf{R})$ を定める．

ここで，$\boldsymbol{x},\boldsymbol{x}' \in V$, $\boldsymbol{y},\boldsymbol{y}' \in W$, $c \in \mathbf{R}$ に対して，

$$e_{\boldsymbol{x}+\boldsymbol{x}',\boldsymbol{y}} - e_{\boldsymbol{x},\boldsymbol{y}} - e_{\boldsymbol{x}',\boldsymbol{y}}, \qquad e_{\boldsymbol{x},\boldsymbol{y}+\boldsymbol{y}'} - e_{\boldsymbol{x},\boldsymbol{y}} - e_{\boldsymbol{x},\boldsymbol{y}'} \tag{23.15}$$

$$e_{c\boldsymbol{x},\boldsymbol{y}} - c e_{\boldsymbol{x},\boldsymbol{y}}, \qquad e_{\boldsymbol{x},c\boldsymbol{y}} - c e_{\boldsymbol{x},\boldsymbol{y}} \tag{23.16}$$

と表される $\mathcal{F}_0(V,W;\mathbf{R})$ の有限個の元の 1 次結合を考え，それら全体からなる $\mathcal{F}_0(V,W;\mathbf{R})$ の部分空間を $\mathcal{G}$[8])と表す．このとき，$\mathcal{G}$ による $\mathcal{F}_0(V,W;\mathbf{R})$ の商空間 $\mathcal{F}_0(V,W;\mathbf{R})/\mathcal{G}$ が定められる $[\Rightarrow \boxed{22\cdot3}]$.

さらに，$\pi : \mathcal{F}_0(V,W;\mathbf{R}) \to \mathcal{F}_0(V,W;\mathbf{R})/\mathcal{G}$ を自然な射影とすると，次の定理 23.4 がなりたつ $[\Rightarrow [杉横] テンソル空間と外積代数，第 1 章 §1.9]$.

定理 23.4（重要）

$\mathcal{F}_0(V,W;\mathbf{R})/\mathcal{G}$ と $\pi \circ e : V \times W \to \mathcal{F}_0(V,W;\mathbf{R})/\mathcal{G}$ は普遍性をみたす．とくに，

$$V \otimes W = \mathcal{F}_0(V,W;\mathbf{R})/\mathcal{G} \tag{23.17}$$

と定めることができる．

23・5 線形写像のテンソル積

ベクトル空間の間の線形写像が 2 つあたえられると，テンソル積の間の線形写像を定めることができる．V, W, V', W' を $\mathbf{R}$ 上のベクトル空間，$f : V \to V'$, $g : W \to W'$ を線形写像とする．また，$\iota : V \times W \to V \otimes W$, $\kappa : V' \times W' \to V' \otimes W'$ をそれぞれ $V \otimes W$, $V' \otimes W'$ の標準写像とする．このとき，写像 $f \times g : V \times W \to V' \times W'$ を

---

8) アルファベットの筆記体については，裏見返しを参考にするとよい．

$$(f \times g)(\boldsymbol{x}, \boldsymbol{y}) = \big(f(\boldsymbol{x}), g(\boldsymbol{y})\big) \qquad (\boldsymbol{x} \in V, \ \boldsymbol{y} \in W) \tag{23.18}$$

により定める. f, g が線形写像であることとベクトルのテンソル積の性質（定理 23.1 (1)〜(3)）より, $\kappa \circ (f \times g) : V \times W \to V' \otimes W'$ は双 1 次写像となる. よって, テンソル積の普遍性 [⇨**定理 23.2**] より, ある線形写像 $f \otimes g : V \otimes W \to V' \otimes W'$ が一意的に存在し,

$$\kappa \circ (f \times g) = (f \otimes g) \circ \iota \tag{23.19}$$

となる. とくに, $\boldsymbol{x} \in V, \boldsymbol{y} \in W$ とすると, 定義 23.2 の (2), (23.19) より,

$$(f \otimes g)(\boldsymbol{x} \otimes \boldsymbol{y}) = f(\boldsymbol{x}) \otimes g(\boldsymbol{y}) \tag{23.20}$$

である. $f \otimes g$ を f と g の**テンソル積**という.

　V, W, V', W' が有限次元であるとする. このとき, それぞれの基底を選んでおくことにより, f, g に対しては表現行列が対応する. さらに, $f \otimes g$ に対応する表現行列について考えよう. $n = \dim V$, $m = \dim V'$, $l = \dim W$, $k = \dim W'$ とし, 次のように記号を定める.

- $\{\boldsymbol{a}_1, \cdots, \boldsymbol{a}_n\}$：$V$ の基底　● $\{\boldsymbol{b}_1, \cdots, \boldsymbol{b}_m\}$：$V'$ の基底
- $\{\boldsymbol{c}_1, \cdots, \boldsymbol{c}_l\}$：$W$ の基底　● $\{\boldsymbol{d}_1, \cdots, \boldsymbol{d}_k\}$：$W'$ の基底
- A：基底 $\{\boldsymbol{a}_1, \cdots, \boldsymbol{a}_n\}, \{\boldsymbol{b}_1, \cdots, \boldsymbol{b}_m\}$ に関する f の表現行列
- B：基底 $\{\boldsymbol{c}_1, \cdots, \boldsymbol{c}_l\}, \{\boldsymbol{d}_1, \cdots, \boldsymbol{d}_k\}$ に関する g の表現行列

A の (i, j) 成分を a_{ij} とすると, $j = 1, \cdots, n$ のとき,

$$f(\boldsymbol{a}_j) = \sum_{i=1}^{m} a_{ij} \boldsymbol{b}_i \tag{23.21}$$

である. また, B の (p, q) 成分を b_{pq} とすると, $q = 1, \cdots, l$ のとき,

$$g(\boldsymbol{c}_q) = \sum_{p=1}^{k} b_{pq} \boldsymbol{d}_p \tag{23.22}$$

である. (23.20)〜(23.22) およびベクトルのテンソル積の性質（定理 23.1 (1)〜(3)）より,

$$(f \otimes g)(\boldsymbol{a}_j \otimes \boldsymbol{c}_q) = \left(\sum_{i=1}^{m} a_{ij}\boldsymbol{b}_i \right) \otimes \left(\sum_{p=1}^{k} b_{pq}\boldsymbol{d}_p \right)$$

$$= \sum_{i=1}^{m} \sum_{p=1}^{k} a_{ij}b_{pq}(\boldsymbol{b}_i \otimes \boldsymbol{d}_p) \qquad (23.23)$$

となる. よって,

$$\big(\ (f \otimes g)(\boldsymbol{a}_1 \otimes \boldsymbol{c}_1) \quad (f \otimes g)(\boldsymbol{a}_1 \otimes \boldsymbol{c}_2) \quad \cdots \quad (f \otimes g)(\boldsymbol{a}_1 \otimes \boldsymbol{c}_l) \quad \cdots$$

$$(f \otimes g)(\boldsymbol{a}_n \otimes \boldsymbol{c}_1) \quad (f \otimes g)(\boldsymbol{a}_n \otimes \boldsymbol{c}_2) \quad \cdots \quad (f \otimes g)(\boldsymbol{a}_n \otimes \boldsymbol{c}_l) \ \big)$$

$$= \big(\ \boldsymbol{b}_1 \otimes \boldsymbol{d}_1 \quad \cdots \quad \boldsymbol{b}_1 \otimes \boldsymbol{d}_k \quad \cdots \quad \boldsymbol{b}_m \otimes \boldsymbol{d}_1 \quad \cdots \quad \boldsymbol{b}_m \otimes \boldsymbol{d}_k \ \big)$$

$$\times \begin{pmatrix} a_{11}b_{11} & \cdots & a_{11}b_{1l} & \cdots & a_{1n}b_{11} & \cdots & a_{1n}b_{1l} \\ \vdots & \ddots & \vdots & \ddots & \vdots & \ddots & \vdots \\ a_{11}b_{k1} & \cdots & a_{11}b_{kl} & \cdots & a_{1n}b_{k1} & \cdots & a_{1n}b_{kl} \\ \vdots & \ddots & \vdots & \ddots & \vdots & \ddots & \vdots \\ a_{m1}b_{11} & \cdots & a_{m1}b_{1l} & \cdots & a_{mn}b_{11} & \cdots & a_{mn}b_{1l} \\ \vdots & \ddots & \vdots & \ddots & \vdots & \ddots & \vdots \\ a_{m1}b_{k1} & \cdots & a_{m1}b_{kl} & \cdots & a_{mn}b_{k1} & \cdots & a_{mn}b_{kl} \end{pmatrix} \qquad (23.24)$$

である. すなわち, mk 行 nl 列の実行列 $A \otimes B$ を

$$A \otimes B = \begin{pmatrix} a_{11}B & a_{12}B & \cdots & a_{1n}B \\ a_{21}B & a_{22}B & \cdots & a_{2n}B \\ \vdots & \vdots & \ddots & \vdots \\ a_{m1}B & a_{m2}B & \cdots & a_{mn}B \end{pmatrix} \qquad (23.25)$$

により定めると, $V \otimes W$ の基底

$$\{\boldsymbol{a}_1 \otimes \boldsymbol{c}_1, \cdots, \boldsymbol{a}_1 \otimes \boldsymbol{c}_l, \cdots, \boldsymbol{a}_n \otimes \boldsymbol{c}_1, \cdots, \boldsymbol{a}_n \otimes \boldsymbol{c}_l\} \qquad (23.26)$$

および $V' \otimes W'$ の基底

$$\{\boldsymbol{b}_1 \otimes \boldsymbol{d}_1, \cdots, \boldsymbol{b}_1 \otimes \boldsymbol{d}_k, \cdots, \boldsymbol{b}_m \otimes \boldsymbol{d}_1, \cdots, \boldsymbol{b}_m \otimes \boldsymbol{d}_k\} \qquad (23.27)$$

に関する $f \otimes g$ の表現行列は $A \otimes B$ である [⇨ 問 23.3]. $A \otimes B$ を A と B の**クロネッカー積**(または**テンソル積**)という.

<h2>§ 23 の問題</h2>

<h3>確認問題</h3>

問 23.1 V, W を $\mathbf{R}$ 上のベクトル空間とし，$\boldsymbol{x} \in V$, $\boldsymbol{y} \in W$, $c \in \mathbf{R}$, $f \in V^*$, $g \in W^*$ とする．(23.7) により定めた $\iota(\boldsymbol{x}, \boldsymbol{y})$ について，

$$\big(\iota(\boldsymbol{x}, \boldsymbol{y})\big)(cf, g) = \big(\iota(\boldsymbol{x}, \boldsymbol{y})\big)(f, cg) = c\big(\iota(\boldsymbol{x}, \boldsymbol{y})\big)(f, g)$$

がなりたつことを示せ． ☐☐☐ [⇨ **23・3**]

<h3>基本問題</h3>

問 23.2 $\{e_1, e_2\}$, $\{e_1', e_2', e_3'\}$ をそれぞれ $\mathbf{R}^2$, $\mathbf{R}^3$ の標準基底とする．このとき，$\begin{pmatrix} 1 \\ 2 \end{pmatrix} \otimes \begin{pmatrix} 3 \\ 2 \\ -1 \end{pmatrix} \in \mathbf{R}^2 \otimes \mathbf{R}^3$ を $e_1 \otimes e_1'$, $e_1 \otimes e_2'$, $e_1 \otimes e_3'$, $e_2 \otimes e_1'$, $e_2 \otimes e_2'$, $e_2 \otimes e_3'$ の1次結合で表せ． ☐☐☐ [⇨ **23・1**]

問 23.3 V, W をそれぞれ $\mathbf{R}$ 上の2次元，3次元のベクトル空間，$\{\boldsymbol{a}_1, \boldsymbol{a}_2\}$, $\{\boldsymbol{b}_1, \boldsymbol{b}_2, \boldsymbol{b}_3\}$ をそれぞれ V, W の基底とする．このとき，線形写像 $f: V \to V$ および $g: W \to V$ をそれぞれ

$$f(\boldsymbol{a}_1) = \boldsymbol{a}_1 + 2\boldsymbol{a}_2, \quad f(\boldsymbol{a}_2) = 3\boldsymbol{a}_1 - \boldsymbol{a}_2,$$

$$g(\boldsymbol{b}_1) = \boldsymbol{a}_1 - 2\boldsymbol{a}_2, \quad g(\boldsymbol{b}_2) = 3\boldsymbol{a}_1 - \boldsymbol{a}_2, \quad g(\boldsymbol{b}_3) = \boldsymbol{a}_1 + \boldsymbol{a}_2$$

により定める．

(1) 基底 $\{\boldsymbol{a}_1, \boldsymbol{a}_2\}$ に関する f の表現行列を求めよ．

(2) 基底 $\{\boldsymbol{b}_1, \boldsymbol{b}_2, \boldsymbol{b}_3\}$, $\{\boldsymbol{a}_1, \boldsymbol{a}_2\}$ に関する g の表現行列を求めよ．

(3) $V \otimes W$ の基底 $\{\boldsymbol{a}_1 \otimes \boldsymbol{b}_1, \boldsymbol{a}_1 \otimes \boldsymbol{b}_2, \boldsymbol{a}_1 \otimes \boldsymbol{b}_3, \boldsymbol{a}_2 \otimes \boldsymbol{b}_1, \boldsymbol{a}_2 \otimes \boldsymbol{b}_2, \boldsymbol{a}_2 \otimes \boldsymbol{b}_3\}$ および $V \otimes V$ の基底 $\{\boldsymbol{a}_1 \otimes \boldsymbol{a}_1, \boldsymbol{a}_1 \otimes \boldsymbol{a}_2, \boldsymbol{a}_2 \otimes \boldsymbol{a}_1, \boldsymbol{a}_2 \otimes \boldsymbol{a}_2\}$ に関する $f \otimes g: V \otimes W \to V \otimes V$ の表現行列を求めよ． ☐☐☐ [⇨ **23・5**]

§24 テンソル空間

§24のポイント

- いくつかのベクトル空間の直積からベクトル空間への写像で，各成分に関して線形となるものを**多重線形写像**という．
- いくつかのベクトル空間の**テンソル積**は**普遍性**によって特徴付けられ，多重線形写像を線形化する．
- 同じベクトル空間やその双対空間から得られるテンソル積を**テンソル空間**という．
- **対称テンソル**，**交代テンソル**からなるベクトル空間の基底は，それぞれ**対称化作用素**，**交代化作用素**を用いて表すことができる．

24・1　多重線形写像とテンソル積

テンソル積は3個以上のベクトル空間に対しても定めることができる．このとき，テンソル積は双1次写像 [⇨ 23・1] の一般化である多重線形写像と関係付けられる．以下では，§23 と同様に，$\mathbf{R}$ 上のベクトル空間を考えよう．多重線形写像とはいくつかのベクトル空間の直積からベクトル空間への写像で，各成分に関して線形となるもののことである．より詳しくは，次の定義 24.1 のように定める．

定義 24.1

$V_1, \cdots, V_n, U$ を $\mathbf{R}$ 上のベクトル空間，$\Phi : V_1 \times \cdots \times V_n \to U$ を写像とする．任意の $i = 1, 2, \cdots, n$, $\boldsymbol{x}_1 \in V_1$, $\cdots$, $\boldsymbol{x}_{i-1} \in V_{i-1}$, $\boldsymbol{x}_i, \boldsymbol{x}'_i \in V_i$, $\boldsymbol{x}_{i+1} \in V_{i+1}$, $\cdots$, $\boldsymbol{x}_n \in V_n$, $c \in \mathbf{R}$ に対して，次の (1), (2) がなりたつとき，Φ を**多重線形写像**（または **n 重線形写像**）という．$U = \mathbf{R}$ のときは，Φ を**多重線形形式**（または **n 重線形形式**）という．

(1)　$\Phi\big(\boldsymbol{x}_1, \cdots, \boldsymbol{x}_{i-1}, \boldsymbol{x}_i + \boldsymbol{x}'_i, \boldsymbol{x}_{i+1}, \cdots, \boldsymbol{x}_n\big)$

$$= \Phi(\boldsymbol{x}_1, \cdots, \boldsymbol{x}_{i-1}, \boldsymbol{x}_i, \boldsymbol{x}_{i+1}, \cdots, \boldsymbol{x}_n)$$
$$+ \Phi(\boldsymbol{x}_1, \cdots, \boldsymbol{x}_{i-1}, \boldsymbol{x}_i', \boldsymbol{x}_{i+1}, \cdots, \boldsymbol{x}_n).$$

(2) $\Phi(\boldsymbol{x}_1, \cdots, \boldsymbol{x}_{i-1}, c\boldsymbol{x}_i, \boldsymbol{x}_{i+1}, \cdots, \boldsymbol{x}_n)$
$$= c\Phi(\boldsymbol{x}_1, \cdots, \boldsymbol{x}_{i-1}, \boldsymbol{x}_i, \boldsymbol{x}_{i+1}, \cdots, \boldsymbol{x}_n).$$

例 24.1　定義 24.1 において，$n = 2$ とすると，Φ は双 1 次写像となる [⇨**定義 23.1**]．すなわち，多重線形写像は双 1 次写像の一般化である．　　　　◆

例 24.2　写像

$$\Phi : M_{m_1, m_2}(\mathbf{R}) \times \cdots \times M_{m_n, m_{n+1}}(\mathbf{R}) \to M_{m_1, m_{n+1}}(\mathbf{R}) \qquad (24.1)$$

[⇨**例 23.2**] を

$$\Phi(X_1, \cdots, X_n) = X_1 \cdots X_n$$
$$\left(X_1 \in M_{m_1, m_2}(\mathbf{R}), \ \cdots, \ X_n \in M_{m_n, m_{n+1}}(\mathbf{R})\right) \qquad (24.2)$$

により定める．このとき，Φ は定義 24.1 の (1), (2) の条件をみたし，n 重線形写像となる．　　　　◆

23・1 と同様に，いくつかの **R** 上の有限次元ベクトル空間に対するテンソル積を定めることができる．$i = 1, \cdots, n$ に対して，V_i を **R** 上の m_i 次元のベクトル空間，$\{\boldsymbol{a}_1^{(i)}, \cdots, \boldsymbol{a}_{m_i}^{(i)}\}$ を V_i の基底とする．また，$\boldsymbol{x}_i \in V_i$ に対して，$x_1^{(i)}, \cdots, x_{m_i}^{(i)} \in \mathbf{R}$ を基底 $\{\boldsymbol{a}_1^{(i)}, \cdots, \boldsymbol{a}_{m_i}^{(i)}\}$ に関する $\boldsymbol{x}_i$ の成分とする．さらに，U を **R** 上のベクトル空間，$\Phi : V_1 \times \cdots \times V_n \to U$ を多重線形写像とする．このとき，多重線形写像の定義（定義 24.1 (1), (2)）より，

$$\Phi(\boldsymbol{x}_1, \cdots, \boldsymbol{x}_n) = \sum_{j_1=1}^{m_1} \cdots \sum_{j_n=1}^{m_n} x_{j_1}^{(1)} \cdots x_{j_n}^{(n)} \Phi(\boldsymbol{a}_{j_1}^{(1)}, \cdots, \boldsymbol{a}_{j_n}^{(n)}) \qquad (24.3)$$

となる．よって，$j_i = 1, \cdots, m_i$ $(i = 1, \cdots, n)$ に対して，$\Phi(\boldsymbol{a}_{j_1}^{(1)}, \cdots, \boldsymbol{a}_{j_n}^{(n)})$ $\in U$ があたえられていれば，多重線形写像 $\Phi : V_1 \times \cdots \times V_n \to U$ を定めることができる．

そこで, $j_i = 1, \cdots, m_i$ $(i = 1, \cdots, n)$ に対して, $\boldsymbol{a}_{j_1}^{(1)} \otimes \cdots \otimes \boldsymbol{a}_{j_n}^{(n)}$ という
ものを考える. さらに, 上の $\boldsymbol{x}_1, \cdots, \boldsymbol{x}_n$ に対して,

$$\boldsymbol{x}_1 \otimes \cdots \otimes \boldsymbol{x}_n = \sum_{j_1=1}^{m_1} \cdots \sum_{j_n=1}^{m_n} x_{j_1}^{(1)} \cdots x_{j_n}^{(n)} \boldsymbol{a}_{j_1}^{(1)} \otimes \cdots \otimes \boldsymbol{a}_{j_n}^{(n)} \tag{24.4}$$

とおき, これを $\boldsymbol{x}_1, \cdots, \boldsymbol{x}_n$ の**テンソル積**という. このとき,

$$\left\{ \boldsymbol{a}_{j_1}^{(1)} \otimes \cdots \otimes \boldsymbol{a}_{j_n}^{(n)} \right\}_{1 \le j_1 \le m_1, \cdots, 1 \le j_n \le m_n} \tag{24.5}$$

を基底とする $\mathbf{R}$ 上の $m_1 \cdots m_n$ 次元のベクトル空間を考えることができる. こ
れを $V_1 \otimes \cdots \otimes V_n$ と表し, $V_1, \cdots, V_n$ の**テンソル積**という. テンソル積の定
義より, 次の定理 24.1 がなりたつ.

定理 24.1 (重要)

$V_1, \cdots, V_n$ を $\mathbf{R}$ 上の有限次元ベクトル空間とすると, 任意の $i = 1, \cdots,$
n, $\boldsymbol{x}_1 \in V_1, \cdots, \boldsymbol{x}_{i-1} \in V_{i-1}, \boldsymbol{x}_i, \boldsymbol{x}_i' \in V_i, \boldsymbol{x}_{i+1} \in V_{i+1}, \cdots, \boldsymbol{x}_n \in V_n,$
$c \in \mathbf{R}$ に対して, 次の (1), (2) がなりたつ.

(1) $\boldsymbol{x}_1 \otimes \cdots \otimes \boldsymbol{x}_{i-1} \otimes (\boldsymbol{x}_i + \boldsymbol{x}_i') \otimes \boldsymbol{x}_{i+1} \otimes \cdots \otimes \boldsymbol{x}_n$
$= \boldsymbol{x}_1 \otimes \cdots \otimes \boldsymbol{x}_{i-1} \otimes \boldsymbol{x}_i \otimes \boldsymbol{x}_{i+1} \otimes \cdots \otimes \boldsymbol{x}_n$
$\qquad + \boldsymbol{x}_1 \otimes \cdots \otimes \boldsymbol{x}_{i-1} \otimes \boldsymbol{x}_i' \otimes \boldsymbol{x}_{i+1} \otimes \cdots \otimes \boldsymbol{x}_n.$

(2) $\boldsymbol{x}_1 \otimes \cdots \otimes \boldsymbol{x}_{i-1} \otimes (c\boldsymbol{x}_i) \otimes \boldsymbol{x}_{i+1} \otimes \cdots \otimes \boldsymbol{x}_n$
$= c(\boldsymbol{x}_1 \otimes \cdots \otimes \boldsymbol{x}_{i-1} \otimes \boldsymbol{x}_i \otimes \boldsymbol{x}_{i+1} \otimes \cdots \otimes \boldsymbol{x}_n).$

注意 24.1 23·2 と同様に, 3 個以上のベクトル空間に対するテンソル積も
普遍性という性質を用いて特徴付けられ, **テンソル積は多重線形写像を「線形
化」するベクトル空間である**ということができる (図 24.1). さらに, V_1, V_2, V_3
を $\mathbf{R}$ 上のベクトル空間とすると, 普遍性より, $V_1 \otimes V_2 \otimes V_3$, $(V_1 \otimes V_2) \otimes V_3$,
$V_1 \otimes (V_2 \otimes V_3)$[1]は互いに線形同型となる. よって, これらはベクトル空間と

---

[1] $(V_1 \otimes V_2) \otimes V_3$ は §23 で定めたテンソル積 $V_1 \otimes V_2$ と V_3 のテンソル積である.
$V_1 \otimes (V_2 \otimes V_3)$ についても同様である.

しては同じものとみなすことができる［⇨［杉横］テンソル空間と外積代数，
§1.6］．

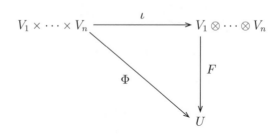

図 24.1　普遍性（図 23.1 の一般化）

24・2　テンソル空間の定義

　V を $\mathbf{R}$ 上のベクトル空間とし，いくつかの V および V^* から得られるテン
ソル積を**テンソル空間**という．例えば，

$$V \otimes V, \quad V^* \otimes V, \quad V \otimes V^* \otimes V, \quad V^* \otimes V^* \otimes V \otimes V^* \tag{24.6}$$

はテンソル空間である．

　一般に，V, W を $\mathbf{R}$ 上のベクトル空間とすると，テンソル積の普遍性（定理
23.2）より，任意の $\boldsymbol{x} \in V$ および $\boldsymbol{y} \in W$ に対して，

$$F(\boldsymbol{x} \otimes \boldsymbol{y}) = \boldsymbol{y} \otimes \boldsymbol{x} \tag{24.7}$$

となる線形同型写像 $F : V \otimes W \to W \otimes V$ が存在する［⇨［杉横］テンソル空
間と外積代数，命題 1.5］．そこで，次の定義 24.2 のようなテンソル空間を考
える．

定義 24.2

　V を $\mathbf{R}$ 上のベクトル空間とし，

$$T_0^0(V) = \mathbf{R}, \qquad T_q^p(V) = \underbrace{V \otimes \cdots \otimes V}_{p \text{ 個}} \otimes \underbrace{V^* \otimes \cdots \otimes V^*}_{q \text{ 個}} \tag{24.8}$$

とおく. $T_q^p(V)$ を (p, q) 型テンソル空間という. また, $T_q^p(V)$ の元を (p, q) 型テンソル (または p 階反変 q 階共変テンソル) という. とくに, $T_0^p(V) = T^p(V)$, $T_q^0(V) = T_q(V)$ と表し, $(p, 0)$ 型テンソルを p 階反変テンソル, $(0, q)$ 型テンソルを q 階共変テンソルという. また, $T_0^1(V) = T^1(V) = V$ の元を反変ベクトル, $T_1^0(V) = T_1(V) = V^*$ の元を共変ベクトルという.

例 24.3 V を $\mathbf{R}$ 上の有限次元のベクトル空間とする. このとき, 例 23.3 において, $V = W$ とすると,

$$V^* \otimes V = \mathrm{Hom}\,(V, V) \tag{24.9}$$

である. すなわち, $\mathrm{Hom}\,(V, V)$ はテンソル空間である. よって, V の線形変換は $(1, 1)$ 型テンソルとみなすことができる. ◆

例 24.4 V を $\mathbf{R}$ 上のベクトル空間とし, $\underbrace{V \times \cdots \times V}_{q \text{ 個}} \times \underbrace{V^* \times \cdots \times V^*}_{p \text{ 個}}$ 上の $(p + q)$ 重線形形式全体の集合を $\mathcal{L}_q^p(V)$ と表す. このとき, 関数の和と関数の実数倍を考えることにより, $\mathcal{L}_q^p(V)$ は $\mathbf{R}$ 上のベクトル空間となる. ここで, $\boldsymbol{x}_1, \cdots, \boldsymbol{x}_p, \boldsymbol{y}_1, \cdots, \boldsymbol{y}_q \in V, f_1, \cdots, f_q, g_1, \cdots, g_p \in V^*$ に対して,

$$\begin{aligned}\bigl(\iota(\boldsymbol{x}_1, \cdots, \boldsymbol{x}_p, f_1, \cdots, f_q)\bigr)(\boldsymbol{y}_1, \cdots, \boldsymbol{y}_q, g_1, \cdots, g_p) \\ = f_1(\boldsymbol{y}_1) \cdots f_q(\boldsymbol{y}_q) g_1(\boldsymbol{x}_1) \cdots g_p(\boldsymbol{x}_p)\end{aligned} \tag{24.10}$$

とおくと, これは $\underbrace{V \times \cdots \times V}_{q \text{ 個}} \times \underbrace{V^* \times \cdots \times V^*}_{p \text{ 個}}$ 上の $(p + q)$ 重線形形式 $\iota(\boldsymbol{x}_1, \cdots, \boldsymbol{x}_p, f_1, \cdots, f_q)$ を定める. よって, $\iota(\boldsymbol{x}_1, \cdots, \boldsymbol{x}_p, f_1, \cdots, f_q)$ は写像 $\iota : \underbrace{V \times \cdots \times V}_{p \text{ 個}} \times \underbrace{V^* \times \cdots \times V^*}_{q \text{ 個}} \to \mathcal{L}_q^p(V)$ を定める. さらに, ι は $(p + q)$ 重線形写像となる.

V が有限次元のときは, 定理 23.3 と同様に, $\mathcal{L}_q^p(V)$ と ι は普遍性をみたす. とくに,

$$T_q^p(V) = \mathcal{L}_q^p(V) \tag{24.11}$$

と定めることができる．よって，$\underbrace{V \times \cdots \times V}_{q\,個} \times \underbrace{V^* \times \cdots \times V^*}_{p\,個}$ 上の $(p+q)$ 重

線形形式は (p,q) 型テンソルとみなすことができる．　　　　　　　◆

24・3 対称テンソル

24・3 では，対称テンソルという特別な反変テンソルについて述べよう．以下では，V を $\mathbf{R}$ 上の有限次元のベクトル空間とする．また，p 文字の置換全体の集合を $\mathfrak{S}_p$ と表す[2]（エス）[$\Rightarrow$［藤岡 1］§7］．すなわち，$\mathfrak{S}_p$ は集合 $\{1, 2, \cdots, p\}$ から $\{1, 2, \cdots, p\}$ 自身への全単射全体の集合である．このとき，次の定理 24.2 がなりたつ [$\Rightarrow$ 例題 24.1 , 問 24.1]．

─ 定理 24.2（重要）────────────────────────

$\sigma \in \mathfrak{S}_p$ とすると，次の (1), (2) がなりたつ．

(1)　ある線形同型写像 $P_\sigma : T^p(V) \to T^p(V)$ が一意的に存在し，任意の $\boldsymbol{x}_1, \cdots, \boldsymbol{x}_p \in V$ に対して，

$$P_\sigma(\boldsymbol{x}_1 \otimes \cdots \otimes \boldsymbol{x}_p) = \boldsymbol{x}_{\sigma(1)} \otimes \cdots \otimes \boldsymbol{x}_{\sigma(p)} \tag{24.12}$$

となる．

(2)　任意の $\sigma, \tau \in \mathfrak{S}_p$ に対して，

$$P_\sigma \circ P_\tau = P_{\sigma\tau} \tag{24.13}$$

である．

────────────────────────────────────

注意 24.2 　ε を $\mathfrak{S}_p$ の恒等置換とすると，定理 24.2 において，明らかに，P_ε は $T^p(V)$ の恒等変換である．

P_σ は $T^p(V)$ の基底の構成要素がどの元に写るかを指定して定めることもで

───────────────────────

[2]　$\mathfrak{S}$ はドイツ文字のフラクトゥーア体の大文字であり，アルファベットの大文字 S に対応する．ドイツ文字の一覧を本シリーズの［藤岡 3］の裏見返しにまとめておいたので，興味のある読者は参照してみてほしい．

きる．しかし，その場合は定義が基底の選び方に依存しないことを示す必要がある［⇨ 問 24.2 ］．

例題 24.1 次の □ をうめることにより，定理 24.2 の (1) を示せ．

$\iota : \underbrace{V \times \cdots \times V}_{p \text{個}} \to T^p(V)$ を $T^p(V)$ の ① 写像とする．また，写像

$F_\sigma : \underbrace{V \times \cdots \times V}_{p \text{個}} \to \underbrace{V \times \cdots \times V}_{p \text{個}}$ を

$$F_\sigma(\boldsymbol{x}_1, \cdots, \boldsymbol{x}_p) = (\boldsymbol{x}_{\sigma(1)}, \cdots, \boldsymbol{x}_{\sigma(p)}) \qquad (\boldsymbol{x}_1, \cdots, \boldsymbol{x}_p \in V) \quad (24.14)$$

により定める．このとき，$\iota \circ F_\sigma : \underbrace{V \times \cdots \times V}_{p \text{個}} \to T^p(V)$ は ② 写像と

なる．よって，テンソル積の ③ 性より，ある線形変換 $P_\sigma : T^p(V) \to T^p(V)$ が一意的に存在し，

$$\iota \circ F_\sigma = P_\sigma \circ \iota \quad (24.15)$$

となる．また，

$$(\iota \circ F_\sigma)(\boldsymbol{x}_1, \cdots, \boldsymbol{x}_p) = \boxed{④}, \quad (24.16)$$

$$(P_\sigma \circ \iota)(\boldsymbol{x}_1, \cdots, \boldsymbol{x}_p) = P_\sigma \left(\boxed{⑤} \right) \quad (24.17)$$

となり，(24.12) がなりたつ．さらに，(24.12) より，P_σ は $T^p(V)$ の基底の構成要素の入れ替えを定めるので，P_σ は線形同型写像である．

解 ① 標準，② 多重線形，③ 普遍，④ $\boldsymbol{x}_{\sigma(1)} \otimes \cdots \otimes \boldsymbol{x}_{\sigma(p)}$，
⑤ $\boldsymbol{x}_1 \otimes \cdots \otimes \boldsymbol{x}_p$ ◇

定理 24.2 の P_σ を用いて，対称テンソルを次の定義 24.3 のように定める．

定義 24.3

$t \in T^p(V)$ とする. 任意の $\sigma \in \mathfrak{S}_p$ に対して,
$$P_\sigma(t) = t \tag{24.18}$$
となるとき, t を**対称テンソル**という.

例 24.5　定義 24.3 において, $p = 1$ のときを考えると,
$$\mathfrak{S}_1 = \{\varepsilon\} \tag{24.19}$$
である. (24.12), (24.19) より, 任意の $t \in T^1(V)$ は対称テンソルである. ◆

例 24.6　定義 24.3 において, $p = 2$ のときを考えると,
$$\mathfrak{S}_2 = \left\{\varepsilon, \begin{pmatrix} 1 & 2 \end{pmatrix}\right\} \tag{24.20}$$
である[3]. ここで, $\{\boldsymbol{a}_1, \cdots, \boldsymbol{a}_n\}$ を V の基底とする. (24.12), (24.20) より, $i, j = 1, 2, \cdots, n$ とすると, $\boldsymbol{a}_i \otimes \boldsymbol{a}_j + \boldsymbol{a}_j \otimes \boldsymbol{a}_i \in T^2(V)$ は対称テンソルである. ◆

$T^p(V)$ の対称テンソル全体の集合を $S^p(V)$ と表す. このとき, P_σ が $T^p(V)$ の線形変換であることより, $S^p(V)$ は $T^p(V)$ の部分空間となる (✍). また, 線形変換 $\mathcal{S}_p : T^p(V) \to T^p(V)$ を
$$\mathcal{S}_p(t) = \frac{1}{p!} \sum_{\sigma \in \mathfrak{S}_p} P_\sigma(t) \qquad \left(t \in T^p(V)\right) \tag{24.21}$$
により定め[4], これを**対称化作用素**という. 対称化作用素を用いることにより, $S^p(V)$ の基底を次の定理 24.3 のように表すことができる [⇨ [杉横] テンソル空間と外積代数, 命題 2.6].

定理 24.3（重要）

$\{\boldsymbol{a}_1, \cdots, \boldsymbol{a}_n\}$ を V の基底とすると, $\left\{\mathcal{S}_p(\boldsymbol{a}_{i_1} \otimes \cdots \otimes \boldsymbol{a}_{i_p})\right\}_{i_1 \leq \cdots \leq i_p}$ は

---

[3]　$\begin{pmatrix} 1 & 2 \end{pmatrix}$ は 1 と 2 を入れ替える互換である.

[4]　アルファベットの筆記体については, 裏見返しを参考にするとよい.

$S^p(V)$ の基底である. とくに,
$$\dim S^p(V) = {}_{n+p-1}\mathrm{C}_p \tag{24.22}$$
である[5]. ただし, ${}_n\mathrm{C}_k$ は二項係数, すなわち, 0 以上の整数 n および $k = 0, 1, 2, \cdots, n$ に対して,
$$_n\mathrm{C}_k = \frac{n!}{k!(n-k)!} \tag{24.23}$$
である.

24・4 交代テンソル

24・4 では, 交代テンソルという特別な反変テンソルについて述べよう. 以下では, V を $\mathbf{R}$ 上の有限次元のベクトル空間とする. また, $\sigma \in \mathfrak{S}_p$ に対して, σ の符号を $\mathrm{sgn}\,\sigma$ と表す [⇨ [藤岡1] 7・6]. すなわち, σ が偶数個の互換の積で表されるとき, $\mathrm{sgn}\,\sigma = 1$ であり, σ が奇数個の互換の積で表されるとき, $\mathrm{sgn}\,\sigma = -1$ である. さらに, 定理 24.2 の P_σ を用いて, 交代テンソルを次の定義 24.4 のように定める.

定義 24.4

$t \in T^p(V)$ とする. 任意の $\sigma \in \mathfrak{S}_p$ に対して,
$$P_\sigma(t) = (\mathrm{sgn}\,\sigma)t \tag{24.24}$$
となるとき, t を**交代テンソル**という.

例 24.7 (24.12), (24.19) および
$$\mathrm{sgn}\,\varepsilon = 1 \tag{24.25}$$
より, 任意の $t \in T^1(V)$ は交代テンソルである. ◆

例 24.8 $\{\boldsymbol{a}_1, \cdots, \boldsymbol{a}_n\}$ を V の基底とする. (24.12), (24.20) および

---
[5] (24.22) は異なる n 個のものから重複を許して p 個取る組合せの総数である.

$$\mathrm{sgn}\,\varepsilon = 1, \qquad \mathrm{sgn}\begin{pmatrix} 1 & 2 \end{pmatrix} = -1 \tag{24.26}$$

より, $i, j = 1, 2, \cdots, n$ とすると, $\boldsymbol{a}_i \otimes \boldsymbol{a}_j - \boldsymbol{a}_j \otimes \boldsymbol{a}_i \in T^2(V)$ は交代テンソルである. ◆

$T^p(V)$ の交代テンソル全体の集合を $A^p(V)$ と表す. このとき, P_σ が $T^p(V)$ の線形変換であることより, $A^p(V)$ は $T^p(V)$ の部分空間となる (✍). また, 線形変換 $\overset{\text{エー}}{\mathcal{A}_p} : T^p(V) \to T^p(V)$ を

$$\mathcal{A}_p(t) = \frac{1}{p!} \sum_{\sigma \in \mathfrak{S}_p} (\mathrm{sgn}\,\sigma) P_\sigma(t) \qquad (t \in T^p(V)) \tag{24.27}$$

により定め[6], これを**交代化作用素**という. 交代化作用素を用いることにより, $A^p(V)$ の基底を次の定理 24.4 のように表すことができる [⇨ [杉横] テンソル空間と外積代数, 補題 2.2 系, 命題 2.7].

定理 24.4（重要）

$n = \dim V$ とすると, 次の (1), (2) がなりたつ.

  (1) $p > n$ のとき, $A^p(V)$ は零空間である.

  (2) $p \le n$ のとき, $\{\boldsymbol{a}_1, \cdots, \boldsymbol{a}_n\}$ を V の基底とすると, $\{\mathcal{A}_p(\boldsymbol{a}_{i_1} \otimes \cdots \otimes \boldsymbol{a}_{i_p})\}_{i_1 < \cdots < i_p}$ は $A^p(V)$ の基底である. とくに,

$$\dim A^p(V) = {}_n\mathrm{C}_p \tag{24.28}$$

である.

---

§ 24 の問題

確認問題

問 24.1 次の □ をうめることにより, 定理 24.2 の (2) を示せ.

---

[6] アルファベットの筆記体については, 裏見返しを参考にするとよい.

$x_1, \cdots, x_p \in V$ とすると,

$$(P_\sigma \circ P_\tau)(x_1 \otimes \cdots \otimes x_p) \overset{\odot\ (24.12)}{=} P_\sigma \left(x_{\boxed{①}}, \cdots, x_{\boxed{②}} \right)$$

$$\overset{\odot\ (24.12)}{=} x_{\boxed{③}\left(\boxed{①}\right)} \otimes \cdots \otimes x_{\boxed{③}\left(\boxed{②}\right)}$$

$$= x_{\boxed{④}\ (1)} \otimes \cdots x_{\boxed{④}\ (p)} = P_{\sigma\tau}(x_1 \otimes \cdots \otimes x_p)$$

である. $T^p(V)$ は $x_1 \otimes \cdots \otimes x_p$ と表される元の 1 次結合からなるので, (2) がなりたつ. □□□ [⇨ 24・3]

基本問題

問 24.2　V を $\mathbf{R}$ 上の 2 次元ベクトル空間とし, V の基底 $\{a_1, a_2\}$ を選んでおく. このとき, 線形写像 $P : T^2(V) \to T^2(V)$ を

$$P(a_i \otimes a_j) = a_j \otimes a_i \qquad (i, j = 1, 2)$$

により定める. P は基底 $\{a_1, a_2\}$ の選び方に依存しないことを示せ.

□□□ [⇨ 24・3]

問 24.3　V を $\mathbf{R}$ 上の有限次元ベクトル空間, $P_\sigma : T^p(V) \to T^p(V)$ を定理 24.2 の線形同型写像とする. また, $\mathcal{S}_p : T^p(V) \to T^p(V)$ を対称化作用素とする. このとき, 次の (1), (2) がなりたつことを示せ.

(1)　$P_\sigma \circ \mathcal{S}_p = \mathcal{S}_p \circ P_\sigma = \mathcal{S}_p$　　(2)　$\mathcal{S}_p \circ \mathcal{S}_p = \mathcal{S}_p$

□□□ [⇨ 24・3]

問 24.4　V を $\mathbf{R}$ 上の有限次元ベクトル空間, $P_\sigma : T^p(V) \to T^p(V)$ を定理 24.2 の線形同型写像とする. また, $\mathcal{A}_p : T^p(V) \to T^p(V)$ を交代化作用素とする. このとき, 次の (1), (2) がなりたつことを示せ.

(1)　$P_\sigma \circ \mathcal{A}_p = \mathcal{A}_p \circ P_\sigma = (\mathrm{sgn}\,\sigma)\mathcal{A}_p$　　(2)　$\mathcal{A}_p \circ \mathcal{A}_p = \mathcal{A}_p$

□□□ [⇨ 24・4]

第7章のまとめ

双対空間

V：$\mathbf{R}$ 上のベクトル空間

○ **1次形式**：V から $\mathbf{R}$ への線形写像

○ 1次形式全体 V^* はベクトル空間となる（**双対空間**）.

○ ベクトル空間の間の線形写像は双対空間の間の線形写像を定める
（**双対写像**）.

V が有限次元であるとする.

$\{\boldsymbol{a}_1, \boldsymbol{a}_2, \cdots, \boldsymbol{a}_n\}$：$V$ の基底

○ **双対基底** $\{f_1, f_2, \cdots, f_n\}$ が定められる.
$$f_i(\boldsymbol{a}_j) = \delta_{ij} \qquad (i, j = 1, 2, \cdots, n)$$

○ **第2双対空間** $(V^*)^*$ は V とみなすことができる.

○ 双対基底を考えると双対写像の表現行列はもとの線形写像の表現行列の
転置行列となる.

商空間

$W \subset V$：部分空間

○ $\boldsymbol{x}, \boldsymbol{y} \in V$, $\boldsymbol{x} - \boldsymbol{y} \in W$ のとき，$\boldsymbol{x} \sim \boldsymbol{y}$ と定める.

○ $\sim$ は **反射律，対称律，推移律** をみたす（**同値関係**）.

○ **商集合** V/W はベクトル空間となる（**商空間**）.

○ V が有限次元のとき
$$\dim V/W = \dim V - \dim W$$

テンソル積

○ **双1次写像**：2つのベクトル空間の直積からベクトル空間への写像.

各成分に関して線形.

多重線形写像へ一般化される.

○ **テンソル積**：双 1 次写像，多重線形写像の線形化.

　　普遍性を用いて特徴付けられる.

　　商空間の概念を用いて定めることができる.

V, W：$\mathbf{R}$ 上のベクトル空間

- V, W が有限次元の場合：

  $\{\boldsymbol{a}_1, \cdots, \boldsymbol{a}_m\}, \{\boldsymbol{b}_1, \cdots, \boldsymbol{b}_n\}$ を V, W の基底とすると，

  $\{\boldsymbol{a}_i \otimes \boldsymbol{b}_j\}_{1 \leq i \leq m, 1 \leq j \leq n}$ はテンソル積 $V \otimes W$ の基底.

- テンソル積 $V \otimes W$ は $V^* \times W^*$ 上の双 1 次形式全体とみなす

  ことができる.

- 線形写像のテンソル積の表現行列は**クロネッカー積**を用いて

  表される.

テンソル空間

V：$\mathbf{R}$ 上のベクトル空間

○ **(p, q) 型テンソル空間**：

$$T_0^0(V) = \mathbf{R}, \qquad T_q^p(V) = \underbrace{V \otimes \cdots \otimes V}_{p\ \text{個}} \otimes \underbrace{V^* \otimes \cdots \otimes V^*}_{q\ \text{個}}$$

V が有限次元であるとする.

○ $\sigma \in \mathfrak{S}_p$（$p$ 文字の置換全体）

　$\Longrightarrow$ 線形同型写像 $P_\sigma : T^p(V) \to T^p(V)$ が一意的に存在し，

$$P_\sigma(\boldsymbol{x}_1 \otimes \cdots \otimes \boldsymbol{x}_p) = \boldsymbol{x}_{\sigma(1)} \otimes \cdots \otimes \boldsymbol{x}_{\sigma(p)} \qquad (^\forall \boldsymbol{x}_1, \cdots, \boldsymbol{x}_p \in V)$$

$t \in T^p(V) = T_0^p(V)$ とする.

○ **対称テンソル**：$P_\sigma(t) = t \ (^\forall \sigma \in \mathfrak{S}_p)$

○ **交代テンソル**：$P_\sigma(t) = (\mathrm{sgn}\,\sigma)t \;\; ({}^\forall \sigma \in \mathfrak{S}_p)$

○ **対称化作用素** $\mathcal{S}_p$ と**交代化作用素** $\mathcal{A}_p$：

$$\mathcal{S}_p(t) = \frac{1}{p!} \sum_{\sigma \in \mathfrak{S}_p} P_\sigma(t), \qquad \mathcal{A}_p(t) = \frac{1}{p!} \sum_{\sigma \in \mathfrak{S}_p} (\mathrm{sgn}\,\sigma) P_\sigma(t)$$

問題解答とヒント

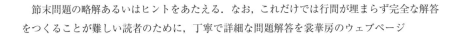

　節末問題の略解あるいはヒントをあたえる．なお，これだけでは行間が埋まらず完全な解答をつくることが難しい読者のために，丁寧で詳細な問題解答を裳華房のウェブページ

$$\text{https://www.shokabo.co.jp/author/1591/1591answer.pdf}$$

から無料でダウンロードできるようにした．自習学習に役立ててほしい．読者が手を動かしてくり返し問題を解き，理解を完全なものにすることを願っている．また，本文中の「✍」の記号の「行間埋め」の具体的なやり方については，

$$\text{https://www.shokabo.co.jp/author/1591/1591support.pdf}$$

に別冊で公開した．読者の健闘と成功を祈る．

§1 の問題解答

解 1.1　$A\boldsymbol{x} = \lambda\boldsymbol{x}$ である．

解 1.2　(1) A は 2 個の異なる固有値 $\lambda = 1 \pm i$ をもつので，定理 1.5 より，A は対角化可能である．

(2) $P = \begin{pmatrix} 1+i & 1-i \\ -1 & -1 \end{pmatrix}$ とおくと，$P^{-1}AP = \begin{pmatrix} 1+i & 0 \\ 0 & 1-i \end{pmatrix}$ である．

解 1.3　$W(\lambda) = \{\boldsymbol{x} \in \mathbf{C}^n \mid A\boldsymbol{x} = \lambda\boldsymbol{x}\}$ である．

解 1.4　(1) A の固有値 λ は $\lambda = 1, i$ となる（1 は 2 重解）．固有値 $\lambda = 1, i$ に対する A の固有空間をそれぞれ $W(1), W(i)$ とすると，$\dim(W(1)) + \dim(W(i)) = 3$ となるので，定理 1.6 より，A は対角化可能である．

(2) $P = \begin{pmatrix} 1 & 0 & 1 \\ 0 & 0 & -1+i \\ 0 & 1 & 0 \end{pmatrix}$ とおくと，$P^{-1}AP = \begin{pmatrix} 1 & 0 & 0 \\ 0 & 1 & 0 \\ 0 & 0 & i \end{pmatrix}$ である．

解 1.5　(1) n に関する数学的帰納法により示す．

(2) すべての固有空間の次元が 1 であることを示す．

§2 の問題解答

解 2.1 2次の上三角行列, 下三角行列はそれぞれ $\begin{pmatrix} a & b \\ 0 & c \end{pmatrix}$, $\begin{pmatrix} a & 0 \\ b & c \end{pmatrix}$, 3次の上三角行列,

下三角行列はそれぞれ $\begin{pmatrix} a & b & c \\ 0 & d & e \\ 0 & 0 & f \end{pmatrix}$, $\begin{pmatrix} a & 0 & 0 \\ b & c & 0 \\ d & e & f \end{pmatrix}$ である. ただし, $a, b, c, d, e, f \in \mathbf{C}$

である.

解 2.2 (1) $\operatorname{Im} f = \{ f(\boldsymbol{x}) \,\big|\, \boldsymbol{x} \in V \}$ である.

(2) $f(W) \subset W$ となること.

(3) $\boldsymbol{x} \in W$ とすると, $f(\boldsymbol{x}) \in \operatorname{Im} f \subset W$, すなわち, $f(\boldsymbol{x}) \in W$ である. よって, W は f の不変部分空間である.

解 2.3 (1) $\boldsymbol{x} \in W(\lambda)$ とすると, $f(\boldsymbol{x}) = \lambda \boldsymbol{x}$ である. さらに, $f(g(\boldsymbol{x})) = \lambda g(\boldsymbol{x})$ となり, $g(\boldsymbol{x}) \in W(\lambda)$ である. よって, $W(\lambda)$ は g の不変部分空間である.

(2) $\boldsymbol{y} \in \operatorname{Im} f$ とする. このとき, ある $\boldsymbol{x} \in V$ が存在し, $\boldsymbol{y} = f(\boldsymbol{x})$ となる. さらに, $g(\boldsymbol{y}) = f(g(\boldsymbol{x}))$ となり, $g(\boldsymbol{y}) \in \operatorname{Im} f$ である. よって, $\operatorname{Im} f$ は g の不変部分空間である.

解 2.4 (1) $A^2 = \begin{pmatrix} 1 & 0 & 0 \\ -3 & 4 & 16 \\ 0 & 0 & 4 \end{pmatrix}$ である.

(2) 固有多項式は $\phi_A(\lambda) = \lambda^3 - 5\lambda^2 + 8\lambda - 4$ である.

(3) $A^5 - 5A^4 + 8A^3 - 5A^2 + A = \begin{pmatrix} 0 & 0 & 0 \\ 2 & -2 & -12 \\ 0 & 0 & -2 \end{pmatrix}$ である.

解 2.5 定理 2.1 を用いる.

解 2.6 (1) $\boldsymbol{x} \in W$ ならば, $A\boldsymbol{x} \in W$ であることを示す.

(2) $\boldsymbol{x}_0, A\boldsymbol{x}_0, \cdots, A^{l_0}\boldsymbol{x}_0$ が 1 次従属であることを用いる.

(3) $\boldsymbol{x}_0, A\boldsymbol{x}_0, \cdots, A^{l_0-1}\boldsymbol{x}_0$ が W を生成することを示せばよい [⇨ [藤岡 1] **定義 15.1**].

§3 の問題解答

解 3.1 2 つの対角化可能な正方行列が同じ正則行列によって対角化されること.

解 3.2 (1) A は 2 個の異なる固有値 $\lambda = 1, -2$ をもつので, 定理 1.5 より, A は対角化

可能である．また，B は 2 個の異なる固有値 $\mu = 1, 3$ をもつので，定理 1.5 より，B は対角化可能である．

(2) $AB = BA = \begin{pmatrix} 13 & -5 \\ 30 & -12 \end{pmatrix}$ である．

(3) $A\boldsymbol{p}_1 = -2\boldsymbol{p}_1$, $B\boldsymbol{p}_1 = \boldsymbol{p}_1$ である．

(4) $P = \begin{pmatrix} 1 & 1 \\ 3 & 2 \end{pmatrix}$ とおくと，$P^{-1}AP = \begin{pmatrix} -2 & 0 \\ 0 & 1 \end{pmatrix}$, $P^{-1}BP = \begin{pmatrix} 1 & 0 \\ 0 & 3 \end{pmatrix}$ である．

解 3.3 (1) A の対角化可能性　A の固有値 λ は $\lambda = 1, 2$ となる．固有値 $\lambda = 1, 2$ に対する A の固有空間をそれぞれ $W_A(1)$, $W_A(2)$ とすると，$\dim(W_A(1)) + \dim(W_A(2)) = 3$ となるので，定理 1.6 より，A は対角化可能である．

B の対角化可能性　B の固有値 μ は $\mu = 1, 2$ となる．固有値 $\mu = 1, 2$ に対する B の固有空間をそれぞれ $W_B(1)$, $W_B(2)$ とすると，$\dim(W_B(1)) + \dim(W_B(2)) = 3$ となるので，定理 1.6 より，B は対角化可能である．

(2) $AB = BA = \begin{pmatrix} 2 & -2 & -2 \\ -1 & 3 & 2 \\ 1 & 1 & 2 \end{pmatrix}$ である．

(3) $Q^{-1}BQ = \begin{pmatrix} 1 & 1 & 0 \\ 0 & 2 & 0 \\ 0 & 0 & 2 \end{pmatrix}$ である．

(4) $R^{-1}(Q^{-1}BQ)R = \begin{pmatrix} 1 & 0 & 0 \\ 0 & 2 & 0 \\ 0 & 0 & 2 \end{pmatrix}$ である．

(5) $P = QR = \begin{pmatrix} 0 & 1 & -1 \\ -1 & -1 & 1 \\ 1 & 1 & 0 \end{pmatrix}$ とおくと，

$P^{-1}AP = \begin{pmatrix} 1 & 0 & 0 \\ 0 & 1 & 0 \\ 0 & 0 & 2 \end{pmatrix}$, $Q^{-1}BQ = \begin{pmatrix} 1 & 0 & 0 \\ 0 & 2 & 0 \\ 0 & 0 & 2 \end{pmatrix}$ である．

§4 の問題解答

解 4.1 (1) A は 1 個の固有値 $\lambda = 3$（2 重解）のみをもち，対角化可能ではない．

(2) $P = \begin{pmatrix} 1 & 1 \\ 2 & 3 \end{pmatrix}$ とおくと，$P^{-1}AP = \begin{pmatrix} 3 & 1 \\ 0 & 3 \end{pmatrix}$ である．

解 4.2 (1) 固有値 $\lambda = 1, 2$ に対する A の固有空間をそれぞれ $W(1)$, $W(2)$ とすると，

$\dim\big(W(1)\big) + \dim\big(W(2)\big) = 2 \neq 3$ となるので，定理 1.6 より，A は対角化可能ではない.

(2) $P = \begin{pmatrix} 0 & 0 & 1 \\ 4 & 0 & 1 \\ 0 & 1 & 0 \end{pmatrix}$ とおくと，$P^{-1}AP = \begin{pmatrix} 2 & 1 & 0 \\ 0 & 2 & 0 \\ 0 & 0 & 1 \end{pmatrix}$ である.

解 4.3 ケーリー–ハミルトンの定理より，$(A - \lambda E)^3 = O$ であることに注意する.

(1) ① $(A - \lambda E)^2$, ② ケーリー–ハミルトン，③ $W(\lambda)$, ④ O, ⑤ $\begin{pmatrix} 0 & 1 & 0 \\ 0 & 0 & 0 \\ 0 & 0 & 0 \end{pmatrix}$

(2) ある $\boldsymbol{x}_1 \in \mathbf{C}^3 \setminus W(\lambda)$ が存在し，$(A - \lambda E)^2\boldsymbol{x}_1$, $(A - \lambda E)\boldsymbol{x}_1$, $\boldsymbol{x}_1$ は 1 次独立となる. このとき，$P = \big((A - \lambda E)^2\boldsymbol{x}_1 \quad (A - \lambda E)\boldsymbol{x}_1 \quad \boldsymbol{x}_1 \big)$ とおく.

解 4.4 A は 1 個の固有値 $\lambda = 1$（3 重解）のみをもつ.

(1) $P = \begin{pmatrix} 2 & 0 & 0 \\ 0 & 0 & 1 \\ 0 & 1 & 0 \end{pmatrix}$ とおくと，$P^{-1}AP = \begin{pmatrix} 1 & 1 & 0 \\ 0 & 1 & 0 \\ 0 & 0 & 1 \end{pmatrix}$ である.

(2) $P = \begin{pmatrix} 4 & 3 & 0 \\ 0 & 2 & 0 \\ 0 & 0 & 1 \end{pmatrix}$ とおくと，$P^{-1}AP = \begin{pmatrix} 1 & 1 & 0 \\ 0 & 1 & 1 \\ 0 & 0 & 1 \end{pmatrix}$ である.

§5 の問題解答

解 5.1 (1) $W_1 + \cdots + W_m = \{\boldsymbol{x}_1 + \cdots + \boldsymbol{x}_m \,|\, \boldsymbol{x}_1 \in W_1, \cdots, \boldsymbol{x}_m \in W_m\}$ である.

(2) $\boldsymbol{x} \in W_1 + \cdots + W_m$ より，ある $\boldsymbol{x}_1 \in W_1, \cdots, \boldsymbol{x}_m \in W_m$ が存在し，$\boldsymbol{x} = \boldsymbol{x}_1 + \cdots + \boldsymbol{x}_m$ となる. さらに，$j = 1, \cdots, m$ に対して，W_j は V の部分空間なので，$c\boldsymbol{x}_j \in W_j$ である. よって，$c\boldsymbol{x} = c(\boldsymbol{x}_1 + \cdots + \boldsymbol{x}_m) = c\boldsymbol{x}_1 + \cdots + c\boldsymbol{x}_m \in W_1 + \cdots + W_m$, すなわち，$c\boldsymbol{x} \in W_1 + \cdots + W_m$ である.

解 5.2 $\boldsymbol{x} \in W_1 + \cdots + W_m$ が $\boldsymbol{x} = \boldsymbol{x}_1 + \cdots + \boldsymbol{x}_m = \boldsymbol{y}_1 + \cdots + \boldsymbol{y}_m$ ($\boldsymbol{x}_1, \boldsymbol{y}_1 \in W_1$, $\cdots, \boldsymbol{x}_m, \boldsymbol{y}_m \in W_m$) と表されるとする. このとき，$(\boldsymbol{x}_1 - \boldsymbol{y}_1) + \cdots + (\boldsymbol{x}_{m-1} - \boldsymbol{y}_{m-1}) = \boldsymbol{y}_m - \boldsymbol{x}_m \in (W_1 + \cdots + W_{m-1}) \cap W_m$ となる. ここで，定理 5.2 の (4) において，$j = m$ とすると，$\boldsymbol{y}_m - \boldsymbol{x}_m = \boldsymbol{0}$ となり，$\boldsymbol{x}_m = \boldsymbol{y}_m$ である. よって，$\boldsymbol{x}_1 + \cdots + \boldsymbol{x}_{m-1} = \boldsymbol{y}_1 + \cdots + \boldsymbol{y}_{m-1}$ である. 以下，同様の操作を行う.

解 5.3 (1) 任意の $\boldsymbol{x} \in W_1 + \cdots + W_m$ が $\boldsymbol{x} = \boldsymbol{x}_1 + \cdots + \boldsymbol{x}_m$ ($\boldsymbol{x}_1 \in W_1, \cdots, \boldsymbol{x}_m \in W_m$) と一意的に表されるとき，$W_1 + \cdots + W_m = W_1 \oplus \cdots \oplus W_m$ と表し，$W_1 + \cdots +$

W_m は $W_1, \cdots, W_m$ の直和であるという.

(2) j に関する数学的帰納法により示す．$j=1$ のとき，(5.37) がなりたつことは明らかである．$j=k$ $(k=1, \cdots, r-1)$ のとき，(5.37) がなりたつと仮定する．このとき，$\boldsymbol{x}_1 \in W(\lambda_1) \setminus \{\boldsymbol{0}\}, \cdots, \boldsymbol{x}_{k+1} \in W(\lambda_{k+1})$ が自明な 1 次関係しかもたないことを示す．

§6 の問題解答

解 6.1　① $\boldsymbol{0}$，② $\langle \boldsymbol{x}_1, \boldsymbol{x}_2, \cdots, \boldsymbol{x}_{d_k} \rangle_{\mathbf{C}}$，③ $\boldsymbol{0}$，④ 1 次独立

解 6.2　(1) A^2 はべき零行列である．

(2) $A^4 = O$ を計算する．

(3) $p = s = 0$ または $q = s = -p \neq 0$ である．

解 6.3　(1) $P^{-1}NP = \begin{pmatrix} 0 & 1 \\ 0 & 0 \end{pmatrix}$ である．

(2) $P^{-1}NP = \begin{pmatrix} 0 & 1 & 0 \\ 0 & 0 & 0 \\ 0 & 0 & 0 \end{pmatrix}$ である．

(3) $P^{-1}NP = \begin{pmatrix} 0 & 1 & 0 \\ 0 & 0 & 1 \\ 0 & 0 & 0 \end{pmatrix}$ である．

解 6.4　$J(0; j)$ の個数は $\operatorname{rank} N^{j-1} + \operatorname{rank} N^{j+1} - 2 \operatorname{rank} N^j$ である．

§7 の問題解答

解 7.1　(1) $\tilde{W}(\lambda) = \{\boldsymbol{x} \in \mathbf{C}^n \mid$ ある自然数 j に対して，$(A - \lambda E)^j \boldsymbol{x} = \boldsymbol{0}\}$ である．

(2) $\tilde{W}(\lambda) = \mathbf{C}^2$ である．

解 7.2　(1) ① $\begin{pmatrix} 0 & 0 & 0 \\ -1 & 1 & 4 \\ 0 & 0 & 1 \end{pmatrix}$，② $\begin{pmatrix} 0 & 0 & 0 \\ -1 & 1 & 8 \\ 0 & 0 & 1 \end{pmatrix}$，③ $\begin{pmatrix} 0 & 0 & 0 \\ -1 & 1 & 12 \\ 0 & 0 & 1 \end{pmatrix}$，

④ $\begin{pmatrix} 0 & 0 & 0 \\ -1 & 1 & 4j \\ 0 & 0 & 1 \end{pmatrix}$，⑤ c，⑥ 0，⑦ $\begin{pmatrix} 1 \\ 1 \\ 0 \end{pmatrix}$

(2) $\tilde{W}(2) = \left\{ c_1 \begin{pmatrix} 0 \\ 1 \\ 0 \end{pmatrix} + c_2 \begin{pmatrix} 0 \\ 0 \\ 1 \end{pmatrix} \,\middle|\, c_1, c_2 \in \mathbf{C} \right\}$ である．

§8 の問題解答

解 8.1 (1) $A \in M_n(\mathbf{C})$ とすると, 次の (ア) ～ (エ) をみたす S, $N \in M_n(\mathbf{C})$ が存在する. (ア) $A = S + N$. (イ) S は対角化可能である. (ウ) N はべき零行列である. (エ) $SN = NS$.

(2) (1) において, S を A の半単純部分, N を A のべき零部分という.

(3) (a) $A = 2E + \begin{pmatrix} 0 & 1 & 1 & 0 \\ 0 & 0 & 1 & 0 \\ 0 & 0 & 0 & 0 \\ 0 & 0 & 0 & 0 \end{pmatrix}$ である.

(b) $A = 2E + \begin{pmatrix} 0 & 0 & 1 & 1 \\ 0 & 0 & 0 & 1 \\ 0 & 0 & 0 & 0 \\ 0 & 0 & 0 & 0 \end{pmatrix}$ である.

解 8.2 (1) $P^{-1} = \begin{pmatrix} 3 & -2 & 6 \\ -1 & 1 & -2 \\ 1 & -1 & 3 \end{pmatrix}$ である.

(2) $P^{-1}AP = \begin{pmatrix} 2 & 1 & 0 \\ 0 & 2 & 0 \\ 0 & 0 & 3 \end{pmatrix}$ である.

(3) A の半単純部分, べき零部分をそれぞれ S, N とすると,

$A = S + N = \begin{pmatrix} 0 & 2 & -6 \\ 0 & 2 & 0 \\ 1 & -1 & 5 \end{pmatrix} + \begin{pmatrix} -1 & 1 & -2 \\ -1 & 1 & -2 \\ 0 & 0 & 0 \end{pmatrix}$ である.

解 8.3 (1) 定理 3.3 を用いる.

(2) ① O, ② $k + k'$, ③ $N'N$, ④ 二項

解 8.4 (1) ① λ, ② λp_1, ③ $p_1 + \lambda p_2$, ④ μp_3, ⑤ νp_4, ⑥ p_1, ⑦ p_3, ⑧ p_4

(2) 固有値 $\lambda = 1, 2, 3$ に対する A の固有空間をそれぞれ $W(1)$, $W(2)$, $W(3)$ とすると, $\dim(W(1)) + \dim(W(2)) + \dim(W(3)) = 3 \neq 4$ となるので, 定理 1.6 より, A は対角化可能ではない.

(3) $P^{-1} = \begin{pmatrix} 1 & 0 & -1 & \frac{3}{4} \\ 0 & 1 & -1 & \frac{1}{2} \\ 0 & 0 & 1 & -1 \\ 0 & 0 & 0 & \frac{1}{4} \end{pmatrix}$ である.

(4) $P^{-1}AP = \begin{pmatrix} 1 & 1 & 0 & 0 \\ 0 & 1 & 0 & 0 \\ 0 & 0 & 2 & 0 \\ 0 & 0 & 0 & 3 \end{pmatrix}$ である.

(5) A の半単純部分, べき零部分をそれぞれ S, N とすると,

$$A = S + N = \begin{pmatrix} 1 & 0 & 1 & -\frac{1}{2} \\ 0 & 1 & 1 & 0 \\ 0 & 0 & 2 & 1 \\ 0 & 0 & 0 & 3 \end{pmatrix} + \begin{pmatrix} 0 & 1 & -1 & \frac{1}{2} \\ 0 & 0 & 0 & 0 \\ 0 & 0 & 0 & 0 \\ 0 & 0 & 0 & 0 \end{pmatrix}$$ である.

(6) A のべき単部分は $\begin{pmatrix} 1 & 1 & -1 & \frac{1}{2} \\ 0 & 1 & 0 & 0 \\ 0 & 0 & 1 & 0 \\ 0 & 0 & 0 & 1 \end{pmatrix}$ である.

§9 の問題解答

解 9.1　(1) $\boldsymbol{x} \in V$ のとき, $(p \circ q)(\boldsymbol{x}) = \boldsymbol{0}$ および $(q \circ p)(\boldsymbol{x}) = \boldsymbol{0}$ がなりたつことを示す.

(2) $\boldsymbol{x} \in V$ のとき, $(q \circ q)(\boldsymbol{x}) = q(\boldsymbol{x})$ がなりたつことを示す.

(3) $\mathrm{Im}\, q \subset \mathrm{Ker}\, p$ および $\mathrm{Ker}\, p \subset \mathrm{Im}\, q$ を示す.

解 9.2　$\boldsymbol{x}_1 \in W_1, \cdots, \boldsymbol{x}_m \in W_m$ に対して, $\boldsymbol{x}_1 + \cdots + \boldsymbol{x}_m = \boldsymbol{0}$ であるとする. $j = 1, \cdots, m$ とすると, ある $\boldsymbol{y}_j \in V$ が存在し, $\boldsymbol{x}_j = p_j(\boldsymbol{y}_j)$ となる. これを上の式に代入すると, $p_1(\boldsymbol{y}_1) + \cdots + p_m(\boldsymbol{y}_m) = \boldsymbol{0}$ である. さらに, $k = 1, \cdots, m$ とすると, $p_k(\boldsymbol{0}) = \boldsymbol{0}$ である. よって, $(p_k \circ p_1)(\boldsymbol{y}_1) + \cdots + (p_k \circ p_m)(\boldsymbol{y}_m) = \boldsymbol{0}$ となる. さらに, (1) より, $\boldsymbol{x}_k = \boldsymbol{0}$ となる.

解 9.3　(1) S, N をそれぞれ A の半単純部分, べき零部分とする. S, N のすべての成分の共役をとり, ジョルダン分解の一意性（定理 9.5）を用いる.

(2) ① ジョルダン, ② NS, ③ 二項, ④ S^k, ⑤ O, ⑥ 正則, ⑦ $m-1$

解 9.4　あたえられた行列を A とおく.

(1) A のスペクトル分解は $A = (1 + 2i) \begin{pmatrix} \frac{1}{2} & -\frac{1}{4}i \\ i & \frac{1}{2} \end{pmatrix} + (1 - 2i) \begin{pmatrix} \frac{1}{2} & \frac{1}{4}i \\ -i & \frac{1}{2} \end{pmatrix}$ である.

(2) A のスペクトル分解は $A = \begin{pmatrix} 1 & \frac{1+i}{2} & 0 \\ 0 & 0 & 0 \\ 0 & 0 & 1 \end{pmatrix} + i \begin{pmatrix} 0 & -\frac{1+i}{2} & 0 \\ 0 & 1 & 0 \\ 0 & 0 & 0 \end{pmatrix}$ である.

§10 の問題解答

解 10.1 $\psi_A(\lambda) = (\lambda - 1)(\lambda - 2)$ である.

解 10.2 J を 4 次の正方行列のジョルダン標準形とする. J が互いに異なる固有値 λ_1, λ_2, λ_3, $\lambda_4 \in \mathbf{C}$ をもつ場合, J が互いに異なる固有値 λ_1, λ_2, $\lambda_3 \in \mathbf{C}$ をもつ場合, J が異なる固有値 λ_1, $\lambda_2 \in \mathbf{C}$ をもつ場合, J が 1 個の固有値 $\lambda_1 \in \mathbf{C}$ のみをもつ場合の 4 つに分けて考える.

解 10.3 (1) $f, g \in V$, $c \in \mathbf{C}$ とし, $T(f + g) = T(f) + T(g)$ および $T(cf) = c \cdot T(f)$ を示す.

(2) f_1, f_2, f_3, f_4 が 1 次独立であることと V を生成することを示せばよい.

(3) 最小多項式 $\psi_A(\lambda)$ は $\psi_A(\lambda) = \lambda(\lambda + 2)(\lambda - 2)$ である.

§11 の問題解答

解 11.1 $A^k = \begin{pmatrix} (3 - 2k)\,3^{k-1} & k\,3^{k-1} \\ -4k\,3^{k-1} & (3 + 2k)\,3^{k-1} \end{pmatrix}$ である.

解 11.2 (1) $\dfrac{1}{\phi_A(\lambda)} = \dfrac{1}{\lambda - 1} + \dfrac{-\lambda + 3}{(\lambda - 2)^2}$ である.

(2) $A = \begin{pmatrix} 1 & 0 & 0 \\ 1 & 0 & 0 \\ 0 & 0 & 0 \end{pmatrix} + 2\begin{pmatrix} 0 & 0 & 0 \\ -1 & 1 & 0 \\ 0 & 0 & 1 \end{pmatrix} + \begin{pmatrix} 0 & 0 & 0 \\ 0 & 0 & 4 \\ 0 & 0 & 0 \end{pmatrix}$ である.

(3) $A^k = \begin{pmatrix} 1 & 0 & 0 \\ 1 - 2^k & 2^k & k\,2^{k+1} \\ 0 & 0 & 2^k \end{pmatrix}$ である.

解 11.3 $x_k = 3^{k-1} + (1 - k)3^{k-2}$ である.

§12 の問題解答

解 12.1 (1) ${}^t A = -A$ となる実正方行列 A のこと.

(2) $A\,{}^t A = {}^t A A = E$ となる実正方行列 A のこと.

(3) $A \in M_n(\mathbf{C})$ に対して, $\exp A = \displaystyle\sum_{k=0}^{\infty} \frac{1}{k!} A^k = E + \frac{1}{1!}A + \frac{1}{2!}A^2 + \cdots + \frac{1}{k!}A^k + \cdots$ を A の指数関数という.

(4) A を交代行列とすると, $(\exp A)\,{}^t(\exp A) \overset{\odot \text{ 定理 12.1 (3)}}{=} (\exp A)(\exp {}^t A) \overset{\odot (1)}{=}$

$(\exp A)(\exp(-A)) \overset{\odot \text{ 定理 12.1 (2)}}{=} (\exp A)(\exp A)^{-1} = E$ である.

解 12.2 $\exp tA = \begin{pmatrix} (1-2t)e^{3t} & te^{3t} \\ -4te^{3t} & (1+2t)e^{3t} \end{pmatrix}$ である.

解 12.3 $\exp tA = \begin{pmatrix} e^t & 0 & 0 \\ e^t - e^{2t} & e^{2t} & 4te^{2t} \\ 0 & 0 & e^{2t} \end{pmatrix}$ である.

解 12.4 (1) $A = \begin{pmatrix} 0 & 1 & 0 & 0 \\ 0 & 0 & 1 & 0 \\ 0 & 0 & 0 & 1 \\ 4 & -4 & -3 & 4 \end{pmatrix}$ である.

(2) 解は α, β, γ, $\delta \in \mathbf{C}$ を用いて, $z(t) = \alpha e^{-t} + \beta e^t + \gamma e^{2t} + \delta t e^{2t}$ と表される.

§13 の問題解答

解 13.1 $\boldsymbol{x} = \begin{pmatrix} x_1 \\ \vdots \\ x_n \end{pmatrix} \in \mathbf{C}^n$ とすると, $\langle \boldsymbol{x}, \boldsymbol{x} \rangle = x_1 \overline{x_1} + \cdots + x_n \overline{x_n} = |x_1|^2 + \cdots +$

$|x_n|^2 \geq 0$ である. さらに, $\langle \boldsymbol{x}, \boldsymbol{x} \rangle = 0$ とすると, $|x_1|^2 = \cdots = |x_n|^2 = 0$ より, $x_1 = \cdots = x_n = 0$, すなわち, $\boldsymbol{x} = \boldsymbol{0}$ である. よって, $\langle\ ,\ \rangle$ は正値性をみたす.

解 13.2 $\|\boldsymbol{x} + \boldsymbol{y}\|^2 + \|\boldsymbol{x} - \boldsymbol{y}\|^2 \overset{(13.14)}{=} \langle \boldsymbol{x} + \boldsymbol{y}, \boldsymbol{x} + \boldsymbol{y} \rangle + \langle \boldsymbol{x} - \boldsymbol{y}, \boldsymbol{x} - \boldsymbol{y} \rangle = \langle \boldsymbol{x}, \boldsymbol{x} \rangle + \langle \boldsymbol{x}, \boldsymbol{y} \rangle + \langle \boldsymbol{y}, \boldsymbol{x} \rangle + \langle \boldsymbol{y}, \boldsymbol{y} \rangle + \langle \boldsymbol{x}, \boldsymbol{x} \rangle + \langle \boldsymbol{x}, -\boldsymbol{y} \rangle + \langle -\boldsymbol{y}, \boldsymbol{x} \rangle + \langle -\boldsymbol{y}, -\boldsymbol{y} \rangle$ ($\odot$ 半線形性 (定義 13.1 (2)), 定理 13.1 (1)) $= 2\|\boldsymbol{x}\|^2 + 2\|\boldsymbol{y}\|^2$ ($\odot$ (13.14), 共役対称性 (定義 13.1 (1)), 定理 13.1 (2)) $= 2(\|\boldsymbol{x}\|^2 + \|\boldsymbol{y}\|^2)$ である.

解 13.3 次の部分空間の条件 (1)~(3) を示せばよい [$\Rightarrow$ [藤岡 1] **定理 13.3**]. (1) $\boldsymbol{0} \in W^\perp$. (2) $\boldsymbol{x}_1, \boldsymbol{x}_2 \in W^\perp$ ならば, $\boldsymbol{x}_1 + \boldsymbol{x}_2 \in W^\perp$. (3) $c \in \mathbf{C}$, $\boldsymbol{x} \in W^\perp$ ならば, $c\boldsymbol{x} \in W^\perp$.

§14 の問題解答

解 14.1 (1) $|\,\boldsymbol{a}_1 \quad \boldsymbol{a}_2 \quad \boldsymbol{a}_3\,| = 2 - 4i \neq 0$ である.

(2) $\{\boldsymbol{b}_1, \boldsymbol{b}_2, \boldsymbol{b}_3\} = \left\{ \dfrac{1}{\sqrt{3}} \begin{pmatrix} i \\ 1 \\ 1 \end{pmatrix}, \dfrac{1}{2\sqrt{6}} \begin{pmatrix} 3-i \\ -1+3i \\ 2 \end{pmatrix}, \dfrac{1}{2\sqrt{10}} \begin{pmatrix} 3-i \\ 3-i \\ -2+4i \end{pmatrix} \right\}$ である.

解 14.2 $\boldsymbol{x}, \boldsymbol{y} \in V$, $c \in \mathbf{C}$ に対して,$\langle f(\boldsymbol{x}+\boldsymbol{y}) - f(\boldsymbol{x}) - f(\boldsymbol{y}), f(\boldsymbol{x}+\boldsymbol{y}) - f(\boldsymbol{x}) - f(\boldsymbol{y}) \rangle = 0$ および $\langle f(c\boldsymbol{x}) - cf(\boldsymbol{x}), f(c\boldsymbol{x}) - cf(\boldsymbol{x}) \rangle = 0$ がなりたつことを示す.

解 14.3 (1) $\|f(\boldsymbol{x})\| = \|f(\boldsymbol{x}) - \boldsymbol{0}\| \overset{\odot\ f(\boldsymbol{0})=\boldsymbol{0}}{=} \|f(\boldsymbol{x}) - f(\boldsymbol{0})\| \overset{\odot\ f\ \text{に対する仮定}}{=} \|\boldsymbol{x} - \boldsymbol{0}\| = \|\boldsymbol{x}\|$ である.すなわち,$\|f(\boldsymbol{x})\| = \|\boldsymbol{x}\|$ である.

(2) $\|f(\boldsymbol{x}) - f(\boldsymbol{y})\|^2 = \|\boldsymbol{x}\|^2 - 2\operatorname{Re}\langle f(\boldsymbol{x}), f(\boldsymbol{y}) \rangle + \|\boldsymbol{y}\|^2$, $\|\boldsymbol{x} - \boldsymbol{y}\|^2 = \|\boldsymbol{x}\|^2 - 2\operatorname{Re}\langle \boldsymbol{x}, \boldsymbol{y} \rangle + \|\boldsymbol{y}\|^2$ となる.

(3) $\operatorname{Im}\langle f(z), f(w) \rangle = -\operatorname{Im}\langle z, w \rangle = -\dfrac{z\bar{w} - \bar{z}w}{2i}$ となる.

解 14.4 標準エルミート内積の定義 (13.2) より,$\langle A^*\boldsymbol{x}, \boldsymbol{y} \rangle = {}^t(A^*\boldsymbol{x})\overline{\boldsymbol{y}} = {}^t\boldsymbol{x}\,{}^t(A^*)\overline{\boldsymbol{y}} = {}^t\boldsymbol{x}\,{}^t\!\left({}^t(\overline{A})\right)\overline{\boldsymbol{y}} = {}^t\boldsymbol{x}\overline{A}\overline{\boldsymbol{y}} = {}^t\boldsymbol{x}\overline{A\boldsymbol{y}} = \langle \boldsymbol{x}, A\boldsymbol{y} \rangle$ となる.

解 14.5 X, Y の (j,k) 成分をそれぞれ x_{jk}, y_{jk} とすると,XY^* の (j,j) 成分は $\sum_{k=1}^{n} x_{jk}\overline{y_{jk}}$ であることに注意する.さらに,$Z \in M_{m,n}(\mathbf{C})$, $c \in \mathbf{C}$ とする.$\langle\ ,\ \rangle$ が定義 13.1 の共役対称性,半線形性,正値性をみたすことを示せばよい.

解 14.6 (1) $\mathrm{U}(1)$ の元は絶対値が 1 の複素数である.

(2) $A \in \mathrm{U}(2)$ を $A = \begin{pmatrix} a & b \\ c & d \end{pmatrix}$ $(a, b, c, d \in \mathbf{C})$ と表しておく.このとき,$AA^* = E$ [$\Rightarrow$(14.32)] より,$\begin{pmatrix} |a|^2 + |b|^2 & a\bar{c} + b\bar{d} \\ c\bar{a} + d\bar{b} & |c|^2 + |d|^2 \end{pmatrix} = \begin{pmatrix} 1 & 0 \\ 0 & 1 \end{pmatrix}$ となる.

(3) $A, B \in \mathrm{U}(n)$ より,$AA^* = E$, $BB^* = E$ である [$\Rightarrow$(14.32)].よって,$(AB)(AB)^* \overset{\odot\ (14.19)\,第2式}{=} ABB^*A^* \overset{\odot\ BB^*=E}{=} AEA^* = AA^* \overset{\odot\ AA^*=E}{=} E$ である.

(4) $A \in \mathrm{U}(n)$ より,$AA^* = E$ である [$\Rightarrow$(14.32)].よって,A は正則であり,$A^{-1} = A^*$ である.また,$(AA^*)^* = E^*$ となり,$(A^*)^*A^* = E$ である.

§15 の問題解答

解 15.1 $AA^* = A^*A$ となる $A \in M_n(\mathbf{C})$ のこと.

解 15.2 (1) $AA^* = A^*A = \begin{pmatrix} a^2 + b^2 & 0 \\ 0 & a^2 + b^2 \end{pmatrix}$ である.

(2) A の固有値 λ は $\lambda = \pm b + ai$ である.

(3) $P = \dfrac{1}{\sqrt{2}} \begin{pmatrix} 1 & 1 \\ 1 & -1 \end{pmatrix}$ とおくと, $P^{-1}AP = \begin{pmatrix} b + ai & 0 \\ 0 & -b + ai \end{pmatrix}$ である.

解 15.3 (1) $AA^* = E$ である.

(2) A の固有値 λ は $\lambda = \pm 1$ である.

(3) $P = \begin{pmatrix} i\cos\frac{\theta}{2} & -i\sin\frac{\theta}{2} \\ \sin\frac{\theta}{2} & \cos\frac{\theta}{2} \end{pmatrix}$ とおくと, $P^{-1}AP = \begin{pmatrix} 1 & 0 \\ 0 & -1 \end{pmatrix}$ である.

解 15.4 (1) $A^* = A$ となる $A \in M_n(\mathbf{C})$ のこと.

(2) ① λ, ② $\bar{\lambda}$, ③ A^*, ④ A, ⑤ $\mathbf{0}$, ⑥ 0

(3) $P = \begin{pmatrix} \frac{1}{\sqrt{2}} & \frac{1}{\sqrt{2}} & 0 \\ 0 & 0 & 1 \\ \frac{1}{\sqrt{2}}i & -\frac{1}{\sqrt{2}}i & 0 \end{pmatrix}$ とおくと, $P^{-1}AP = \begin{pmatrix} 1 & 0 & 0 \\ 0 & 3 & 0 \\ 0 & 0 & 3 \end{pmatrix}$ である.

解 15.5 (1) $A^* = -A$ となる $A \in M_n(\mathbf{C})$ のこと.

(2) $A \in M_n(\mathbf{C})$ を歪エルミート行列, $\lambda \in \mathbf{C}$ を A の固有値, $\boldsymbol{x} \in \mathbf{C}^n$ を固有値 λ に対する A の固有ベクトルとする. このとき, $\langle \boldsymbol{x}, A\boldsymbol{x} \rangle = \langle \boldsymbol{x}, \lambda\boldsymbol{x} \rangle = \bar{\lambda}\langle \boldsymbol{x}, \boldsymbol{x} \rangle$ となる. 一方, $\langle \boldsymbol{x}, A\boldsymbol{x} \rangle \overset{\odot \, 問 14.4}{=} \langle A^*\boldsymbol{x}, \boldsymbol{x} \rangle \overset{\odot \, A^* = -A}{=} \langle -A\boldsymbol{x}, \boldsymbol{x} \rangle = \langle -\lambda\boldsymbol{x}, \boldsymbol{x} \rangle = -\lambda\langle \boldsymbol{x}, \boldsymbol{x} \rangle$ である.

(3) $P = \begin{pmatrix} \frac{1}{\sqrt{6}} & \frac{1}{\sqrt{2}} & \frac{1}{\sqrt{3}} \\ -\frac{2}{\sqrt{6}}i & 0 & \frac{1}{\sqrt{3}}i \\ -\frac{1}{\sqrt{6}} & \frac{1}{\sqrt{2}} & -\frac{1}{\sqrt{3}} \end{pmatrix}$ とおくと, $P^{-1}AP = \begin{pmatrix} -i & 0 & 0 \\ 0 & i & 0 \\ 0 & 0 & 2i \end{pmatrix}$ である.

§16 の問題解答

解 16.1 (1) $A\,{}^tA = {}^tAA$ となる $A \in M_n(\mathbf{R})$ のこと.

(2) A を実正規行列とし, $\lambda_1, \cdots, \lambda_r \in \mathbf{R}$ を A のすべての実数の固有値, $a_1 \pm b_1 i$, $\cdots, a_s \pm b_s i$ $(a_1, \cdots, a_s, b_1, \cdots, b_s \in \mathbf{R})$ を A のすべての実数ではない固有値とする. このとき, A に対する標準形は

$$
\begin{pmatrix}
\lambda_1 & & & & & & & \\
 & \ddots & & & & & \Large0 & \\
 & & \lambda_r & & & & & \\
 & & & a_1 & -b_1 & & & \\
 & & & b_1 & a_1 & & & \\
 & & & & & \ddots & & \\
 & \Large0 & & & & & a_s & -b_s \\
 & & & & & & b_s & a_s
\end{pmatrix}
$$ である $[\Rightarrow(16.5)]$.

解 16.2 (1) A の固有値 λ は $\lambda=0,3$ である（3 は 2 重解）.

(2) $P=\begin{pmatrix}\frac{1}{\sqrt3}&\frac{1}{\sqrt2}&\frac{1}{\sqrt6}\\-\frac{1}{\sqrt3}&0&\frac{2}{\sqrt6}\\\frac{1}{\sqrt3}&-\frac{1}{\sqrt2}&\frac{1}{\sqrt6}\end{pmatrix}$ とおくと, $P^{-1}AP=\begin{pmatrix}0&0&0\\0&3&0\\0&0&3\end{pmatrix}$ である.

解 16.3 (1) A の固有値 λ は $\lambda=0,\pm5i$ である.

(2) まず, ベクトル $\boldsymbol{p}_1'=\begin{pmatrix}4\\-3\\0\end{pmatrix}$ は固有値 $\lambda=0$ に対する A の固有ベクトルである. 次に,

ベクトル $\boldsymbol{u}_1'=\begin{pmatrix}3i\\4i\\-5\end{pmatrix}$ は固有値 $\lambda=5i$ に対する A の固有ベクトルである. さらに,

ベクトル $\overline{\boldsymbol{u}_1'}=-\begin{pmatrix}3i\\4i\\5\end{pmatrix}$ は固有値 $\lambda=-5i$ に対する A の固有ベクトルである.

(3) $P=\dfrac{1}{5}\begin{pmatrix}4&0&-3\\-3&0&-4\\0&-5&0\end{pmatrix}$ とおくと, $P^{-1}AP=\begin{pmatrix}0&0&0\\0&0&-5\\0&5&0\end{pmatrix}$ である.

解 16.4 (1) $A^tA=E$ である.

(2) A の固有値 λ は $\lambda=1,\dfrac{-1\pm2\sqrt2i}{3}$ である.

(3) まず, ベクトル $\boldsymbol{p}_1'=\begin{pmatrix}1\\0\\-1\end{pmatrix}$ は固有値 $\lambda=1$ に対する A の固有ベクトルである. 次に,

ベクトル $\boldsymbol{u}_1'=\begin{pmatrix}1\\-\sqrt2i\\1\end{pmatrix}$ は固有値 $\lambda=\dfrac{-1+2\sqrt2i}{3}$ に対する A の固有ベクトルである.

さらに，ベクトル $\overline{\boldsymbol{u}_1'} = \begin{pmatrix} 1 \\ \sqrt{2}i \\ 1 \end{pmatrix}$ は固有値 $\lambda = \dfrac{-1-2\sqrt{2}i}{3}$ に対する A の固有ベクトルである.

(4) $P = \begin{pmatrix} \frac{1}{\sqrt{2}} & \frac{1}{\sqrt{2}} & 0 \\ 0 & 0 & 1 \\ -\frac{1}{\sqrt{2}} & \frac{1}{\sqrt{2}} & 0 \end{pmatrix}$ とおくと，$P^{-1}AP = \dfrac{1}{3}\begin{pmatrix} 3 & 0 & 0 \\ 0 & -1 & -2\sqrt{2} \\ 0 & 2\sqrt{2} & -1 \end{pmatrix}$ である.

§17 の問題解答

解 17.1　十分性の仮定，すなわち，任意の $\boldsymbol{x} \in V$ に対して，$b(\boldsymbol{x}, \boldsymbol{x}) = 0$ であることより，$\boldsymbol{x}, \boldsymbol{y} \in V$ とすると，$0 = b(\boldsymbol{x}+\boldsymbol{y}, \boldsymbol{x}+\boldsymbol{y}) = b(\boldsymbol{x}, \boldsymbol{x}) + b(\boldsymbol{x}, \boldsymbol{y}) + b(\boldsymbol{y}, \boldsymbol{x}) + b(\boldsymbol{y}, \boldsymbol{y})$（☺ 双 1 次形式の定義（定義 17.1））$= 0 + b(\boldsymbol{x}, \boldsymbol{y}) + b(\boldsymbol{y}, \boldsymbol{x}) + 0 = b(\boldsymbol{x}, \boldsymbol{y}) + b(\boldsymbol{y}, \boldsymbol{x})$ となる.

解 17.2　(1) 対称部分の符号数は $(1,1)$，交代部分の階数は 2 である.
(2) 対称部分の符号数は $(2,0)$，交代部分の階数は 2 である.

§18 の問題解答

解 18.1　(1) $A = \begin{pmatrix} 1 & 0 & 0 \\ 0 & 1 & 0 \\ 0 & 0 & -1 \end{pmatrix}$，符号数 $(2,1)$，階数 3 である.

(2) $A = \begin{pmatrix} -1 & 0 & 0 \\ 0 & -1 & 0 \\ 0 & 0 & 0 \end{pmatrix}$，符号数 $(0,2)$，階数 2 である.

解 18.2　(1) $\boldsymbol{x}, \boldsymbol{x}', \boldsymbol{y}, \boldsymbol{y}' \in V$，$c \in \mathbf{R}$ とすると，$b(\boldsymbol{x}+\boldsymbol{x}', \boldsymbol{y}) = b(\boldsymbol{x}, \boldsymbol{y}) + b(\boldsymbol{x}', \boldsymbol{y})$，$b(\boldsymbol{x}, \boldsymbol{y}+\boldsymbol{y}') = b(\boldsymbol{x}, \boldsymbol{y}) + b(\boldsymbol{x}, \boldsymbol{y}')$，$b(c\boldsymbol{x}, \boldsymbol{y}) = b(\boldsymbol{x}, c\boldsymbol{y}) = cb(\boldsymbol{x}, \boldsymbol{y})$ である.
(2) 任意の $\boldsymbol{x}, \boldsymbol{y} \in V$ に対して，$b(\boldsymbol{x}, \boldsymbol{y}) = b(\boldsymbol{y}, \boldsymbol{x})$ がなりたつこと.
(3) 任意の $\boldsymbol{x}, \boldsymbol{y} \in V$ に対して，$b(\boldsymbol{x}, \boldsymbol{y}) = -b(\boldsymbol{y}, \boldsymbol{x})$ がなりたつこと.
(4) $q(\boldsymbol{x}) = b(\boldsymbol{x}, \boldsymbol{x})$ $(\boldsymbol{x} \in V)$ により定められる実数値関数 $q : V \to \mathbf{R}$ のこと.
(5) 任意の $\boldsymbol{x} \in V \setminus \{\boldsymbol{0}\}$ に対して，$b(\boldsymbol{x}, \boldsymbol{x}) > 0$ となること.
(6) 任意の $\boldsymbol{x} \in V \setminus \{\boldsymbol{0}\}$ に対して，$b(\boldsymbol{x}, \boldsymbol{x}) < 0$ となること.

解 18.3　$A \in M_n(\mathbf{R})$ を対称行列とし，A の (i,j) 成分を a_{ij} とおく. このとき，$D_k = $

$$\begin{vmatrix} a_{11} & a_{12} & \cdots & a_{1k} \\ a_{21} & a_{22} & \cdots & a_{2k} \\ \vdots & \vdots & \ddots & \vdots \\ a_{k1} & a_{k2} & \cdots & a_{kk} \end{vmatrix} \ (k = 1, 2, \cdots, n) \ とおき,\ D_k\ を\ A\ の\ k\ 次の主小行列式という$$

$[\Rightarrow (18.15)]$.

解 18.4　(1) $k = 1, 2, 3$ とし, D_k を A の k 次の主小行列式とすると, $D_1 = a$, $D_2 = \begin{vmatrix} a & 2 \\ 2 & a \end{vmatrix} = a^2 - 4$, $D_3 = \begin{vmatrix} a & 2 & 1 \\ 2 & a & 0 \\ 1 & 0 & a \end{vmatrix} = a^3 - a - 4a$ (☺ サラスの方法) $= a(a^2 - 5)$ である.

(2) 求める条件は $a > \sqrt{5}$ である.

(3) 求める条件は $a < -\sqrt{5}$ である.

解 18.5　求める条件は $a > 1$ である.

解 18.6　① $a_{11}x_1^2$, ② a_{11}, ③ 対称, ④ a_{11}, ⑤ a_{11}^k, ⑥ 0

§19 の問題解答

解 19.1　(1) $A = \begin{pmatrix} a & 0 \\ 0 & 0 \end{pmatrix}$, $\boldsymbol{b} = \begin{pmatrix} \frac{1}{2}b \\ -\frac{1}{2} \end{pmatrix}$ である.

(2) $A = \begin{pmatrix} 0 & -\frac{1}{2} \\ -\frac{1}{2} & 0 \end{pmatrix}$, $\boldsymbol{b} = \boldsymbol{0}$ である.

解 19.2　① $\theta - \varphi$, ② 鏡映, ③ 超平面, ④ n

解 19.3　$\mathrm{O} = \boldsymbol{0}$, $A = f(\boldsymbol{0})$ とおき, M を線分 OA の中点とすると, $\mathrm{M} = \frac{1}{2}f(\boldsymbol{0})$ である. さらに, M を通り, 線分 OA と直交する超平面に関する鏡映を g とする. このとき, 鏡映の定義より, g は A を O へ写す. すなわち, $g(f(\boldsymbol{0})) = \boldsymbol{0}$ である. よって, $(g \circ f)(\boldsymbol{0}) = \boldsymbol{0}$ である.

解 19.4　等式 $\begin{pmatrix} A & \boldsymbol{b} \\ {}^t\boldsymbol{b} & c \end{pmatrix} \begin{pmatrix} E & \boldsymbol{q} \\ \boldsymbol{0} & 1 \end{pmatrix} = \begin{pmatrix} A & A\boldsymbol{q} + \boldsymbol{b} \\ {}^t\boldsymbol{b} & {}^t\boldsymbol{b}\boldsymbol{q} + c \end{pmatrix}$ を用いる.

§20 の問題解答

解 20.1　$c \in \mathbf{R}$ を任意の定数とすると, 中心 $\boldsymbol{q}$ は $\boldsymbol{q} = \begin{pmatrix} -2c + 3 \\ c \end{pmatrix}$ である.

解 20.2 ① d, ② $r+1$, ③ r, ④ n, ⑤ $\lambda_1 x_1^2 + \cdots + \lambda_n x_n^2$, ⑥ $\lambda_1, \cdots, \lambda_n, d$

解 20.3 ① p, ② $r+2$, ③ $n-1$, ④ $\lambda_1 x_1^2 + \cdots + \lambda_{n-1} x_{n-1}^2$, ⑤ x_n, ⑥ $\lambda_1, \cdots,$
λ_{n-1}

解 20.4 (1) 固有な有心 2 次曲線の標準形は $\lambda x^2 + \mu y^2 + d = 0$ $(\lambda, \mu, d \in \mathbf{R} \setminus \{0\})$
と表される.

(2) 固有でない 2 次曲線の標準形は $\lambda x^2 + \mu y^2 = 0$ $(\lambda, \mu \in \mathbf{R} \setminus \{0\})$ または $\lambda x^2 + d = 0$
$(\lambda \in \mathbf{R} \setminus \{0\}, d \in \mathbf{R})$ と表される.

解 20.5 ① 空, ② 楕円, ③ 二葉双曲, ④ 一葉双曲, ⑤ 楕円放物, ⑥ 双曲放物

§21 の問題解答

解 21.1 任意の $\boldsymbol{x}, \boldsymbol{y} \in V$ および任意の $d \in \mathbf{R}$ に対して, $(cf)(\boldsymbol{x} + \boldsymbol{y}) = (cf)(\boldsymbol{x}) + (cf)(\boldsymbol{y})$, $(cf)(d\boldsymbol{x}) = d(cf)(\boldsymbol{x})$ がなりたつことを示せばよい.

解 21.2 $a = 1$, $b = -1$, $c = 0$, $d = 1$ である.

解 21.3 (1) 次の部分空間の条件 (a)～(c) を示せばよい. (a) $\boldsymbol{0}_{V^*} \in A^\perp$. (b) $f, g \in A^\perp$ ならば, $f + g \in A^\perp$. (c) $c \in \mathbf{R}$, $f \in A^\perp$ ならば, $cf \in A^\perp$.

(2) $f \in B^\perp$ とすると, 任意の $\boldsymbol{x} \in B$ に対して, $f(\boldsymbol{x}) = 0$ である. ここで, $\boldsymbol{x} \in A$ とすると, $A \subset B$ より, $\boldsymbol{x} \in B$ である. よって, $f(\boldsymbol{x}) = 0$ である. したがって, $f \in A^\perp$ である.

(3) まず, $W_1 \subset W_1 + W_2$ なので, (2) より, $(W_1 + W_2)^\perp \subset W_1^\perp$ である. 同様に, $(W_1 + W_2)^\perp \subset W_2^\perp$ である. よって, $(W_1 + W_2)^\perp \subset W_1^\perp \cap W_2^\perp$ である. 次に, $f \in W_1^\perp \cap W_2^\perp$ とする. このとき, $\boldsymbol{x} \in W_1 + W_2$ に対して, $f(\boldsymbol{x}) = 0$ となる. よって, $f \in (W_1 + W_2)^\perp$ である. したがって, $W_1^\perp \cap W_2^\perp \subset (W_1 + W_2)^\perp$ である.

(4) $0 < \dim W < \dim V$ のとき, W の基底 $\{\boldsymbol{a}_1, \boldsymbol{a}_2, \cdots, \boldsymbol{a}_m\}$ を選んでおく. ただし, $0 < m < \dim V$ である. 次に, $\boldsymbol{a}_{m+1}, \boldsymbol{a}_{m+2}, \cdots, \boldsymbol{a}_n \in V$ を $\{\boldsymbol{a}_1, \boldsymbol{a}_2, \cdots, \boldsymbol{a}_n\}$ が V の基底となるように選んでおく. さらに, $\{f_1, f_2, \cdots, f_n\}$ を $\{\boldsymbol{a}_1, \boldsymbol{a}_2, \cdots, \boldsymbol{a}_n\}$ の双対基底とする. このとき, $\{f_{m+1}, f_{m+2}, \cdots, f_n\}$ が $W^\perp$ の基底であることを示す.

§22 の問題解答

解 22.1 $(m, n), (m', n'), (m'', n'') \in X, (m, n) \sim (m', n'), (m', n') \sim (m'', n'')$ とすると, $mn' = nm'$, $m'n'' = n'm''$ である. このとき, $mn'' = nm''$ であることを示す.

解 22.2 (1) ① $\boldsymbol{x} - \boldsymbol{y}$, ② $\sim$, ③ $f(\boldsymbol{x})$

(2) $\boldsymbol{x}, \boldsymbol{y} \in V, c \in \mathbf{R}$ に対して, $[f]([\boldsymbol{x}] + [\boldsymbol{y}]) = [f]([\boldsymbol{x}]) + [f]([\boldsymbol{y}])$, $[f](c[\boldsymbol{x}]) = c[f]([\boldsymbol{x}])$ がなりたつことを示す.

(3) まず, B の (i, j) 成分を b_{ij} とすると, $j = 1, \cdots, l$ のとき, $f(\boldsymbol{a}_j) = \sum\limits_{i=1}^{k} b_{ij} \boldsymbol{b}_i$ となる. また, C の (p, q) 成分を c_{pq} とすると, $j = l+1, \cdots, n$ のとき, $f(\boldsymbol{a}_j) - \sum\limits_{i=k+1}^{m} c_{i-k, j-l} \boldsymbol{b}_i \in W'$ となる.

解 22.3 π^* が $(V/W)^*$ から $W^\perp$ への全単射を定めることを示せばよい.

§23 の問題解答

解 23.1 まず, $(\iota(\boldsymbol{x}, \boldsymbol{y}))(cf, g) \overset{\odot\ (23.7)}{=} (cf)(\boldsymbol{x})g(\boldsymbol{y}) = cf(\boldsymbol{x})g(\boldsymbol{y})$ ($\odot$ V^* のスカラー倍の定義 (21.7)) $\overset{\odot\ (23.7)}{=} c(\iota(\boldsymbol{x}, \boldsymbol{y}))(f, g)$ である. また, $(\iota(\boldsymbol{x}, \boldsymbol{y}))(f, cg) \overset{\odot\ (23.7)}{=}$ $f(\boldsymbol{x})(cg)(\boldsymbol{y}) = f(\boldsymbol{x}) \cdot cg(\boldsymbol{y})$ ($\odot$ W^* のスカラー倍の定義 (21.7)) $= cf(\boldsymbol{x})g(\boldsymbol{y}) \overset{\odot\ (23.7)}{=}$ $c(\iota(\boldsymbol{x}, \boldsymbol{y}))(f, g)$ である.

解 23.2 $\begin{pmatrix} 1 \\ 2 \end{pmatrix} \otimes \begin{pmatrix} 3 \\ 2 \\ -1 \end{pmatrix} = 3\boldsymbol{e}_1 \otimes \boldsymbol{e}'_1 + 2\boldsymbol{e}_1 \otimes \boldsymbol{e}'_2 - \boldsymbol{e}_1 \otimes \boldsymbol{e}'_3 + 6\boldsymbol{e}_2 \otimes \boldsymbol{e}'_1 + 4\boldsymbol{e}_2 \otimes \boldsymbol{e}'_2 - 2\boldsymbol{e}_2 \otimes \boldsymbol{e}'_3$ である.

解 23.3 (1) 表現行列は $\begin{pmatrix} 1 & 3 \\ 2 & -1 \end{pmatrix}$ である.

(2) 表現行列は $\begin{pmatrix} 1 & 3 & 1 \\ -2 & -1 & 1 \end{pmatrix}$ である.

(3) 表現行列は $\begin{pmatrix} 1 & 3 \\ 2 & -1 \end{pmatrix} \otimes \begin{pmatrix} 1 & 3 & 1 \\ -2 & -1 & 1 \end{pmatrix} = \begin{pmatrix} 1 & 3 & 1 & 3 & 9 & 3 \\ -2 & -1 & 1 & -6 & -3 & 3 \\ 2 & 6 & 2 & -1 & -3 & -1 \\ -4 & -2 & 2 & 2 & 1 & -1 \end{pmatrix}$

である.

§24 の問題解答

解 24.1 ① $\tau(1)$, ② $\tau(p)$, ③ σ, ④ $(\sigma\tau)$

解 24.2　$\{b_1, b_2\}$ を V の基底とすると，ある $p_{ij} \in \mathbf{R}$ $(i, j = 1, 2)$ が存在し，$b_i = p_{i1}a_1$ $+ p_{i2}a_2$ となる．このとき，$i, j = 1, 2$ とすると，$b_i \otimes b_j = \sum_{k,l=1}^{2} p_{ik}p_{jl}a_k \otimes a_l$ となる．

解 24.3　(1) (24.21), 定理 24.2 (2) を用いる．
(2) (24.21), (1) を用いる．

解 24.4　(1) (24.27), 定理 24.2 (2) を用いる．
(2) (24.27), (1) を用いる．

参考文献

線形代数：

［藤岡1］藤岡　敦，『手を動かしてまなぶ 線形代数』，裳華房（2015 年）

［佐武］佐武一郎，『数学選書 1 線型代数学』（新装版），裳華房（2015 年）

［笠原］笠原晧司，『線型代数と固有値問題 スペクトル分解を中心に』（新装版 改訂増補），現代数学社（2019 年）

［韓伊］韓太舜–伊理正夫，『UP 応用数学選書 8 ジョルダン標準形』（新装版），東京大学出版会（2018 年）

［齋藤］齋藤正彦，『基礎数学 1 線型代数入門』，東京大学出版会（1966 年）

［杉横］杉浦光夫–横沼健雄，『岩波基礎数学選書 ジョルダン標準形・テンソル代数』，岩波書店（1990 年）

［堀田］堀田良之，『すうがくぶっくす 3 加群十話—代数学入門—』，朝倉書店（1988 年）

微分積分：

［藤岡2］藤岡　敦，『手を動かしてまなぶ 微分積分』，裳華房（2019 年）

［杉浦］杉浦光夫，『基礎数学 2 解析入門 I』，東京大学出版会（1980 年）

集合と位相：

［藤岡3］藤岡　敦，『手を動かしてまなぶ 集合と位相』，裳華房（2020 年）

微分方程式：

［高橋］高橋陽一郎，『現代数学への入門 力学と微分方程式』，岩波書店（2004 年）

［森浅］森本芳則–浅倉史興，『数学基礎コース K5 基礎課程 微分方程式』，
　　　　サイエンス社（2014 年）

関数解析：

［黒田］黒田成俊，『共立数学講座 15 関数解析』，共立出版（1980 年）

多様体論：

［藤岡 4］藤岡　敦，『具体例から学ぶ 多様体』，裳華房（2017 年）

リー群論，リー環論：

［小大］小林俊行–大島利雄，『リー群と表現論』，岩波書店（2005 年）

索 引

著者略歴

藤岡　敦（ふじおか　あつし）

1967年名古屋市生まれ．1990年東京大学理学部数学科卒業，1996年東京大学大学院数理科学研究科博士課程数理科学専攻修了，博士（数理科学）取得．金沢大学理学部助手・講師，一橋大学大学院経済学研究科助教授・准教授を経て，現在，関西大学システム理工学部教授．専門は微分幾何学．主な著書に『手を動かしてまなぶ 微分積分』，『手を動かしてまなぶ ε-δ論法』，『手を動かしてまなぶ 線形代数』，『手を動かしてまなぶ 集合と位相』，『手を動かしてまなぶ 曲線と曲面』，『具体例から学ぶ 多様体』（裳華房），『学んで解いて身につける 大学数学 入門教室』，『幾何学入門教室―線形代数から丁寧に学ぶ―』，『入門 情報幾何―統計的モデルをひもとく微分幾何学―』（共立出版），『Primary 大学ノート よくわかる基礎数学』，『Primary 大学ノート よくわかる微分積分』，『Primary 大学ノート よくわかる線形代数』（共著，実教出版）がある．

手を動かしてまなぶ　**続・線形代数**

2021年11月25日　第1版1刷発行
2024年 9 月30日　第3版1刷発行

検印省略

定価はカバーに表示してあります．

著作者　藤　岡　　　敦
発行者　　　　吉　野　和　浩
　　　　東京都千代田区四番町8-1
　　　　電　話　03-3262-9166（代）
発行所　　　郵便番号　102-0081
　　　　株式会社　裳　華　房
印刷所　三美印刷株式会社
製本所　牧製本印刷株式会社

一般社団法人
自然科学書協会会員

ISBN 978-4-7853-1591-7

アルファベットの一覧

数学記号としてよく用いられるアルファベットの筆記体と花文字
をまとめた．ただし，小文字は除いた．

対応する ローマ字	本書内の 登場ページ
筆記体 大文字	花文字 大文字

◉ 筆記体と花文字

A p. 274 $\mathcal{A}\,\mathscr{A}$	B $\mathcal{B}\,\mathscr{B}$	C $\mathcal{C}\,\mathscr{C}$	D $\mathcal{D}\,\mathscr{D}$	E $\mathcal{E}\,\mathscr{E}$
F p. 260 $\mathcal{F}\,\mathscr{F}$	G p. 261 $\mathcal{G}\,\mathscr{G}$	H $\mathcal{H}\,\mathscr{H}$	I $\mathcal{I}\,\mathscr{I}$	J $\mathcal{J}\,\mathscr{J}$
K $\mathcal{K}\,\mathscr{K}$	L p. 258 $\mathcal{L}\,\mathscr{L}$	M $\mathcal{M}\,\mathscr{M}$	N $\mathcal{N}\,\mathscr{N}$	O $\mathcal{O}\,\mathscr{O}$
P $\mathcal{P}\,\mathscr{P}$	Q $\mathcal{Q}\,\mathscr{Q}$	R $\mathcal{R}\,\mathscr{R}$	S p. 272 $\mathcal{S}\,\mathscr{S}$	T $\mathcal{T}\,\mathscr{T}$
U $\mathcal{U}\,\mathscr{U}$	V $\mathcal{V}\,\mathscr{V}$	W $\mathcal{W}\,\mathscr{W}$	X $\mathcal{X}\,\mathscr{X}$	Y $\mathcal{Y}\,\mathscr{Y}$
Z $\mathcal{Z}\,\mathscr{Z}$				